网页设计与制作任务驱动教程

主 编　王鹰汉　邱慧玲　郭祉薇

副主编　黄雅萍　李　丹　段敏娟

　　　　陈　涛（企业）

北京理工大学出版社

BEIJING INSTITUTE OF TECHNOLOGY PRESS

内 容 简 介

本书是针对零基础网页设计人员而编写的入门教材，也是省级精品在线开放课程"网页设计与制作"的配套教材，是课程结构创新、教学方法创新、训练过程创新的特色教材。

本书以训练网页设计与制作技能为中心，在真实的开发环境中，以真实的制作流程，执行真实的开发要求，制作真实的红色教育主题网站。对网页设计与制作类职业岗位的从业需求进行再调研、再分析，面对网页设计的新技术、新变化、新要求，根据从业岗位的知识、技能、素养的新需求，全面优化课程结构、整合教学内容，将"网页设计与制作"课程划分为 10 个教学单元，其中单元 1 对网页制作技术、展示平台、网站建设流程进行了详细介绍，并引导学习者完成制作网页的前期工作；单元 2~9 带领学习者完成红色教育主题网站首页各个模块和其他子页面的制作；单元 10 带领学习者对前 8 个单元所完成的任务进行整合与调整，以开发整个红色教育主题网站。面向教学全过程设置完整的教学环节，一是确定学习目标；二是通过知识梳理学习完成本单元任务必要的知识；三是通过操作准备→任务介绍→引导训练→引导训练考核评价→单元总结五个环节完成任务制作，在任务完成实践中强化知识的理解与创新应用，从而提升学习者的问题解决能力和项目开发能力；四是通过同步训练→同步训练考核评价→同步习题三个环节巩固学习内容，提高创新实践能力。

本书配有微课视频、教学课件、案例素材、任务考核评价表、同步训练与习题等丰富的数字化学习资源。与本书配套的数字课程"网页设计与制作"在"学银在线"平台（www. xueyinonline.com）上线，读者可以登录平台进行在线学习及资源下载。

本书可以作为高等职业院校各相关专业的网页设计与制作课程教材，也可以作为网页制作的培训教材和网站开发的参考用书。

版权专有 侵权必究

图书在版编目（CIP）数据

网页设计与制作任务驱动教程 / 王鹰汉，邱慧玲，

郭祉薇主编. --北京：北京理工大学出版社，2025. 2.

ISBN 978-7-5763-5098-2

Ⅰ. TP393.092.2

中国国家版本馆 CIP 数据核字第 2025JX4255 号

责任编辑：陈莉华　　**文案编辑**：李海燕
责任校对：周瑞红　　**责任印制**：施胜娟

出版发行 / 北京理工大学出版社有限责任公司

社　　址 / 北京市丰台区四合庄路 6 号

邮　　编 / 100070

电　　话 / （010）68914026（教材售后服务热线）
　　　　　　（010）63726648（课件资源服务热线）

网　　址 / http://www.bitpress.com.cn

版 印 次 / 2025 年 2 月第 1 版第 1 次印刷

印　　刷 / 涿州市京南印刷厂

开　　本 / 787 mm×1092 mm　1/16

印　　张 / 23

字　　数 / 535 千字

定　　价 / 88.00 元

前 言

HBuilderX 是一款由 DCloud 公司开发的跨平台运行集成开发环境（IDE），支持开发各种 Web 项目。它功能强大，可以帮助开发者快速构建高质量的移动应用项目，深受用户的喜爱和好评。使用 HBuilderX 这款优秀的 Web 项目开发工具制作网页，在网页制作过程中熟悉网页制作方法、体验 HBuilderX 功能、积累网页制作经验、培养网页制作兴趣。通过网页制作训练，让学习者体会 HTML5 的功能、CSS3 的优势，学会使用 HBuilderX 设计与制作网页，逐步掌握网页布局、CSS 设计、页面元素设置的方法，为后续课程做好准备，激发其学习兴趣。

本书具有如下特色和创新。

1. 应用新技术、适用新变化、取得新作为

在 HTML5、CSS3 等技术成为业界主流技术、移动端与 PC 端平分秋色的新时代，HTML5 提供了很多新功能，使用 CSS3 布局与美化网页成为新常态，业界对网页设计与制作人员也提出了与时俱进的新要求，因此网页设计与制作教材要不断进行优化完善，适应新变化、满足新需求，在新时代教学改革有新作为、教学案例有新特色。

2. 全面优化课程结构、精心设计教学案例、合理设计教学流程

（1）编者对网页设计与制作类职业岗位的从业需求进行再调研、再分析，面对网页设计的新技术、新变化、新要求，根据从业岗位的知识、技能、素养的新需求，全面优化课程结构、整合教学内容，将网页设计与制作课程划分为 10 个教学单元：单元 1 对网页制作技术、展示平台、网站建设流程进行了详细介绍，并引导学习者完成制作网页的前期工作，为学习者能够顺利进入网页设计与制作打下坚实基础；单元 2～9 带领学习者完成红色教育主题网站首页各个模块和子页面的制作；单元 10 带领学习者对前 8 个单元所完成的任务进行整合与调整，以开发整个红色教育主题网站。

（2）以开发真实的红色教育主题网站作为教学项目，围绕红色教育这个主题精心设计了 8 张网页，以网页设计与制作为主线设计了 9 项任务。

（3）面向教学全过程设置完整的教学环节，一是确定学习目标；二是通过知识梳理环节学习完成本单元任务必要的知识；三是通过操作准备→任务介绍→引导训练→引导训练考核评价→单元总结五个环节完成任务制作，在任务完成实践中强化知识的理解与创新应用，从而提升学习者的问题解决能力和项目开发能力；四是通过同步训练→同步训练考核评价→同步习题三个环节巩固学习内容，提高创新实践能力。

3. 创新技能训练过程、创新课堂教学方法、创新教学组织方式

（1）本书将操作技能训练与理论知识学习相对分离，知识学习采用线下学习和在线学习相结合的方式。每个教学单元的技能训练过程分为 3 个阶段：操作准备（准备做）、引导训练（跟着做）、同步训练（试着做）。

（2）课程教学以完成网页制作任务为主线，实行"理实一体、任务驱动"教学方法，融"教、学、做、评"于一体，体现了"做中学、学中做、做中会"的教学理念，全方位促进网页设计技能的提升，以满足职业岗位的需求。

4. 遵循学生认知规律、遵循技能形成规律、遵循技术发展规律

（1）教学内容和操作任务的安排充分考虑学习者的认知水平和学习能力，把握由局部到整体、由简单到复杂、由具体到抽象的认知规律。主要分为 3 个教学阶段：创建站点与浏览网页，制作网站首页各个模块或网站子页面，整合网站。第 1 阶段赏析精美网站、留下直观印象、认知基本概念、激发学习兴趣；第 2 阶段完成 8 项操作任务，制作网站首页各个模块或网站子页面；第 3 阶段将 2~9 单元所完成的任务进行整合与调整，以开发红色教育主题网站。

（2）技能训练遵循技能形成规律：网页内容由纯文本、图文混排到文字、图片、音视频多元素混排；网页布局由自然布局到 HTML 与 CSS（浮动、定位）布局；颜色搭配由单一颜色到主、辅颜色合理搭配；网页动画效果由简单至复杂；从网页各个模块或单个页面到整个网站的整合。

（3）本书的网页制作工具选用 HBuilderX。HBuilderX 具有代码智能提示、自动补全、格式化（Ctrl+K）、语法检查等功能，可以提高开发效率和代码质量等优点。同时，它还支持在线调试和真机调试，开发者可以在不同的设备上进行实时测试和调试。

5. 关注教学评价、关注态度养成、关注能力培养

（1）本书以训练网页制作技能为中心，在训练过程中学习知识、训练技能、积累经验、养成习惯、固化能力。技能训练过程力求做到课内与课外相结合、教师引导示范与学生自主训练相结合、注重能力培养与关注态度养成相结合。

（2）为了合理评价教学情况和任务完成情况，充分调动学生的学习积极性和主动性，培养团队合作意识和工作责任心，各个教学单元都设置两个考核评价环节：引导训练考核评价和同步训练考核评价。引导训练考核评价主要反映学习者对课堂教学内容的掌握程度，评价教学效果。同步训练考核评价主要对学习者完成同步训练任务情况进行客观、公正的评价，作为考核自主学习情况的依据。考核评价方式包括自我评价、小组评价和教师评价，让小组成员通过自我评价和相互评价取长补短、相互借鉴、增强自信、共同提高。

（3）每个教学单元所制作的网页模块或网页都注重网页的完整性、真实性和美观性。在制作网页时，注重命名的规范化、代码的标准化。并对 HTML、CSS 代码添加了必要的注释，有助于了解代码的含义，对日后代码维护提供了很大的方便。

6. 注重课程思政有机融入

教材注重将知识传授和育人育才相结合，落实立德树人根本任务。网页案例和任务深度融合中国科学、中国文化、红色主题教育、中国科学家以及时代楷模人物精神，展现中国在新时代背景下的科技发展与文化传承，同时在实践开发项目中有机融入"传承红色基因 赓续精神血脉""不忘初心 牢记使命"等精神，引导学生深刻体会红色文化的魅力，增强民族自豪感和爱国热情。转变思路，找准切入点，做到思政教育"入耳、入脑、入心"。

本书开发团队由校企双方共同构成，其中上饶职业技术学院王鹰汉、邱慧玲、郭祉薇担任主编，黄雅萍、李丹、段敏娟担任副主编，南昌思龙网络科技有限公司的陈涛作为企业专家担任副主编。在教材编写过程中，王鹰汉负责编写单元4、单元9和单元10，邱慧玲负责编写单元1和单元2，郭祉薇负责编写单元5和单元6，黄雅萍负责编写单元7和单元8，李丹负责编写单元3，段敏娟负责书稿的校对；企业专家陈涛负责编写单元1~9的同步训练部分。开发团队充分发挥了校企双方的优势，确保教材内容的实用性和前瞻性。

由于作者水平有限，书中难免有错误和不妥之处，恳请广大读者和专家批评指正，以便我们不断改进和完善教材。感谢您使用本书，期待本书能成为您的良师益友。

编著者

2025 年 2 月

目 录

单元 1

创建站点与浏览网页

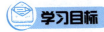 **学习目标**

了解网页的构成和相关名词的含义。

熟悉网页制作的技术和流程。

了解网页与浏览器的关系。

掌握 HBuilderX 工具的设置与使用。

能够建立本地站点，并使用 HTML 与 CSS 制作一张简单的网页。

WEB 基本概念

【知识梳理】

1.1 优秀网站赏析

浏览网站时，在浏览器中看到的页面就是网页（又称为 Web 页），网页包括多种多样的网页元素，如文本、图像、动画和音/视频等。网站（Website）则是一个或多个网页的集合，是指在互联网上根据一定的规则，使用 HTML 等语言编写的用于展示特定内容的相关网页集合，如人民网、学习强国网等。

采用不同的分类标准，可以将网站划分为不同的类型。从网站的作用来划分，常见的主流网站有展示型网站、内容型网站、电子商务型网站、门户型网站。由于不同类型网站的主要定位和所要面向的群体有一定差异，因此在设计风格上各有偏重。

1. 展示型网站

展示型网站以展示形象为主，与形象宣传相比较，其内容要求不高。因此，这类网站的文本一般较少，但对美工的要求很高，艺术设计的成分较多，如一些流行时尚类、美术类、摄影类工作室网站等。展示型网站更注重视觉效果，通常以宽幅的精美图片为主要展示手段，时尚气息较浓。图 1-1 所示为华为官网的首页。

2. 内容型网站

内容型网站以展示内容为重点，多为价值较高的及时性信息。用内容吸引人，如信息服务型网站和企业网站等。

推荐信息

图 1-1　展示型网站——华为官网（部分首页）

信息服务型网站以提供某一领域的内容为主，如文学类、软件下载类、新闻类、教育类网站等。这类站点在内容方面更侧重于某个专业领域，页面设计要简洁大方，注重实用性，不需要太多花哨的元素。企业网站一般用于企业形象宣传，通常提供该企业相关的产品或服务信息、企业动态、招聘信息等，结构上更为简单，设计上更加简洁。图 1-2 所示为小米官网的首页。

图 1-2　内容型网站—小米官网（部分首页）

3. 电子商务型网站

电子商务型网站是以从事电子商务为主的站点，如京东商城、淘宝网等。该类网站对安全性、稳定性要求很高。一般情况下，该类站点的设计既要简洁大方，又要给人一种前沿、时尚、有生活气息的感觉，通常有较多的图片促销信息。

4. 门户型网站

门户型网站是一种综合性网站，其特点是信息量大、功能全面和受众群体多样化。该类网站与内容型网站比较接近，但又不同于内容型网站。一般内容型网站的内容比较集中于某一领域，而门户型网站的内容更为丰富，更加注重网站与用户之间的互动与交流，如提供信息发布平台等。

对于门户型网站，在设计上首先要突出清晰、便捷的导航功能，使浏览者能迅速找到自己感兴趣的内容。除了使用导航条外，使用大量的文字、图片等热点链接也是必不可少的，以保证能在第一时间将最新、最热的资讯呈现给用户，如图 1-3 所示。

图 1-3 门户型网站——腾讯网（部分首页）

网页制作入门

1.2 网页概述

日常浏览网站时，在浏览器中看到的新闻、查询信息、看视频等页面都是网页（又称为 Web 页），网页可以看作承载各种网站应用和信息的容器，所有可视化的内容都会通过网页展示给用户。

1.2.1 网页的构成

在制作网页之前，先要知道网页的构成。网页看起来复杂，但构成其实很简单。以"CCTV 节目官网"首页为例进行具体分析。我们可以在浏览器地址栏中输入"CCTV 节目官网"的网址 https://tv.cctv.com/，按 Enter 回车键，此时浏览器中显示的页面就是"CCTV 节目官网"网站首页，如图 1-4 所示。

从图 1-4 可以看到，网页的主要组成元素有文字、图像和超链接等。同时，网页中还包含音频、视频以及动画等元素。

我们可以通过查看网页源代码的方式快速了解网页的构成。按 F12 键或右键查看源代码，浏览器便会弹出当前网页的源代码。"CCTV 节目官网"网站首页源代码如图 1-5 所示。

图 1-4 　"CCTV 节目官网" 网站首页（部分首页）

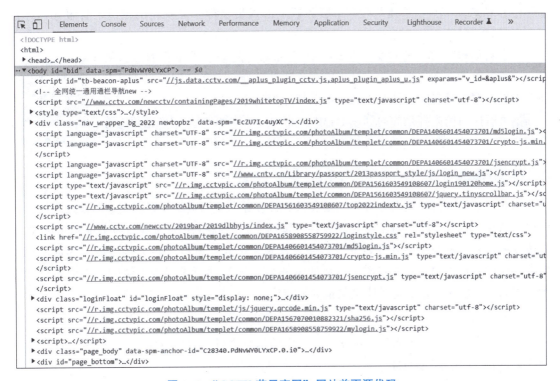

图 1-5 　"CCTV 节目官网" 网站首页源代码

　　图 1-5 的 "CCTV 节目官网" 网站首页源代码是一个纯文本文件，内容包含一些特殊的符号、文本和链接信息，因此也称为超文本。而我们在浏览网页时看到的图片、视频等元素，正是由这些特殊符号和文本组成的代码被浏览器渲染之后的结果。

"CCTV 节目官网"网页版不仅限于其引人注目的首页，它还拥有一个由多张子页面构成的丰富内容体系。每当用户单击页面上的导航链接，就会无缝跳转到如"栏目大全""特别节目"等特定主题的子页面。这些页面之间通过精心设计的链接相互连接，共同编织成一个完整的网站架构。因此，在网站的广阔天地里，各个网页通过链接的桥梁相互连接，实现了信息的自由流通与用户的便捷访问。

1.2.2 网页的分类

网页可以分为静态网页与动态网页。

从浏览者的角度来看，无论是静态网页还是动态网页，都可以展示基本的文字、图片等信息；但从网站的开发、管理和维护的角度来看，两者之间有着很大的差别。

静态网页的后缀名通常是 .htm 或 .html，在 HTML 格式的静态网页上，使用 GIF 动画、CSS3 动画和滚动字幕等，也可以制作出各种动态的效果，但其内容是静态的，即无法根据用户的输入信息作出相应的反应，不能实现自动更新，无法和用户进行交互。

动态网页是采用动态网站技术生成的网页，它通常具有以下一些特点。

（1）动态网页一般以数据库技术为基础，因此能大大降低网站维护的工作量。

（2）采用动态网页技术制作的网站可以实现更多的功能，如用户注册、用户登录、在线评论等。

（3）动态网页并不是独立存在于服务器上的网页文件，只有当用户请求时服务器才返回一个完整的网页。

动态网页与页面上的动画、滚动字幕等视觉上的动态效果没有直接关系，它既可以是纯文字内容的，也可以包含各种动画。但无论网页是否具有动态效果，采用动态网站技术生成的网页都称为动态网页。

本书所探讨的内容是如何利用 HTML5 和 CSS3 技术设计与制作精美的静态网页。

网页相关名词

1.2.3 Web 标准

不同浏览器解析网页内容可能导致显示效果各异，使网页制作者需频繁调整以确保跨浏览器兼容性，特别是在面对新硬件和软件环境时，这一挑战更为加剧。为了推动 Web 技术健康发展，浏览器与网站开发者间的紧密合作及遵循统一标准显得尤为重要。为此，W3C 携手其他标准化机构，共同制定了一系列 Web 标准，这些标准涵盖了结构、表现及行为等多个层面，旨在为开发者提供明确的指导框架。

1. 结构标准

结构就是网页的架构布局，用于对网页中的信息进行分类与整理。结构化标准语言主要包括 HTML、XML 和 XHTML。

例如图 1-6 所示的三张图片结构，使用 HTML5 搭建，三张图片按照从上到下的次序罗列，没有任何布局样式。

2. 表现标准

表现用于修饰网页内容与外观的样式，使网页更美观。表现标准语言主要包括 CSS。

图 1-6　网页焦点轮播图的结构

图 1-7 所示是网页焦点轮播图加入 CSS 样式后的效果，此时轮播图只显示一张图片，剩余的图片被隐藏。

网页焦点轮播图按钮

图 1-7　网页焦点轮播图加入 CSS 样式后的效果（不会切换）

在制作网页时，可以使用 CSS 对文字、图片、模块背景和模块布局进行相应的设置，后期如果需要更改外观显示样式，只需要调整 CSS 样式代码即可。

3. 行为标准

行为指的是在网页开发中定义页面行为逻辑与实现用户交互效果的部分。行为标准主要包括 ECMAScript、BOM（浏览器对象模型）以及 DOM（文档对象模型）三个部分。

（1）ECMAScript：作为 JavaScript 的核心，ECMAScript 由欧洲计算机制造商协会（ECMA）与国际浏览器厂商共同制定，它详细规定了 JavaScript 的编程语法、数据类型、语句结构等核心规范。这套标准确保了 JavaScript 代码在不同浏览器环境下的兼容性和一致性，是所有 JavaScript 开发者必须遵循的语法指南。

（2）BOM（Browser Object Model）：BOM 提供了一种与浏览器交互的方式，它允许开发者通过脚本控制浏览器窗口的行为。利用 BOM 可以实现诸如弹出对话框、打开新窗口、关闭浏览器标签页、导航至不同 URL 等高级功能。BOM 是 JavaScript 与浏览器沟通的桥梁，使网页应用能够更加灵活地响应用户的操作和系统的变化。

（3）DOM（Document Object Model）：DOM 将 HTML 或 XML 文档视为一个由节点（如元素、属性、文本等）组成的树形结构，并提供了一套 API 来访问和修改这些节点。通过 DOM，网页设计者可以动态地读取、修改甚至删除页面上的内容、布局和样式，实现丰富的用户交互效果。DOM 是 Web 开发中不可或缺的一部分，它让 JavaScript 能够精确地控制和操作网页上的每一个元素。

图 1-8 所示是网页焦点轮播图加入 JavaScript 脚本后的效果图。每隔设定的时间间隔，网页上的焦点图会自动切换到下一张图片，为用户展示不同的视觉内容。而当用户将鼠标指针悬停在特定的按钮上时，焦点图会即时响应，展示与该按钮相关联的图片，为用户提供即时的互动体验。一旦鼠标指针从按钮上移开，焦点图又会恢复自动轮播的功能，继续按照预设的顺序展示图片。这种自动与交互相结合的展示方式，是网页设计中常见的一种行为模式，旨在提升用户的浏览兴趣和页面的吸引力。

图 1-8　网页焦点轮播图加入 JavaScript 脚本后的效果图（切换到第三张图）

1.3　网页制作技术

什么是 HTML

　　HTML 与 CSS 是制作网页的基础技术，要精通这两门技术，首要之务是建立对它们全面而深入地理解。本节旨在通过详尽地解析，引导您逐步掌握 HTML 与 CSS 在网页设计中的应用技巧，为您的网页创作之路奠定坚实的基础。

1.3.1　HTML 简介

　　HTML 作为网页内容的描述语言，其核心在于利用多样化的标签来构建和呈现网页中的文本、图像、音频等多媒体元素。这些标签，诸如段落、标题、链接和图像标签等，为网页开发者提供了灵活的工具，使他们能够根据需求，精确指定网页上应展示的内容类型。

　　HTML 之所以被冠以"超文本标记语言"之名，不仅因为它利用标签来结构化网页内容，更在于它内置了超链接的功能，这一特性赋予了网页前所未有的连接能力。通过超链接，HTML 能够轻松地将不同的网页、网页内的各个部分乃至网络上的各种资源相互关联起来，从而编织出一个内容丰富、结构复杂的互联网世界。下面通过图 1-9 所示的一段网页源代码来简单地认识 HTML。

　　通过图 1-9 可以看出，网页中的文本、图片、超链接都会被带有"<>"的符号嵌套，我们称它为标签，用于描述网页内容，网页文件其实是一个纯文本文件。

```
<ul class="redEducation">
    <li><span>江西红色教育基地</span></li>              → 文本
    <li><img src="images/rededu01.jpg"><p><a href="#">瑞金革命遗址——沙洲坝红井</a></p></li>
    <li><img src="images/rededu02.jpg"><p><a href="#">寻乌调查旧址——寻乌调查会议旧址</a></p></li>
图片  <li><img src="images/rededu03.jpg"><p><a href="#">安源路矿工人运动俱乐部旧址</a></p></li>  → 超链接
    <li><img src="images/rededu04.jpg"><p><a href="#">湖坊闽赣省军区旧址</a></p></li>
    <li><img src="images/rededu05.jpg"><p><a href="#">湘赣省委机关旧址</a></p></li>
</ul>
```

图 1-9　网页的源代码

HTML 是一种描述网页内容的语言，1989 年，HTML 首次被应用到网页制作后，便迅速崛起并成为网页制作的主流语言。到了 1993 年，HTML 首次以因特网草案的形式发布，之后众多不同版本的 HTML 开始在全球被陆续使用，这些初具雏形的版本可以看作 HTML 的第 1 版。在后续的十几年中，HTML 飞速发展，从 1995 年的 2.0 版到 1997 年的 3.2 版到 1997 年的 4.0 版再到 1999 年的 4.01 版，在版本更新过程中，HTML 功能得到了极大提升。与此同时，W3C 也掌握了对 HTML 的控制权。

尽管 HTML 4.01 相较于其前身 HTML 4.0 在本质上并未带来革命性的变化，主要聚焦于提升兼容性和淘汰过时标签，这一迭代让业界开始质疑 HTML 的未来发展潜力，认为其可能已触及成长的极限。因此，Web 标准的研究焦点逐渐转移至 XML 和 XHTML 等新技术上。然而，鉴于 HTML 仍是构建网站的主流技术，一群专注于网页超文本应用技术的专家成立了 WHATWG（网页超文本应用技术工作组），他们持续推动 HTML 的进化与发展。

2006 年，W3C 重新拾起了对 HTML 的研究热情，并于 2008 年发布了 HTML5 的工作草案。HTML5 凭借其强大的跨平台支持、快速迭代等特性，迅速成为解决现代 Web 开发难题的利器，赢得了浏览器制造商的广泛认可和支持。随着 HTML5 规范的不断完善，其影响力日益增强。最终，在 2014 年 10 月底，W3C 正式宣布 HTML5 标准定稿，标志着网页技术正式迈入了一个以 HTML5 为核心的新纪元。

1.3.2　CSS 简介

CSS 的全称叫层叠样式表（Cascading Style Sheets），是一种用于定义和设计网页元素表现形式的样式表语言。它专注于控制字体样式、颜色搭配、元素位置以及页面的整体布局等视觉呈现方面。通过 CSS，开发人员能够为 HTML 文档提供详尽的样式描述，比如调整文字的颜色、设置字体的加粗效果、改变背景图案或颜色，以及精细调整文本的行间距和页面的排版布局等。

尤为重要的是，CSS 赋予了网页开发者能力，让他们能够针对不同的浏览器环境制定特定的样式规则，以确保网页在各种浏览平台下都能呈现出一致且优化的视觉效果。如图 1-10 所示，无论是文字的颜色、字体粗细的调整，还是背景样式的设定，以及多栏布局的实现，都是 CSS 强大功能的具体体现。

CSS1 是 1996 年推出的第一个被广泛采用的 CSS 标准，它为 Web 开发人员提供了一种描述和控制网页样式的方式。在 CSS1 之前，Web 页面的样式和布局只能通过 HTML 标签的属性来定义，这也导致了代码冗长、难以维护，并且限制了页面设计的自由度。CSS2 是在 1998 年推出的第二个 CSS 标准，它在 CSS1 的基础上进一步扩展了样式规则和属性，提供了更加丰富和精确的页面布局和设计控制。CSS2.1 是对 CSS2 的修订和更新，它修复了一些错误并添加了新的特性，例 min-width 和 max-width 属性，以及更好的文本处理。在这个版本发布后，W3C 组织对规范进行了广泛的测试和评审，并在此基础上发布了几个候选推荐版本和最终的正式版本。最终 CSS2.1 于 2006 年 6 月 7 日正式发布，成为 Web 开发中使用最广泛的 CSS 版本之一。CSS3 是一个庞大的规范，包含了多个模块，每个模块都专注于不同的排版属性，CSS3 引入了很多新特性，如阴影、渐变、动画、转换等，并增加了更多的选择器和伪类。

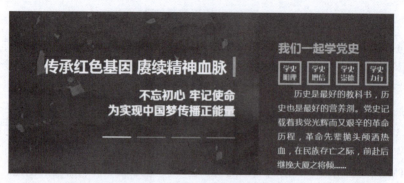

图 1-10　使用 CSS 设置不同的文字样式

CSS 的灵活性体现在其多样化的应用方式上，它既可以直接嵌入到 HTML 文档的内部，也可以作为一个独立的外部文件存在。当 CSS 被编写为独立的文件时，按照惯例，该文件应采用 ".css" 作为其后缀名，以便于识别和管理。在图 1-11 所展示的代码示例中，CSS 代码采用了内嵌式的编写方式，即 CSS 代码被直接放置在 HTML 文档的 <head> 部分内。尽管这种做法使 CSS 与 HTML 内容位于同一文件中，但通过将 CSS 集中放置在文档的头部，仍然体现了内容与表现相分离的原则，有助于保持 HTML 文档结构的清晰和可维护性。

```
1    <!DOCTYPE html>
2    <html>
3        <head>
4            <meta charset="utf-8">
5            <title>社会主义核心价值观</title>            CSS样式，用于控制段落文本的
                                                      字号、颜色、对齐方式、粗细
6            <style type="text/css">
7                p{
8                    font-size:40px;        /* 设置字号大小为16px */
9                    color: #c10000;        /* 设置文本颜色为深红色 */
10                   text-align: center;    /* 设置文本居中显示 */
11                   font-weight: bold;     /* 设置文本加粗显示 */
12               }
13           </style>
14       </head>
15       <body>
16           <p>富强 民主 文明 和谐</p>
17           <p>自由 平等 公正 法治</p>        HTML内容
18           <p>爱国 敬业 诚信 友善</p>
19       </body>
20   </html>
```

图 1-11　HTML 和 CSS 代码片段

为了提高网页质量和后期的可维护性，网页开发必须遵循结构与表现相分离的原则，即

用 HTML 搭建网页结构，用 CSS 美化与布局网页。

1.4　网页展示平台

浏览器是网页运行的平台。常用的浏览器有 Edge 浏览器、火狐浏览器、谷歌浏览器、Safari 浏览器和欧朋浏览器等，其中 Edge、火狐和谷歌是目前互联网上的三大浏览器。图 1-12 所示为三类浏览器的图标。对于一般的网站而言，只要兼容 Edge 浏览器、火狐浏览器和谷歌浏览器，即可满足绝大多数用户的需求。

Edge浏览器　　　　火狐浏览器　　　　谷歌浏览器

图 1-12　常见的浏览器

1. Edge 浏览器

Edge 浏览器由微软公司推出，2015 年 3 月微软公司放弃 IE 浏览器，转而在 Windows 10 系统上内置 Edge 浏览器作为替代。Edge 浏览器拥有比 IE 浏览器优化程度更高的代码结构，是一款现代化、快速、安全和高效的网页浏览器，凭借其卓越的性能、丰富的功能和深度的集成服务，赢得了广大用户的青睐。无论是日常浏览、办公学习还是游戏娱乐，Edge 都能提供出色的体验。

2. 火狐浏览器

火狐浏览器（Firefox）是 Mozilla 公司旗下的一款浏览器。火狐浏览器是一个自由并开源的网页浏览器，其可开发程度很高。它拥有一个庞大的社区，可以获得很多有用的工具和库；提供了一个安全的浏览环境，可以保护用户的隐私和安全；可以安装许多第三方插件和扩展程序，增强浏览器的功能。

3. 谷歌浏览器

谷歌浏览器的英文名称为 Chrome，是由 Google 公司开发的原始码网页浏览器。它拥有全球最大的搜索引擎，提供了大量的新闻、书籍、视频等；良好的兼容性，可以在不同的设备和操作系统上使用；提供丰富的扩展程序，可以增强浏览器的功能；拥有一个庞大的开源社区，可以获得很多有用的工具和库。

谷歌浏览器虽然没有国产浏览器内置的功能丰富，但是依靠简约的界面、极快的响应速度、优秀的屏蔽广告功能，谷歌浏览器深受广大用户青睐。

由于谷歌浏览器应用非常广泛，因此绝大部分网页制作人员都将谷歌浏览器作为网页制作的调试工具。本书涉及的案例将全部在谷歌浏览器中运行演示。在谷歌浏览器中调试网页代码也非常简单，打开谷歌浏览器，按 F12 键，即可打开调试面板，如图 1-13 所示。

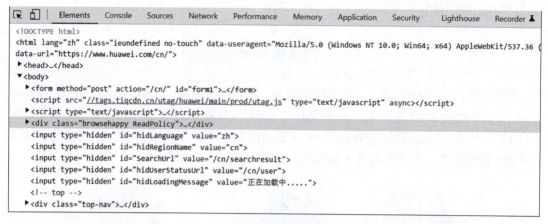

图1-13　网页调试面板

在调试面板中，我们可以查看网页的内容结构和临时显示样式。单机 ⬚ 按钮后，将光标放置在网页的某一个模块，就可以查看对应模块的网页代码。图1-14所示是华为官网Logo模块的代码。

图1-14　华为官网Logo模块的代码

4. 认识浏览器内核

浏览器之间的差异根源在于其使用的内核，这一核心组件被业内称为"渲染引擎"，它是浏览器的心脏，负责将网页代码"翻译"成用户可见的图形和文本界面。简而言之，渲染引擎决定了网页内容的展现方式及页面布局。由于不同内核对网页代码的解释方法存在差异，因此同一网页在不同内核浏览器中的显示效果可能会有所不同。浏览器内核说明如表1-1所示。

表1-1　浏览器内核说明

序号	内核种类	说明
1	Trident 内核	主要被 IE 浏览器所采用，因此也被称为 IE 内核。此内核仅支持 Windows 操作系统，且不对外开放源代码
2	Gecko 内核	火狐浏览器的基石，其显著特点是开源与跨平台兼容性，允许在不同操作系统上运行

续表

序号	内核种类	说明
3	Webkit 内核	起初应用于 Safari 浏览器（苹果设备的默认浏览器）和早期版本的 Chrome 浏览器，同样作为开源项目存在
4	Presto 内核	曾是 Opera 浏览器的核心，以其卓越的渲染速度闻名，但为追求速度牺牲了一定的网页兼容性。然而，自 2013 年起，Opera 决定加入 Chrome 家族，Presto 内核随之被弃用
5	Blink 内核	由谷歌与 Opera 合作开发，并于 2013 年 4 月面世，现已成为 Chrome 浏览器的主内核

值得注意的是，国内众多浏览器为了提升用户体验，常采用双内核策略，如 360 浏览器和猎豹浏览器就结合了 Trident 内核（用于兼容模式）和 Webkit 内核（用于高速模式）。此外，最新版本的 Edge 浏览器也已转向使用 Blink 内核。

1.5　网站建设一般流程

创建一个网站并不复杂，但要创建一个优秀的网站并非易事。一个网站项目的确立通常建立在各种各样的需求上，其中客户的需求占了绝大部分。如何更好地理解、分析、明确用户的需求，是一个网站成功的关键，也是每个网站开发人员都需要面临的问题。

网站建设的一般流程主要包括图 1-15 所示的 8 个步骤。

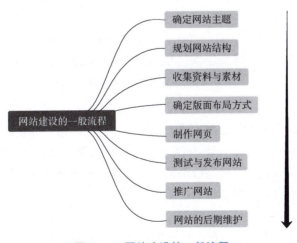

图 1-15　网站建设的一般流程

1. 确定网站主题

网站制作初期，明确站点的服务对象非常关键。在此基础上，网站设计者必须清楚为什么要建立网站、要建立一个什么样的网站、希望哪些用户访问以及最希望用户从网上获得什么信息等。明确了这些内容，才能对网站有一个准确的定位，做到有的放矢。

网站的主题应小而精，具有一定的专业性，而不要泛而浅，即什么都有但每样都只有一两项内容，给人一种肤浅、信息含量过低的印象。

2. 规划网站结构

规划网站结构时可从浏览者的角度出发，考虑浏览者如何访问网站，如何从一个页面跳转到另一个页面，怎样防止他们"迷路"。合理的栏目策划可以帮助浏览者快速查到所需的资源，节省空间。

一般来说，栏目的划分应符合大多数人的理解与习惯，且不宜过多（以 4~6 个为宜），栏目下还可以设置子栏目，以增加栏目的信息容纳量。

3. 收集资料与素材

网站主要用来为浏览者提供信息服务。这些信息可以是网站设计者的原创，也可以是收集的资料。对于一些信息量较大的网站而言，其提供的信息不可能完全由网站设计者创作，因此收集资料也就显得尤为重要。在收集资料的过程中，应明确资料和网站栏目的关系，做到有的放矢，不能偏离网站栏目的主题。

例如，要制作个人网站，则应收集个人简历、爱好等方面的材料；若想制作影视网站，就需收集大量中外电影的信息以及演员资料；若制作学校网站，则需要提供学校的文字材料，如学校简介、招生对象说明以及与学校有关的图片等。收集资料时应对各种资料进行分类保存，如将视频放在"视频"文件夹中，将文本放在"文本"文件夹中等。

4. 确定版面布局方式

制作网页首先要设计网页的版面布局，即对网页进行布局，以最适合浏览的方式将图像和文字排放在页面的不同位置。这是一个创意的过程，需要一定的经验，当然也可以参考一些优秀的网站来寻求灵感。

常见的网页布局结构有单列布局、双列布局、三列布局三种类型，具体学习内容详见单元 7。设计版面的最好方法是先用笔在白纸上将构思的网页草图勾勒出来，然后根据网页草图用 Photoshop 制作出来网页原型，最后用 HBuilderX、Dreamweaver 等网页工具来实现网页。

5. 制作网页

制作网页的过程就是将收集和制作的素材按设计好的网站布局在网页制作软件中进行组合的过程。通常从网站首页做起，使用 HTML 与 CSS 对页面进行整体布局与美化。在制作过程中，应随时预览网页效果以便进行调整，直到整个页面完成并获得理想的效果。最后使用相同的方法完成整个网站中其他页面的制作。

（1）静态网页的设计与制作。

进行网页开发时，首先会进行静态网页的制作，然后再在其中加入脚本、表单等动态内容。静态网页仅用来被动地发布信息，而不具有任何交互功能，是 Web 网页的重要组成部分。制作网页时，要灵活运用模板功能，以提高制作效率。

制作静态网页的流程大致如下。

① 构建页面框架。针对导航条、主题按钮等将页面有条理地划分为几部分，对页面做宏观的布局。

② 创建导航条。在网站的任何一个页面上，都需要提供站点的相关主题，以便引导用户有条理地浏览网站，所以创建导航条是非常必要的。一般在网站的上部或左侧位置放置网站的导航条。

③ 填充内容。将网页的内容合理地分配到页面的各个部分，并插入文本、图片等素材。

④ 创建返回主页的超链接。在各个内页页面中设置返回主页的超链接，便于用户快速返回主页面，浏览其他页面。

（2）为网页添加动态效果。

静态网页制作完成后，接下来的工作就是为网页添加动态效果，包括设计一些脚本语言程序、数据库程序以及加入动画效果等。

一个真正的网站除了能完成页面浏览的请求之外，还应满足更高层次的需求，如信息收集、数据传递、数据存储、数据查询以及系统维护等。这就需要为其制作后台功能，即开发其动态模块。例如，将网页开发语言与数据库结合，就可以将数据库中的相关数据读取出来并在网页中加以显示。目前主流的动态网页开发语言主要有 ASP. NET、PHP、JSP 等，至于选择哪种开发技术，应该根据开发语言的特点以及所建网站适用的平台进行综合考虑，常用的数据库有 SQLServer、MySQL 及 Oracle 等。

制作网站时，一般应按照先大后小、先简单后复杂的顺序来进行页面制作。所谓"先大后小"，是指在制作网页时，先设计好大的结构，然后再逐步完善小的结构。所谓"先简单后复杂"，是指应先设计简单的内容，然后再设计复杂的内容，以便在出现问题时修改起来比较方便。

6. 测试与发布网站

制作好的网站不能马上发布，还需要对站点进行测试。站点测试可根据浏览器种类、客户端以及网站大小等要求进行，通常是将站点移到一个模拟调试服务器上进行测试或编辑。

网站测试完毕后，需要将其发布到互联网上。发布的服务器可以是远程的，也可以是本地的。发布网站的一般操作流程如下。

（1）申请域名。有了属于自己的域名，就可以在世界上任何一个地方浏览自己的网站。

（2）申请一个空间服务器。有了域名，还需要有一个空间用以存放网站的内容。对普通的企业网站来说，租用 100~300 MB 的服务器空间就足够了。但对一些大型网站来说，通常需要租用更大的空间甚至购买单独的服务器，以确保客户服务器能够安全、稳定、高速地工作。

（3）绑定域名和空间服务器。

（4）上传程序到服务器中，然后安装调试。一般使用 FTP 进行上传，如 CuteFTP、LeadFTP 等。

（5）备案。主要包括 ICP 备案和公安局备案两种类型。

7. 推广网站

如果想使自己的网站在短时间内获得一定的知名度，就需要对网站进行宣传和推广。可以通过搜索引擎优化（SEO）、搜索引擎营销（SEM）、社交媒体营销、内容营销、电子邮件营销、合作伙伴与联盟营销、视频营销、移动优化、数据分析与优化、线下活动与宣传等方式进行宣传推广。

8. 网站的后期维护

一个网站建成之后，还需要定期对站点进行更新和维护，保持网站内容的新鲜感以吸引更多的浏览者。

如何知道哪些信息需要调整和更新呢？不能靠主观臆断，而是要根据访问者的反馈信息来确定。获得用户反馈信息的方法很多，常用的有计数器、留言板、调查表等。也可以建立系统日志来记录网页的访问情况。

此外，还应定期打开浏览器检查页面元素显示是否正常、各种超链接是否正常等。

1.6　网页代码编辑工具

网页制作过程中，为了开发方便，通常我们会选择一些较便捷的开发工具。例如，HBuilderx、Sublime、VS Code、Dreamweaver 等。HBuilderX 是 DCloud（数字天堂）推出的一款支持 HTML5 的 Web 开发 IDE。HBuilderX 本身主体是由 Java 编写，它基于 Eclipse，所以顺其自然地兼容了 Eclipse 的插件。快，是 HBuilderX 的最大优势，通过完整的语法提示和代码输入法、代码块等，大幅提升 HTML、JavaScript、CSS 的开发效率。

1.6.1　下载并安装 HBuilderX

1. 下载 HBuilderX

HBuilderX 下载地址：https：//www.dcloud.io/hbuilderx.html，进入图 1-16 所示的下载页面后，根据不同的系统下载合适版本的 HBuilderX。这里下载 Windows 版本的 HBuilderX，下载得到压缩文件 HBuilderX.4.24.2024072208.zip（下载时间为 2024 年 8 月 31 日）。

图 1-16　HBuilderX 下载页面

2. 安装 HBuilderX

（1）解压文件。

选中下载的 zip 压缩包，单击鼠标右键，选择"解压到当前文件夹"，解压后文件目录如图 1-17 所示。

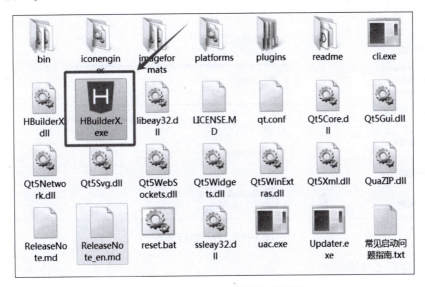

图 1-17　HBuilderX 解压文件目录

（2）HBuilderX 首次启动。

进入解压后的文件夹，找到 HBuilderX.exe，直接双击打开。HBuilderX 首次启动后，可以看到一个选择窗口，在此选择喜欢的主题、快捷键。单击"开始体验"按钮后，会看到一个"HBuilderX 自述文件"，简单介绍了 HBuilderX 的特性，单击标签卡上的"关闭"按钮可以关闭此文件。

（3）初始化 HBuilderX 设置。

进入 HBuilderX 后，选择"工具"→"设置"，在"常用配置"中勾选"失去焦点自动保存"选项，如图 1-18 所示；在"编辑器配置"中勾选"自动换行"选项，如图 1-19 所示。

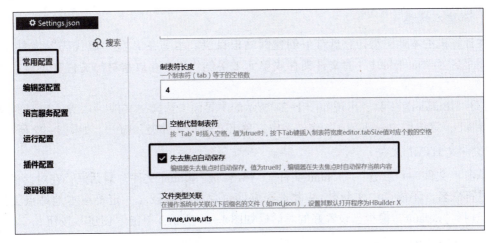

图 1-18　失去焦点自动保存选项

图 1-19　自动换行选项

（4）创建桌面快捷方式。

第一次打开 HBuilderX 运行后并关闭，如果检测到桌面没有 HBuilderX 快捷方式，HBuilderX 会弹出对话框进行提示，如图 1-20 所示，单击"是"按钮进行创建。

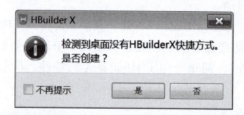

图 1-20　HBuilderX 创建快捷方式提示对话框

1.6.2　创建编辑页面

1. 新建本地站点

在计算机的本地磁盘任意盘符下创建网站根目录。本书在 E 盘"源代码"文件夹下，新建一个名为"module01"的文件夹存放单元 1 案例代码。存放素材的文件夹不能以中文命名。

打开 HBuilderX 工具，出现如图 1-21 所示的主界面，选择"文件"→"导入"→"从本地目录导入"，定位到"module01"文件夹中，单击"选择文件夹"按钮，如图 1-22 所示。

2. 新建 HTML 文件

单击"文件"→"新建"→".html 文件"，弹出"新建 html 文件"对话框，在对话框中对网页进行命名（不能以中文命名），并选择好网页保存的路径（一定要在本地站点文件夹下），选择"default"模板，设置好的对话框如图 1-23 所示，单击"创建"按钮。

3. 编辑 HTML 文件

在"项目管理器"中选中新建的 HTML 文件，在编辑区域中会显示该文件相对应的代码，此时可在编辑区域对代码进行编辑，如图 1-24 所示。

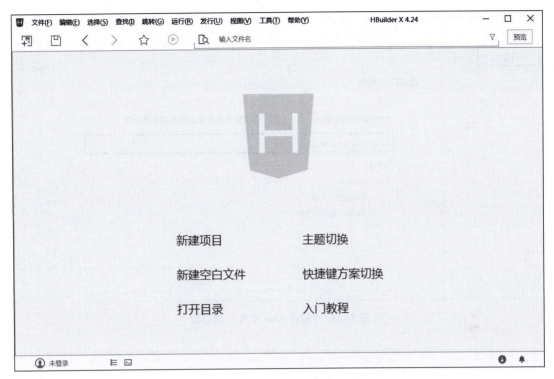

图 1-21　HBuilderX 主界面

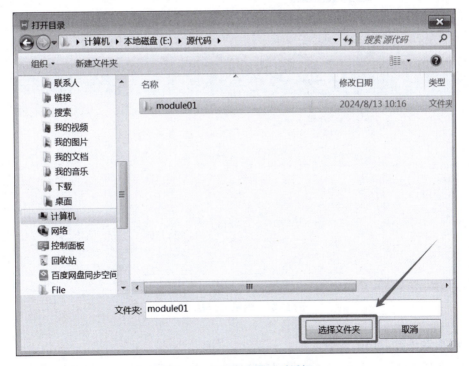

图 1-22　"打开目录"对话框

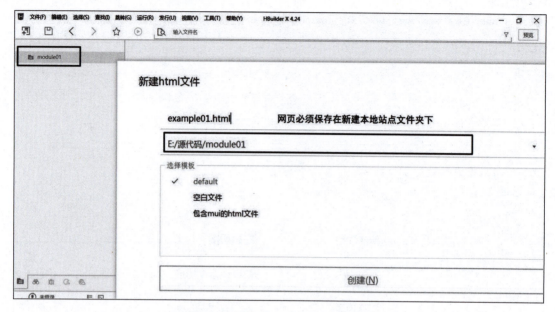

图 1-23 "新建 html 文件"对话框

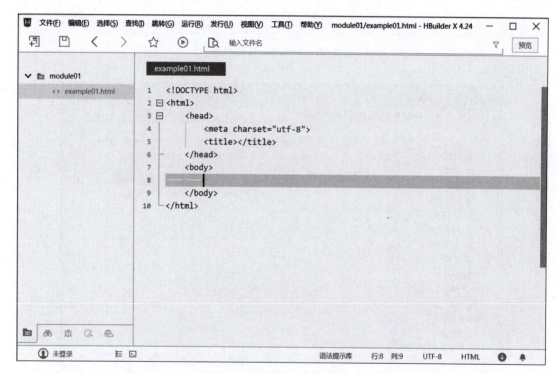

图 1-24 编辑 HTML 文件

4. 浏览器运行 HTML 文件

（1）单击"运行"菜单→"运行到浏览器"命令，选择运行的浏览器即可。

（2）按 Ctrl+R 组合键，选择运行的浏览器即可。

（3）单击工具栏中的"浏览器运行"按钮，选择运行的浏览器即可。

1.6.3　创建第一个网页

通过前面的讲解，我们已经对网页、HTML、CSS 以及 HBuilder 工具有了一定的了解，接下来将使用 HBuilderX 创建一个包含 HTML 结构和 CSS 样式的简单网页，具体步骤如下。

1. 编写 HTML 代码

（1）打开 HBuilderX，新建一个名为 example01. html 的文档，如图 1-25 所示。

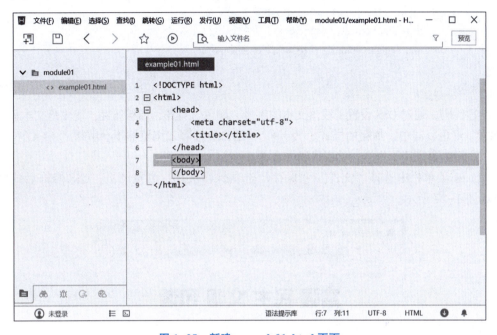

图 1-25　新建 example01. html 页面

（2）在<title></title>标签之间，输入 HTML 文档的标题"社会主义核心价值观"。

（3）在<body>与</body>标签之间添加网页的主体内容，具体代码如下所示。

```
<p>富强 民主 文明 和谐</p>
<p>自由 平等 公正 法治</p>
<p>爱国 敬业 诚信 友善</p>
```

（4）在菜单栏中选择"文件"→"保存"选项（Ctrl+S），保存文件。

（5）在菜单栏中选择"运行"→"运行到浏览器"→"Chrome"浏览器，运行文件，网页浏览效果如图 1-26 所示。

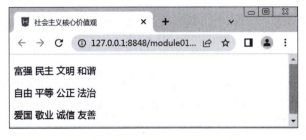

图 1-26　网页浏览效果

由于我们仅在网页中使用了三个段落标签<p>，所以浏览器窗口中显示了三个段落文本。

2. 编写 CSS 代码

（1）在<head>与</head>标签中添加 CSS 样式，具体代码如下所示。

```
<style type="text/css">
        p{
            font-size:40px;        /*设置字号大小为 40px */
            color: #c10000;        /*设置文本颜色为深红色 */
            text-align: center;    /*设置文本居中显示 */
            font-weight: bold;     /*设置文本加粗显示 */
        }
</style>
```

上述代码，通过 CSS 设置了段落文本的字号、颜色、对齐、加粗属性，使段落文本显示为 40 像素、红色、居中、加粗的样式。"/＊＊/"是 CSS 注释，浏览器不会解析"/＊＊/"中的内容，注释主要是用于告知初学者代码的含义。

（2）在菜单栏中选择"文件"→"保存"选项保存文件。浏览网页，CSS 修饰后的网页效果如图 1-27 所示。

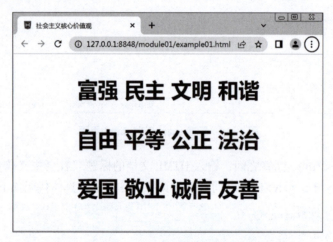

图 1-27　CSS 修饰后的网页效果

【操作准备】

创建文件夹

本书在 E 盘"源代码"文件夹下，新建一个名为"module01"文件夹存放单元 1 案例代码。

【任务介绍】

站点对于制作维护一个网站很重要，它能够帮助用户系统地管理网站文件。本任务带领初学者建立一个本地站点后，再在此站点下新建一张页面并进行编辑，同时编写 CSS 样式代码对网页元素进行美化。

【引导训练】

【任务 1-1】创建站点

启动 HBuilderX，选择"文件"→"导入"→"从本地目录导入"，定位到"module01"文件夹中，单击"选择文件夹"按钮，如图 1-28 所示。

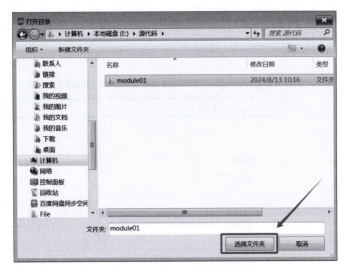

图 1-28　"打开目录"对话框

建立好的本地站点如图 1-29 所示。

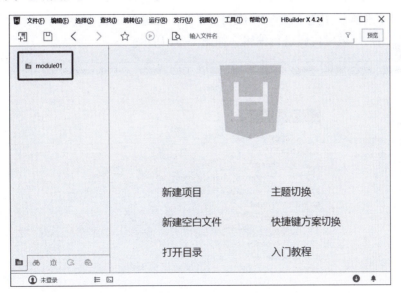

图 1-29　建立好的本地站点

【任务 1-2】页面操作

【任务 1-2-1】新建 HTML 文件

在新建 HTML 页面之前，先单击选中"module01"文件夹，以确保新建的 HTML 页面能在本地站点下。

单击"文件"→"新建"→".html文件",弹出"新建html文件"对话框,在对话框中对网页进行命名,并选择好网页保存的路径(一定要在本地站点文件夹下),选择"default"模板,设置好的对话框如图1-30所示,单击"创建"按钮。

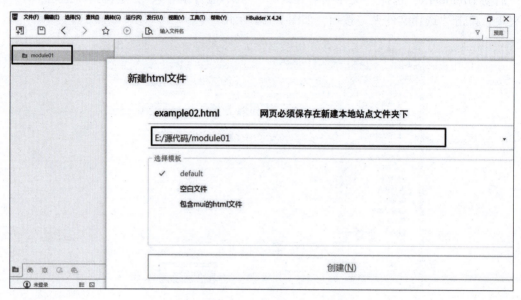

图1-30 "新建html文件"对话框

【任务1-2-2】编辑HTML文件

在"项目管理器"中选中新建的HTML文件,在编辑区域中会显示该文件相对应的代码,此时可在编辑区域对代码进行编辑,如图1-31所示。

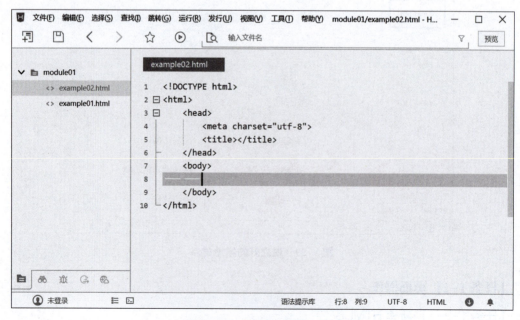

图1-31 编辑HTML文件

在<body>与</body>标签之间添加网页的主体内容，具体 HTML 代码如下。

```html
<!DOCTYPE html>
<html>
    <head>
        <meta charset="utf-8">
        <title>第一张网页</title>
    </head>
    <body>
        <h1>热爱党、热爱祖国、热爱社会主义的崇高理想和坚定信念</h1>
        <p>今天,在全面建设社会主义现代化国家新征程上奋勇前进,我们要把雷锋精神广播在祖国大地上,弘扬无私奉献、团结互助的理念,自觉服务社会、服务人民,在全社会形成人人学雷锋、人人做雷锋的生动局面,让雷锋精神在新时代绽放新光芒。</p>
    </body>
</html>
```

【任务 1-2-3】编写 CSS 代码

在<head>与</head>标签中添加 CSS 样式，具体 CSS 代码如下。运行网页代码，效果图如图 1-32 所示。

```css
<style type="text/css">
    h1{
        font-size: 20px;        /*设置字号大小为 20px */
        text-align: center;     /*设置文本水平居中显示 */
        color: red;             /*设置字体颜色为红色 */
    }
    p{
        font-size:16px;         /*设置字号大小为 16px */
        text-indent: 2em;       /*设置文本首行缩进 2 个字符 */
        line-height: 30px;      /*设置行高为 30px */
        text-align: justify;    /*设置文本两端对齐显示 */
    }
</style>
```

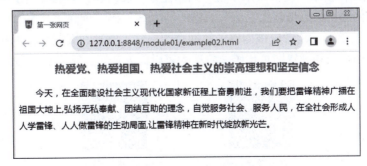

图 1-32　网页运行效果图

【引导训练考核评价】

创建站点和页面制作"引导训练"考核评价表

	考核内容	标准分	计分
考核要点	（1）会安装 HBuilderX 软件	5	
	（2）会新建本地站点	3	
	（3）会新建 HTML 页面	1	
	（4）会通过标题和段落标签搭建网页结构	2	
	（5）会编写 CSS 样式布局与美化网页	3	
	（6）认真完成本单元任务，态度端正、操作规范、时间观念强、有协作精神、学习效果较好	1	
	小计	15	
评价方式	自我评价	小组评价	教师评价
考核得分			
存在的主要问题			

【单元总结】

　　本单元首先带领大家赏析了一些优秀的网站，接着介绍了网页制作的基础知识，包括网页的构成、网页制作技术、网页展示平台、网站建设一般流程，然后介绍了网页代码编辑工具 HBuilderX 的使用，最后带领大家编写 HTML 与 CSS 代码，创建了一个简单的网页。

　　通过本单元的学习，读者应该能够了解网页的构成，熟悉网页制作技术和流程，并能够熟练运用 HBuilderX 工具创建网页代码。希望大家以此为开端，完成对本书的学习。

同步训练及考核评价

同步习题

单元 2

制作网站首页焦点图模块

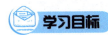

掌握 HTML 文档基本格式，并能在此基础上扩充搭建网页结构。

能够书写符合格式规范的 HTML 代码。

能够合理使用文本控制标签、图像标签及标签属性设置文本、图像元素的格式。

能够使用相对路径设置网页元素，使用绝对路径设置网页链接网址。

能够使用合适的 HTML 标签及标签属性制作图文混排页面。

【知识梳理】

2.1　HTML 概述

HTML 作为一种标签语言，主要的功能是搭建网页结构，并通过特定的标签描述网页上的文本、图像等元素。对于网页开发者来说，学习如何使用 HTML 标签来制作网页是必不可少的基础技能。

2.1.1　HTML 文档格式

学习任何计算机语言，首要步骤就是掌握其基础结构框架，这类似于书写任何正式文件前需遵循的特定格式规范。HTML 标签语言亦不例外，它拥有一套必须遵循的基本文档结构，这其中包括了用于指明文档类型的 <!DOCTYPE> 声明、作为整个 HTML 文档容器的 <html> 根标签、包含元数据的 <head> 头部标签，以及承载网页主要内容的 <body> 主体标签等关键组成部分，其基本结构如图 2-1 所示。

简化后的 HTML5 文档基本格式，不仅在结构上更加简单、清晰，而且语义指向也更加明确。

1. <!DOCTYPE>

<!DOCTYPE> 声明置于 HTML 文档的起始位置，称为文档类型声明，作用是向浏览器说明当前文档所遵循的 HTML 标准规范。这一声明至关重要，因为它确保了浏览器能够正确地

```
1  <!DOCTYPE html>
2  <html>
3      <head>
4          <meta charset="utf-8">
5          <title></title>
6      </head>
7      <body>
8      </body>
9  </html>
```

图 2-1　HTML5 文档基本结构

识别并解析文档，按照声明的文档类型标准来展示内容。简言之，<!DOCTYPE> 是浏览器理解并正确渲染网页内容的前提和依据。

2. <html>标签

<html>标签紧随 <!DOCTYPE> 声明之后出现，也称为根标签。它的作用是明确告知浏览器，接下来的内容构成了一个完整的 HTML 文档结构。<html> 标签标志着 HTML 文档内容的起点，而</html>则标志着文档内容的结束。在这对标签之间，包含了文档的头部（<head>）和主体（<body>）部分，分别用于定义文档的元数据（如标题、样式表链接等）和可见的页面内容（如文本、图片等）。

3. <head>标签

<head>标签，作为 HTML 文档的头部区域，紧随 <html> 标签之后，作用是封装和定义文档元数据。它被视为一个容器，内部可以包含多个用于描述文档特性的标签，如 <title>、<meta>、<link>以及 <style>。<head> 标签及其内部元素共同构建了文档的"头部信息"，这些信息对于文档的识别、展示以及与外部资源的关联至关重要。

4. <body>标签

<body>标签是 HTML 文档中至关重要的一个部分，它充当着"内容容器"的角色，负责包裹并展示所有希望呈现给用户的视觉元素，包括文本、图像、音频、视频等多媒体内容。简而言之，浏览器窗口中所展示的一切可见内容，都必须在 <body> 标签的起始与结束之间被定义，以确保这些内容能够正确无误地呈现给用户浏览。

2.1.2　HTML 标签

HTML 的优势在于其具有丰富的标签系统，这些标签通过特定的"<>"符号包裹，执行着各自的功能角色，如<html>、<head>、<body>等，它们都是 HTML 标签的实例。本质上，标签是 HTML 语言的编码指令，用于定义网页的结构、内容和表现方式，也常被称为 HTML 标记或 HTML 元素。为了更全面地理解 HTML 标签，我们可以从四个关键维度进行剖析：标签的分类、标签的属性、标签关系以及头部结构标签。通过分析，我们将更深入地掌握 HTML 标签的精髓。

1. 标签分类

依据 HTML 标签的构造特性，可以将其划分为两大类：双标签（也称为闭合标签或成对标签）与单标签（或称自闭合标签、空标签）。这两类标签在 HTML 文档中的使用方式和作用各有千秋。

（1）双标签。

这类标签在 HTML 中成对出现，即它们有一个开始标签和一个对应的结束标签。开始标签用于标记某个元素或内容的起始，而结束标签则标志着该元素或内容的结束。例如，<html>与</html>、<body>与</body>以及<p>与</p>等都是典型的双标签。双标签的基本语法格式如下：

<标签名>内容</标签名>

（2）单标签。

与双标签不同，单标签在 HTML 中单独出现，不需要结束标签来闭合。这类标签通常用于执行一些简单的操作或嵌入小型的数据片段，如换行标签
、图片标签<img />、水平线标签<hr />等。单标签通过其属性来提供必要的信息或执行特定的动作，而不需要包裹任何内容。单标签的基本语法格式如下：

```
<标签名 />
```

在上面的语法格式中，标签名和"/"之间有一个空格，该空格和"/"在书写 HTML 时可以省略。

在 HTML 中还有一种特殊的标签——注释标签，该标签的作用是对 HTML 起解释作用。实际编写 HTML 代码过程中，可以将不需要显示在页面上的文本注释起来。注释标签的基本语法格式如下：

```
<!--注释内容-->
```

（3）单标签和双标签的关系。

在 HTML 中，标签的运作机制本质上是基于元素的选择与描述。当需要明确指定网页上某段内容的开始与结束时，我们会采用双标签的形式，这种方式通过起始标签标记内容的起点，并通过相应的结束标签来界定内容的终点。

单标签则提供了一种更为简洁的表达方式，它们用于描述那些不需要包裹任何额外内容，仅需单一标签即可完整表达其意图的功能性元素。这些元素通常用于执行快速操作或插入特定类型的数据，如换行、图像显示、创建水平线等。以
换行标签为例，它本身就代表了页面上一个换行，无须额外的起始与结束标签来界定内容范围，因此使用单标签形式更为直接和高效。

从代码优化的角度来看，单标签的引入显著减少了不必要的标签嵌套，使 HTML 文档的结构更加清晰和紧凑。当开发者在编写 HTML 代码时，能够根据元素的特性灵活选择使用双标签还是单标签，从而编写出既符合标准又易于维护的网页代码。

2. 标签属性

使用 HTML 标签搭建网页结构时，通过为 HTML 标签设置属性的方式可以增加更多的显示样式。例如，设置字体大小和颜色，这些都可以通过 HTML 标签的属性来设置。HTML 标签添加属性的基本语法格式如下：

```
<标签名 属性1="属性值1" 属性2="属性值2"...>内容</标签名>
```

在上述语法格式中，一个标签可以拥有多个属性，属性必须写在 HTML 开始标签中，位于标签名后面。属性之间排序不分先后，标签名与属性、属性与属性之间均以空格分隔，但是同一个属性不能重复出现。例如，下面的示例代码设置了一段居中显示的标题内容。

```
<h1 align="center">我是一级标题</h1>
```

在上面的示例代码中，<h1>标签用于一级标题，"align"为属性名，"center"为属性值，表示标题居中对齐。<h1>标签还可以设置标题左对齐或右对齐，对应的属性值分别为 left 和 right。在 HTML 标签属性中，大多数属性都有默认值，例如省略<h1>标签的 align 属性，标题则按默认值左对齐显示，也就是说，<h1></h1>等价于<h1 align="left">标题</h1>。

3. 属性与键值对的关系

HTML 开始标签里，可以通过"属性="属性值""的方式为标签添加属性，其中"属性"和"属性值"就是一种"键值对"的表现形式。例如 color="red"。

在 CSS 样式中，可以通过"属性：属性值；"的方式为元素设置属性，其中"属性"和"属性值"就是另一种"键值对"的表现形式。例如 width：1200px；

"键值对"被广泛地应用于编程中，HTML 属性的定义形式"属性="属性值""只是"键值对"中的一种。

4. 标签关系

在网页 HTML 的结构中，各种标签不仅承载着内容，还通过特定的组织结构相互关联。这些标签间的关系可以归结为两大类：嵌套与并列关系，具体介绍如下：

（1）嵌套关系。

嵌套关系也称包含关系，可以理解为一对双标签里面又包含了其他标签。例如，在 body 标签中又包含了 h1 标签，body 标签和 h1 标签就是嵌套关系。示例代码如下：

```
<body>
    <h1>一级标题</h1>
</body>
```

在标签嵌套过程中，不能出现交叉嵌套，应该按照由内到外的顺序依次结束标签。图 2-2 所示为嵌套标签正确和错误写法的对比。

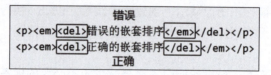

图 2-2　嵌套标签正确和错误写法的对比

在嵌套关系的标签中，通常把外层的标签称为"父标签"，里面的标签称为"子标签"。但只有双标签才能作为"父标签"。

（2）并列关系。

并列关系，也可以被形象地称为"兄弟关系"，意味着两个或多个标签在文档结构中处于同一层级，它们之间没有包含或嵌套关系，而是并列排列的。例如，在 HTML5 的文档基本格式中，<head>标签和<body>标签就是并列关系。在 HTML 的标签中，无论是单标签还是双标签，都可以拥有并列关系。

5. 头部结构标签

在网页开发过程中，为了确保网页能够被正确地识别、索引和展示给用户，通常需要在网页的头部区域（即<head>标签内部）设置一系列的基本信息。这些信息对于搜索引擎优化（SEO）、浏览器兼容等都至关重要。

（1）<title>标签。

<title>标签用于定义网页的标题，它显示在浏览器的标题栏或页面标签上。同时，它也是搜索引擎结果中显示的主要文本，对于提高网页的搜索和点击率至关重要。例如，将某个页面标题设置为"红色教育主题网—首页"，示例代码如下：

```
<title>红色教育主题网-首页</title>
```

上面代码对应的页面标题效果如图 2-3 所示。

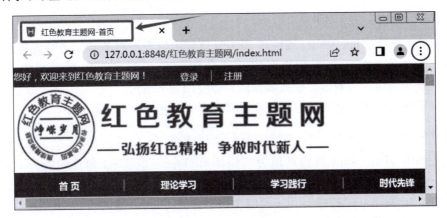

图 2-3　页面标题效果

（2）<meta>标签。

<meta>标签是一个非常灵活的标签，用于提供关于 HTML 文档的元数据。通过不同的 name 属性或 http-equiv 属性，它可以指定页面的字符集、作者、描述、关键词、页面刷新时间等。例如，<meta charset="UTF-8">用于指定页面编码为 UTF-8，<meta name="de-scription" content="网页描述…">则用于提供页面的简短描述，有助于搜索引擎理解页面内容。下面介绍<meta>标签常用的几组设置。

第一种情况如下所示。

```
<meta name="名称" content="值"/>
```

在<meta>标签中使用 name 属性和 content 属性可以为搜索引擎提供信息，其中 name 属性提供搜索内容名称，content 属性提供对应的搜索内容值。

1）设置网页关键字，例如红色教育主题网的关键字设置，示例代码如下：

```
<meta name="keywords" content="红色教育,红色文化">
```

上述代码中，name 属性的属性值是"keywords"，用于定义搜索内容，名称为网页关键字。content 属性的属性值用于定义关键字的具体内容，多个关键字内容之间可以用"，"分隔。

2）设置网页描述，例如某红色文化网站的描述信息设置，示例代码如下：

```
<meta name="description" content="坚持正能量传播和正面宣传,弘扬红色文化,帮助全民尤其是青年人了解革命历史、进行爱国主义教育和传统文化教育,为社会主义文化大发展大繁荣服务。">
```

上述代码中，name 属性的属性值为"description"，用于定义搜索内容，名称为网页描述。content 属性的属性值用于定义描述的具体内容。网页描述的文字不需要太多，能够描述清晰就行。

3）设置网页作者，例如可以为网站增加作者信息，示例代码如下：

```
<meta name="author" content="教学科"/>
```

上述代码中，name 属性的属性值为"author"，用于定义搜索内容，名称为网页作者。content 属性的属性值用于定义具体的作者信息。

第二种情况如下所示。

```
<meta http-equiv="名称" content="值"/>
```

在<meta>标签中，http-equiv 属性和 content 属性可以设置服务器发送给浏览器的 HTTP 头部信息，为浏览器显示该页面提供相关的参数标准。http-equiv 属性提供参数类型，content 属性提供对应的参数值，这些属性的具体应用如下所示。

设置字符集，例如某党史学习教育官网字符集的设置，示例代码如下：

```
<meta http-equiv="Content-Type" content="text/html; charset=utf-8" />
```

上述代码中，http-equiv 属性的值为"Content-Type"，content 属性的值为"text/html"和"charset=utf-8"，两个属性值中间用";"隔开。其中"text/html"用于说明当前文档类型为 HTML，"charset=utf-8"用于说明文档字符集为 utf-8 编码。

目前，utf-8 是最常用的国际化字符集编码格式，常用的国内中文字符集编码格式主要是 gbk 和 gb2312。当用户使用的字符集编码不匹配当前浏览器时，网页内容就会出现乱码。HTML5 简化了字符集的写法，示例代码如下：

```
<meta charset="utf-8">
```

设置页面自动刷新与跳转，例如定义某个页面 20 秒后跳转至党史学习教育网，示例代码如下：

```
<meta http-equiv="refresh" content="20; url= http://dangshi. people. com. cn"/>
```

上述代码中，http-equiv 属性的属性值是"refresh"，content 属性的值为数值和 URL 地址。两个属性值中间用";"隔开，分别用于指定跳转时间和目标页面的 URL。跳转时间默认以秒为单位。

2.2 HTML 文本控制标签

在网页设计中，文字是传达信息和构建内容框架的核心元素。为了确保文字内容能够以整齐、结构清晰的方式呈现给用户，HTML 提供了一套丰富的文本控制标签，这些标签帮助开发者定义文本的不同层级、样式和布局。例如标题标签<hl>~<h6>、段落标签<p>、字体标签<font>等。

2.2.1 页面格式化标签

在排版一篇条理清晰、易于阅读的文章时，作者往往会巧妙地运用标题、段落、分隔线等元素来组织内容结构。同样地，在网页设计中，为了确保内容能够有序且美观地呈现给用户，HTML 提供了一系列专门用于页面格式化的标签。这些标签在设计网页内容时起着至关重要的作用，主要包括以下几类：

1. 标题标签

HTML 标准中定义了六个层级的标题标签，从<h1>到<h6>，这些标签在网页中用于表示不同级别的标题，且它们在重要性上呈现出递减的趋势。标题标签的基本语法格式如下：

```
<hn align="对齐方式">标题文本内容</hn>
```

在上述的语法格式中，n 的取值为 1~6。align 属性是可选属性，使用 align 属性设置标题的对齐方式。align 属性的取值如下：

（1）left：设置标题文字内容左对齐（默认值）。

（2）center：设置标题文字内容居中对齐。

（3）right：设置标题文字内容右对齐。

下面通过一个案例对标题标签进行演示与讲解，代码如例 2-1 所示。

例 2-1：

```html
<!DOCTYPE html>
<html>
<head>
    <meta charset="utf-8">
    <title>标题标签</title>
</head>
<body>
    <h1>一级标题</h1>
    <h2>二级标题</h2>
    <h3>三级标题</h3>
    <h4>四级标题</h4>
    <h5>五级标题</h5>
    <h6>六级标题</h6>
</body>
</html>
```

在例 2-1 中，代码使用<h1>~<h6>标签设置六种级别的标题。

运行例 2-1，效果如图 2-4 所示。

图 2-4　标题标签效果

从图 2-4 结果看出，默认情况下标题文字是加粗、左对齐，并且从 1 级标题到 6 级标题字号大小递减。如果想要设置标题的对齐方式，可以为标题添加 align 属性。如将例 2-1 中的 1、2 级标题设置为左对齐，3、4 级标题设置为居中对齐，5、6 级标题设置为右对齐。修改后的代码如例 2-2 所示：

例 2-2：

```html
<!DOCTYPE html>
<html>
    <head>
        <meta charset="utf-8">
        <title>标题标签</title>
    </head>
    <body>
        <h1 align="left">一级标题</h1>
        <h2 align="left">二级标题</h2>
        <h3 align="center">三级标题</h3>
        <h4 align="center">四级标题</h4>
        <h5 align="right">五级标题</h5>
        <h6 align="right">六级标题</h6>
    </body>
</html>
```

运行修改后的代码，设置 align 属性的标题效果如图 2-5 所示。

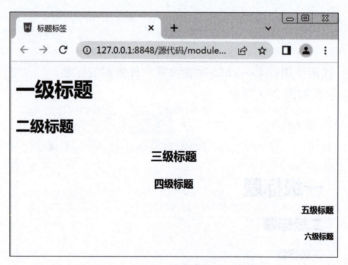

图 2-5　设置 align 属性的标题效果

在实际制作网页过程中，一个页面一般只使用一对<h1>标签用于放置网站 Logo 部分，而且 HTML 不推荐使用标题标签的 align 对齐属性，使用 CSS 样式设置标题对齐。

2. 段落标签

在网页布局中，段落标签扮演着至关重要的角色，它们如同文章中的自然分段，将网页内容划分为逻辑上相互关联但又各自独立的文本块。在网页中使用<p>标签来定义段落。<p>标签是 HTML 文档使用最广泛的元素之一，在默认情况下，当段落内的文本内容超出浏览器窗口的显示宽度时，浏览器会自动进行换行处理，这种自动换行的特性极大地提升了网页内容的可读性和用户体验。\<p\>标签的基本语法格式如下：

```
<p align="对齐方式">段落文本</p>
```

在上述语法格式中，align 属性是\<p\>标签的可选属性，用于设置段落文本的对齐方式。下面通过一个案例对段落标签进行演示与讲解，代码如例 2-3 所示。

例 2-3：

```
<!DOCTYPE html>
<html>
<head>
    <meta charset="utf-8">
    <title>段落标签</title>
</head>
<body>
    <p>历史是最好的教科书,历史也是最好的营养剂。党史记载着我党光辉而又艰辛的革命历程,革命先辈抛头颅洒热血,在民族存亡之际,前赴后继挽大厦之将倾 ...... </p>
    <p align="left">瑞金革命遗址——沙洲坝红井</p>
    <p align="center">寻乌调查会议旧址</p>
    <p align="center">安源路矿工人运动俱乐部旧址</p>
    <p align="right">湖坊闽赣省军区旧址</p>
    <p align="right">湘赣省委机关旧址</p>
</body>
</html>
```

在例 2-3 中，第一个\<p\>标签是段落标签的默认对齐方式（左对齐），其他\<p\>标签分别用了 left、center 和 right 设置了段落左对齐、居中对齐和右对齐。

运行例 2-3，效果如图 2-6 所示。

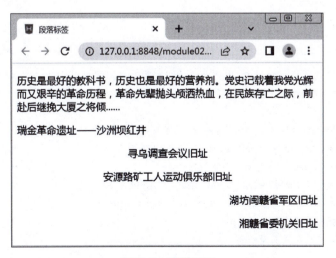

图 2-6　段落标签

通过图 2-6 效果可以看出，段落标签不仅能定义大段文本，还能定义词组或短语。添加 align 属性的段落文本在页面中按照设置的方式对齐。与标题标签一样，HTML 也不推荐使用段落标签的 align 对齐属性，使用 CSS 样式设置段落对齐。

3. 水平线标签

在网页设计中，为了增强文档的层次感与可读性，经常需要在不同的段落或内容区块之间加入明显的分隔线。这种分隔效果可以通过使用<hr />标签来实现，它代表了一个水平线，能够直观地划分出页面内容的边界。<hr />标签的基本语法格式如下：

```
<hr 属性="属性值" />
```

<hr />是单标签，在页面中输入一个<hr />标签，就相当于添加了一条默认样式的水平线。<hr />标签常用的属性如表 2-1 所示。

表 2-1　<hr />标签常用的属性

属性名	含义	属性值
align	设置水平线的对齐方式	可选择 left、right、center 三种属性值，默认属性值为 center
size	设置水平线的粗细	为像素值，默认为 2px
color	设置水平线的颜色	可以是颜色英文单词、十六进制颜色值、RGB 颜色值
width	设置水平线的宽度	可以是确定的像素值，也可以是浏览器窗口的百分比，默认属性值为 100%

下面通过一个案例对水平线标签进行演示与讲解，代码如例 2-4 所示。

例 2-4：

```
<!DOCTYPE html>
<html>
    <head>
        <meta charset="utf-8">
        <title>水平线标签</title>
    </head>
    <body>
        <p>历史是最好的教科书,历史也是最好的营养剂。党史记载着我党光辉而又艰辛的革命历程,革命先辈抛头颅洒热血,在民族存亡之际,前赴后继挽大厦之将倾</p>
        <hr />
        <p align="left">瑞金革命遗址——沙洲坝红井</p>
        <hr color="red" align="left" size="4" width="600"/>
        <p align="center">寻乌调查会议旧址</p>
        <hr color="#515151" align="right" size="3" width="60% "/>
        <p align="right">安源路矿工人运动俱乐部旧址</p>
        <p>湖坊闽赣省军区旧址</p>
        <p>湘赣省委机关旧址</p>
    </body>
</html>
```

在例2-4中，第一个<hr />标签为水平线的默认样式，第二和第三个<hr / >标签分别设置了不同的颜色、对齐方式、粗细和宽度值。

运行例2-4，效果如图2-7所示。

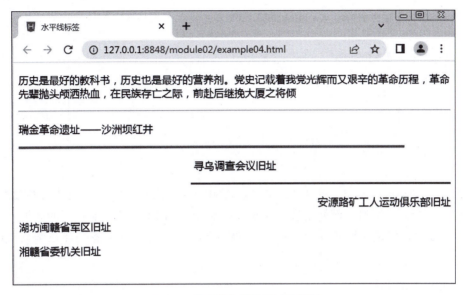

图2-7　水平线标签的用法和属性

4. 换行标签

在HTML文档中，段落内的文本默认遵循从左至右的排列方式，当文本达到浏览器窗口的右侧边缘时，浏览器会自动将其换至下一行继续显示，以保持内容的连续性。然而，若我们希望在文本中的特定位置实现强制换行，以控制内容的布局或格式，就需要借助换行标签
。换行标签可以被直接插入到文本中的任何位置，以实现所需的换行效果。

下面通过一个案例对换行标签进行演示与讲解，代码如例2-5所示。

例2-5：

```
<!DOCTYPE html>
<html>
    <head>
        <meta charset="utf-8">
        <title>使用 br 换行标签</title>
    </head>
    <body>
        <p>在文本任意位置中添加 br 标签,可以实现<br>换行效果</p>
        <p>直接按回车键"Enter"
        不能换行</p>
    </body>
</html>
```

在例2-5中，代码分别使用换行标签
和Enter键两种方式进行换行。

运行例2-5，效果如图2-8所示。

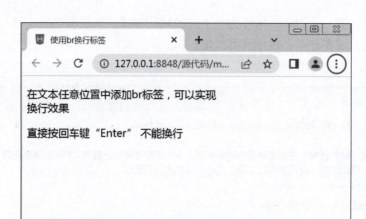

图 2-8　使用 br 标签换行

从图 2-8 结果可以看出，使用 Enter 键换行的段落在浏览器中显示的效果并没有换行，只是多出了一个空白字符，而使用换行标签
的段落却实现了强制换行的效果。

标签仅仅是实现换行的效果，不能像<h>、<p>等结构标签一样在网页中起结构作用。

2.2.2　文本样式标签

文本样式标签<font>用来控制网页中文本的字体、字号和颜色。<font>标签的基本语法格式如下：

<font 属性="属性值">文本内容</font>

在上面的语法中，<font>标签常用的属性有三个，如表 2-2 所示。

表 2-2　<font>标签常用的属性

属性	含义
face	设置文字的字体，例如微软雅黑、黑体、宋体等
size	设置文字的大小，可以取 1~7 的整数值
color	设置文字的颜色

下面通过一个案例对<font>标签进行演示与讲解，代码如例 2-6 所示。

例 2-6：

```
<!DOCTYPE html>
<html>
    <head>
        <meta charset="utf-8">
        <title>文本样式标签 font</title>
    </head>
    <body>
        <h2 align="center">使用 font 标签设置文本样式</h2>
        <p>默认样式的文本</p>
```

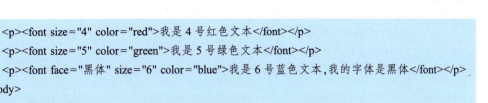

```
        <p><font size="4" color="red">我是 4 号红色文本</font></p>
        <p><font size="5" color="green">我是 5 号绿色文本</font></p>
        <p><font face="黑体" size="6" color="blue">我是 6 号蓝色文本,我的字体是黑体</font></p>
    </body>
</html>
```

在例 2-6 中使用了四个段落标签,第一个段落中的文本为 HTML 默认段落样式,第二、三、四个段落分别使用<font>标签设置了不同的文本样式。运行例 2-6,效果如图 2-9 所示。

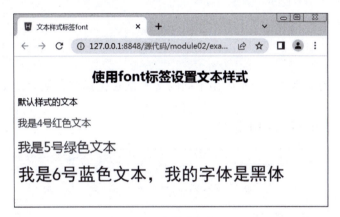

图 2-9　文本样式标签 font

在实际工作中,不推荐使用 HTML 的<font>标签,可使用 CSS 样式来定义文本样式。

2.2.3　文本格式化标签

在网页设计与制作过程中,文本格式化标签可以使文字以特殊的方式突出显示。常用的文本格式化标签如表 2-3 所示。

表 2-3　常用的文本格式化标签

文本格式化标签	显示效果
<b>和<strong>	文字以粗体方式显示
<i>和<em>	文字以斜体方式显示
<s>和<del>	文字以加删除线方式显示
<u>和<ins>	文字以加下划线方式显示

在表 2-3 中同一行的文本格式化标签都能显示相同的文本样式效果,但<strong>标签、<em>标签、<del>标签、<ins>标签更符合 HTML 结构的语义化,因此在 HTML 中建议使用这四个标签设置文本样式。

下面通过一个案例对文本格式化标签进行演示与讲解,代码如例 2-7 所示。

例 2-7:

```
<!DOCTYPE html>
<html>
    <head>
```

```
            <meta charset="utf-8">
            <title>文本格式化标签的使用</title>
        </head>
        <body>
            <p>正常显示的文本</p>
            <p><strong>加粗的文本</strong></p>
            <p><em>倾斜的文本</em></p>
            <p><ins>加下划线的文本</ins></p>
            <p><del>加删除线的文本</del></p>
        </body>
    </html>
```

在例 2-7 中，为段落文本分别应用不同的文本格式化标签，从而使文字产生特殊的显示效果。

运行例 2-7，效果如图 2-10 所示。

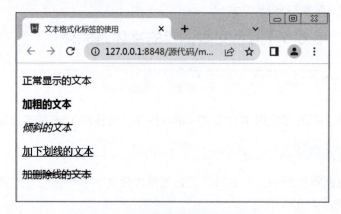

图 2-10　文本格式化标签的使用

2.2.4　特殊字符

在浏览网页时，我们常会遇到包含诸如数学符号、版权声明等特殊字符的文本内容。那么如何在网页上显示这些包含特殊字符的文本呢？在 HTML 中为这些特殊字符准备了专门的代码。常用特殊字符对应代码如表 2-4 所示。

表 2-4　常用特殊字符对应代码

特殊字符	描述	字符的代码
	空格符	
<	小于号	&lt;
>	大于号	&gt;
&	和号	&amp;
¥	人民币	&yen;
©	版权	&copy;

续表

特殊字符	描述	字符的代码
®	注册商标	&reg;
°	角度	&deg;
±	正负号	&plusmn;
×	乘号	&times;
÷	除号	&divide;
2	平方 2（上标 2）	&sup2;
3	立方 3（上标 3）	&sup3;

从表 2-4 可以看出，特殊字符由前缀"&"、字符名称和后缀英文分号";"组成。在网页中使用这些特殊字符时只需输入相应的字符代码替代即可。

由于浏览器对空格符" "的解析是有差异的，导致了使用空格符的页面在各个浏览器中显示效果不同，而且在代码中出现太多" "，既不美观，又使代码冗余。所以不推荐使用" "，可使用相应的 CSS 样式替代。

2.3　HTML 图像应用

在浏览网页的过程中，图像往往成为吸引浏览者注意力的焦点之一。恰当地在网页中融入图像元素，能够显著提升网页的视觉吸引力和内容丰富度。

2.3.1　常用图像格式

在网页设计中，选择合适的图像格式是一项关键任务，因为它直接影响到网页的加载速度和图像质量。图像过大可能导致加载缓慢，影响用户体验；而图像过小则可能牺牲画质，降低视觉效果。目前，网页制作中广泛采用的图像格式主要有 GIF、PNG 和 JPEG 三种，它们各有特色与适用场景。

1. GIF 格式

GIF 格式特别适合用于显示简单图像、图标和动画。GIF 支持透明背景，但颜色数量有限（最多 256 色），因此不适合存储色彩丰富的照片。GIF 格式一般用于网站 Logo、小图标等。

2. PNG 格式

PNG 格式是一种无损压缩的图像格式，支持透明背景，且颜色深度更高，能够保留更多的图像细节。PNG 格式非常适合用于需要高质量显示且背景需要透明的图像，如网页上的图标、按钮等。

3. JPEG 格式

是互联网上最常用的图像格式之一，尤其适合存储照片等色彩丰富的图像。JPEG 采用有损压缩技术，能够在保持较高图像质量的同时，显著减小文件大小。然而，频繁地编辑和保存 JPEG 图像可能会导致质量逐渐下降。

总体而言，对于小型的图像元素如图标、按钮等，GIF 格式或 PNG-8（即 8 位 PNG，提供较小的文件大小和有限的颜色选择）是理想的选择。对于需要半透明效果的图像，推荐使用真彩色 PNG（即 PNG-24 或 PNG32，支持更高的颜色深度和透明度）格式，以确保图像在网页上的呈现既美观又符合设计要求。而对于色彩丰富、细节较多的图像，如照片等，JPEG 格式则是更合适的选择。

2.3.2　图像标签<img />

在制作网页时，使用<img />标签插入图像，其基本语法格式如下：

```
<img src="图像 URL" />
```

在上面的语法中，src 属性用于指定图像的路径，是<img />标签必不可少的属性。<img/>标签除了拥有 src 属性，还具有其他的属性，具体如表 2-5 所示。

表 2-5　<img />标签其他的属性

属性	属性值	描述
alt	文本	图像不能显示时的替换文本
title	文本	鼠标悬停时显示的内容
width	像素值	设置图像的宽度
height	像素值	设置图像的高度
border	数字	设置图像边框的宽度
vspace	像素值	设置图像顶部和底部的空白（垂直边距）
hspace	像素值	设置图像左侧和右侧的空白（水平边距）
align	left	将图像对齐到左边
	right	将图像对齐到右边
	top	将图像的顶端和文本的第一行文字对齐，其他文字居于图像下方
	middle	将图像的水平中线和文本的第一行文字对齐，其他文字居于图像下方
	bottom	将图像的底部和文本的第一行文字对齐，其他文字居于图像下方

1. 图像的替换文本属性 alt

考虑到各种不确定因素（如网络问题、图像文件损坏、浏览器兼容性问题等）可能导致图像无法正常加载，这是需要为页面上的图像添加替换文本，在图像无法显示时告诉用户该图像的信息。在 HTML 中 alt 属性用于设置图像的替换文本。

下面通过一个案例对 alt 属性的用法进行演示与讲解，代码如例 2-8 所示。

例 2-8：

```
<!DOCTYPE html>
<html>
<head>
    <meta charset="utf-8">
    <title>图像标签 img 的 alt 属性</title>
```

```
    </head>
    <body>
        <img src="images/logo01. jpg" alt="红色教育主题网 Logo"/>
    </body>
    </html>
```

例 2-8 中，正常插入图像的路径为 src ="images/logo. jpg"，而代码中故意将 logo. jpg 写成 logo01. jpg，导致 Logo 图片不能正常显示，这时在网页中显示替换文本"红色教育主题网 Logo"。运行例 2-8，效果如图 2-11 所示。

图 2-11　图像不能正常显示

alt 属性主要为无法看见图像的用户提供图像内容显示。随着网络的发展，网页显示不了图像的情况已经非常少见，alt 属性又有了新的作用。谷歌和百度等搜索引擎在收录页面时，会通过 alt 属性的内容来解析网页的内容。因此，在制作网页时，如果为图像设置替换文本，就可以帮助搜索引擎更好地理解网页内容，从而更有利于网页的优化与收录。

2. 图像的提示文字信息属性 title

title 属性用于设置鼠标悬停时图像的提示文字。例如，下面的示例代码：

```
    <img src="img/logo. jpg" title="这是红色教育主题网的 Logo"/>
```

示例代码的运行结果如图 2-12 所示。

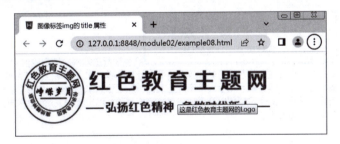

图 2-12　图像标签的 title 属性的使用

在图 2-12 所示的页面中，当鼠标移动到图像上时就会出现提示文本。

3. 图像的宽度、高度属性 width、height

一般情况下，如果没有给<img />标签设置宽度和高度属性，图像就会按照图片的原始尺寸显示。如果需要改变图像大小，可以通过改变 width 和 height 属性。通常只设置一个属性，另一个属性则会等比例显示。如果两个属性同时设置，则图像有可能会发生变形。

4. 图像的边框属性 border

图像在默认情况下是没有边框的，而通过 border 属性可以为图像添加边框，并且可设置边框的宽度，但不能更改边框颜色。

5. 图像的边距属性 vspace 和 hspace

在实际网页设计制作中，可通过 vspace 和 hspace 属性分别调整图像的垂直边距和水平边距。

6. 图像的对齐属性 align

图文混排是网页中常见的效果，默认情况下图像的底部会相对于文本的第一行文字对齐，代码如例 2-9 所示。

例 2-9：

```
<!DOCTYPE html>
<html>
    <head>
        <meta charset="utf-8">
        <title>图像的边距和对齐属性</title>
    </head>
    <body>
        <img src="images/logo.jpg" alt="红色教育主题网" title="这是红色教育主题网的 Logo" width="300" border="4"/>红色教育主题网站的建设目的是打造一个开放的红色教育共享平台,聚合社会各界力量,共同推动红色教育学习。为了通过数字化手段传承红色文化、加强思想政治教育、激发爱国情怀、提升党的建设素质以及促进信息交流与互动,满足大学生对红色文化的学习和传播需求。
    </body>
</html>
```

运行效果如图 2-13 所示。

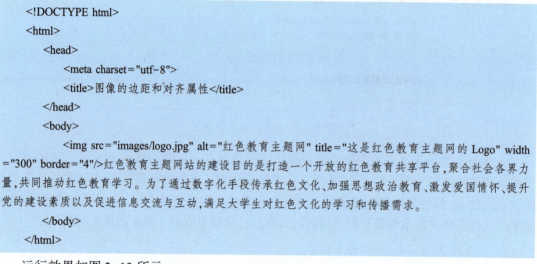

图 2-13 图像标签的默认对齐效果

在制作网页时经常需要实现图像和文字环绕效果，例如左图右文，这就需要使用图像的对齐属性 align。下面通过一个案例来实现网页中常见图文混排的效果，代码如例 2-10 所示。

例 2-10：

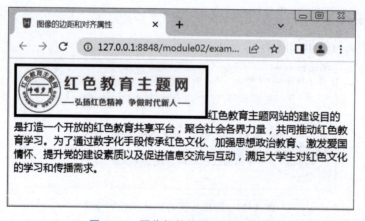

```
<!DOCTYPE html>
<html>
    <head>
```

```
        <meta charset="utf-8">
        <title>图像的边距和对齐属性</title>
    </head>
    <body>
        <img src="images/logo.jpg" alt="红色教育主题网" title="这是红色教育主题网的Logo" width=
"300" border="2" hspace="20" vspace="10" align="left"/> 红色教育主题网站的建设目的是打造一个开放的
红色教育共享平台,聚合社会各界力量,共同推动红色教育学习。为了通过数字化手段传承红色文化、加
强思想政治教育、激发爱国情怀、提升党的建设素质以及促进信息交流与互动,满足大学生对红色文化的
学习和传播需求。
    </body>
</html>
```

在例 2-10 中，代码使用 hspace 和 vspace 属性为图像设置了水平边距和垂直边距。为了使水平边距和垂直边距的显示效果更加明显，同时给图像添加 2px 的边框，并且使用 a-lign="left" 使图像左对齐。

运行例 2-10，效果如图 2-14 所示。

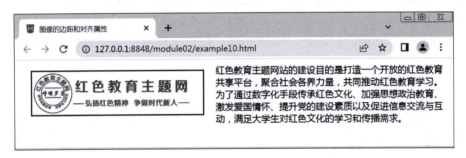

图 2-14　图像标签的默认对齐效果

在实际制作网页时，图像标签的 border、vspace、hspace 以及 align 等 HTML 属性不常用，均可以使用 CSS 样式替代。

2.3.3　绝对路径和相对路径

在计算机查找网页文档时，准确地定位这些文档的位置是至关重要的一步。这个位置信息，称之为路径。在网页开发过程中，路径分为绝对路径和相对路径两大类。

1. 绝对路径

绝对路径是一个完整的文件访问地址，它包含了从根目录（或起始点）到目标文档所需经过的所有目录和子目录的完整序列，以及文档本身的名称。例如"E:\源代码\module02\images\logo.jpg"就是一个盘符中的绝对路径。再如完整的网络地址"https://www.srzy.cn/statics/srzy/2024gb/images/logo.png"。

2. 相对路径

相对路径是相对于当前文档的路径。它使用了一些特定的符号来表示当前目录（.）、上一级目录（..）以及目标文档与当前位置之间的相对关系。相对路径的优势在于，当网页或文件被移动到另一个位置时，只要它们之间的相对位置关系保持不变，链接就仍然有

效。这有助于维护网站的灵活性和可移植性。相对路径的设置分为以下三种。

（1）图像和 HTML 文档在同一文件夹，设置相对路径时，只需输入图像的名称即可，例如<img src="logo.gif" />。

（2）图像在 HTML 文档的下一级文件夹，设置相对路径时，输入文件夹名和图像名，之间用"/"隔开，例如<img src="images/logo.gif" />。

（3）图像在 HTML 文档的上一级文件夹，设置相对路径时，在图像名之前加入"../"；如果是上两级，则需要使用"../../"，依此类推，例如<img src="../logo.gif" />。

在网页实际开发过程中，只有在链接网址时使用绝对路径，如 http：//dangshi.people.com.cn/，其他时候并不推荐使用绝对路径。因为网页制作完成之后往往需要将所有的文档上传到服务器上，如果使用绝对地址，文档在上传至服务器上时地址会发生改变，会导致网页中的图像无法显示。

【操作准备】

1. 启动 HBuilderX。

通过 Windows 的"开始"菜单或桌面快捷方式启动 HBuilderX。

2. 创建本地站点。

在 HBuilderX 中创建一个名为"module02"的本地站点，站点定位到 module02 文件夹中。

3. 把相应的图片素材放在文件夹 module02 子文件夹 images 中。

4. 在本地站点下新建 topContent.html 页面，放在文件夹 module02 根目录下。

【任务介绍】

本任务运用 HTML 文本控制标签、HTML 图像标签以及 HTML 标签属性制作"网站图文混排页面"，即"红色教育主题网"首页中的"焦点图"模块，以实现网页中常见的图文混排效果。其制作好效果如图 2-15 所示。

图 2-15　首页"焦点图"模块效果图

【引导训练】

【任务 2-1】分析效果图

【任务 2-1-1】代码结构分析

在实际工作中，我们每拿到一个页面的效果图，都应当对其结构和样式进行具体分析。在图 2-15 中既有图像又有文字，并且图像居左文字居右排列，图像和文字之间有一定的距离。文字由标题和段落文本组成，需要设置不同的字体和字号。在段落文本中还有一些文字以红色突出显示，同时每个段落前都有一定的留白。

针对上面分析，可以使用一对 div 标签把图片和文本包裹起来并设置水平居中，左边使用<img />标签插入图像，右边再使用一对 div 标签把设置标题的标签 h2 和设置段落文本的标签 p 包裹起来。为了控制段落文本的样式，还需要使用文本样式标签<font>。具体结构如图 2-16 所示。

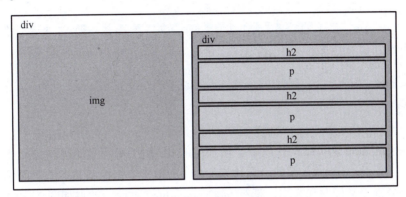

图 2-16　代码结构图

【任务 2-1-2】HTML 属性和 CSS 样式分析

（1）对<img>标签应用 align 属性实现图像居左文字居右，应用 width 和 height 属性设置图片的宽和高。

（2）对<font>标签应用 face 属性设置字体，应用 size 属性设置字号，应用 color 属性设置字体颜色。

（3）在一段文本中使用了多对<font>标签，要注意其嵌套关系。

（4）在这个任务中用到了少量 CSS 样式对元素进行设置，这些 CSS 样式在后续单元学习中都会进行详细的讲解。

【任务 2-2】制作页面结构

根据任务 2-1 的分析，使用相应的 HTML 标签搭建网页结构，topContent. html 网页结构代码如下：

```
<!DOCTYPE html>
<html>
    <head>
        <meta charset="utf-8">
        <title>红色主题教育网-焦点图</title>
    </head>
    <body>
        <div class="topContent">
            <img src="images/jdt.jpg" alt="同心共筑中国梦"/>
            <div class="righttopContent">
                <h2>我国成功发射卫星互联网低轨卫星</h2>
```

```
            <p>12 月 16 日 18 时 00 分,我国在文昌航天发射场使用长征五号乙运载火箭/远征二
号上面级,成功将卫星互联网低轨01 组卫星发射升空,卫星顺利进入预定轨道,发射任务获得圆满成
功……详细>> </p>
            <h2>杭州湾跨海铁路大桥首个航道桥主塔承台完工</h2>
            <p> 2024 年 12 月 22 日凌晨 3 时经过 77 个小时的作业,杭州湾跨海铁路大桥北航道
桥 9 号主塔承台完成浇筑,标志着大桥首个航道桥主塔承台全部完工……详细>></p>
            <h2>"中国天眼"拓展人类观天极限</h2>
            <p>"中国天眼"位于贵州省平塘县克度镇大窝凼,崇山峻岭之间,"中国天眼"仰望苍
穹,将人类"视界"延伸到百亿光年之外……详细>></p>
          </div>
        </div>
      </body>
    </html>
```

在 topContent. html 网页结构代码中,最外层的 div 用于对焦点图模块进行整体控制,其
内部左边使用<img/>标签插入图像,右边嵌套的 div 用于整体控制文本,里面包裹的<h2>标
签和<p>标签分别定义标题和文本。运行 topContent. html 页面,效果如图 2-17 所示。

我国成功发射卫星互联网低轨卫星

12月16日18时00分,我国在文昌航天发射场使用长征五号乙运载火箭/远征二号上面级,成功将卫星互联网低轨01组卫星发射升空,卫星顺利进入预定轨道,发射任务获得圆满成功……详细>>

杭州湾跨海铁路大桥首个航道桥主塔承台完工

2024年12月22日凌晨3时经过77个小时的作业,杭州湾跨海铁路大桥北航道桥9号主塔承台完成浇筑,标志着大桥首个航道桥主塔承台全部完工……详细>>

"中国天眼"拓展人类观天极限

"中国天眼"位于贵州省平塘县克度镇大窝凼,崇山峻岭之间,"中国天眼"仰望苍穹,将人类"视界"延伸到百亿光年之外……详细>>

图 2-17 HTML 结构页面效果

【任务 2-3】控制图像和文本

【任务 2-3-1】控制图像

在图 2-17 HTML 结构页面中,文字位于图像下方。要想实现图 2-15 所示的图像居左文
字居右且图像大小按照设置的尺寸显示效果,需要使用图像的 align、width、height 属性。

对 topContent. html 页面的图像加以控制,将代码更改如下:

```
<img src="images/jdt. jpg" alt="同心共筑中国梦" align="left" width="545" height="251"/>
```

保存 HTML 文件,刷新页面,图像居左文字居右的混排效果如图 2-18 所示。

我国成功发射卫星互联网低轨卫星
12月16日18时00分，我国在文昌航天发射场使用长征五号乙运载火箭/远征二号上面级，成功将卫星互联网低轨01组卫星发射升空，卫星顺利进入预定轨道，发射任务获得圆满成功……详细>>

杭州湾跨海铁路大桥首个航道桥主塔承台完工
2024年12月22日凌晨3时经过77个小时的作业，杭州湾跨海铁路大桥北航道桥9号主塔承台完成浇筑，标志着大桥首个航道桥主塔承台全部完工……详细>>

"中国天眼"拓展人类观天极限
"中国天眼"位于贵州省平塘县克度镇大窝凼，崇山峻岭之间，"中国天眼"仰望苍穹，将人类"视界"延伸到百亿光年之外……详细>>

图 2-18 图像居左文字居右的混排效果

【任务 2-3-2】控制文本

上面通过对图像进行属性设置，实现了图像居左文字居右的混排效果。接下来，对 top-Content. html 页面中的文本加以设置，具体代码如下：

```
<!DOCTYPE html>
<html>
    <head>
        <meta charset="utf-8">
        <title>红色主题教育网-焦点图</title>
    </head>
    <body>
        <div class="topContent">
            <img src="images/jdt.jpg" alt="同心共筑中国梦" align="left" width="545" height="251"/>
            <div class="righttopContent">
                <h2><font face="微软雅黑" size="4" color="#DF3031">我国成功发射卫星互联网低轨卫星</font></h2>
                <p>
                    <font size="2" color="#515151">
                        <font color="#DF3031">12 月 16 日 18 时 00 分,</font>我国在文昌航天发射场使用长征五号乙运载火箭/远征二号上面级,成功将卫星互联网低轨 01 组卫星发射升空,卫星顺利进入预定轨道,发射任务获得圆满成功……<a href="#">详细>></a>
                    </font>
                </p>
                <h2><font face="微软雅黑" size="4" color="#DF3031">杭州湾跨海铁路大桥首个航道桥主塔承台完工</font></h2>
                <p>
                    <font size="2" color="#515151">
                        <font color="#DF3031">2024 年 12 月 22 日凌晨 3 时</font>经过 77 个小时的作业,杭州湾跨海铁路大桥北航道桥 9 号主塔承台完成浇筑,标志着大桥首个航道桥主塔承台全部完工……<a href="#">详细>></a>
                    </font>

                </p>
                <h2><font face="微软雅黑" size="4" color="#DF3031">"中国天眼"拓展人类观天极限</font></h2>
```

```
            <p>
                <font size="2" color="#515151">
                    <font color="#DF3031">"中国天眼"</font>位于贵州省平塘县克度镇大窝凼,
崇山峻岭之间,"中国天眼"仰望苍穹,将人类"视界"延伸到百亿光年之外......<ahref="#">详细>></a>
                </font>
            </p>
        </div>
    </div>
</body>
</html>
```

在上述代码中,通过<font>标签将标题文本设置为微软雅黑 4 号、颜色为十六进制#DF3031。在其他段落文本中分别使用<font>标签控制文本大小为 2 号、颜色为十六进制#515151 或#DF3031。

运行 topContent.html,设置完成的文本效果如图 2-19 所示。

图 2-19　设置完成的文本效果

【任务2-3-3】定义 CSS 样式

在图 2-19 效果图中,需要使整个焦点图模块在网页中居中显示,图像和文字之间有一定的距离,每一个段落的首行需要空两个字符,行间距的距离均匀相等,段落文本两端对齐。

这时需要使用 CSS 样式对不同元素进行定义,具体 CSS 样式代码如下:

```
*{   /*重置浏览器的默认样式,把网页中的元素边距都清除 */
    padding: 0px;
    margin: 0px;
}
. topContent{
    width: 1200px;        /*定义 div 元素宽度 */
    margin: 10px auto;    /*定义 div 元素水平居中显示 */
}
. topContent img{
    margin-right: 10px;   /*定义图像右外边距 */
}
p{
    text-indent: 2em;     /*段落首行空 2 个字符 */
    line-height: 28px;    /*段落行距为 28 像素 */
    text-align: justify;  /*段落文本两端对齐 */
```

```
    }
    a:link,a:visited{        /*设置超链接伪类样式 */
        color:#515151;
        text-decoration: none;
    }
    a:hover{
        color: #DF3031;
        text-decoration: underline;
    }
```

　　添加 CSS 样式，刷新 topContent. html 页面，运行效果如图 2-15 所示。至此，网站首页"焦点图"模块制作完成。

【引导训练考核评价】

网站首页焦点图模块制作"引导训练"考核评价表

考核内容		标准分	计分
考核要点	（1）会通过分析效果图搭建页面结构	2	
	（2）会通过使用图像的对齐属性、宽高属性	4	
	（3）会通过<font>标签设置文本字号、颜色属性	6	
	（4）会按照教材把 CSS 样式放置网页头部	2	
	（5）认真完成本模块任务，态度端正、操作规范、时间观念强、有协作精神、学习效果较好	1	
	小计	15	

评价方式	自我评价	小组评价	教师评价
考核得分			

存在的主要问题	

【单元总结】

本单元首先介绍了 HTML 文档格式和标签的用法，然后讲解了文本和图像相关的 HTML 标签，最后运用这些标签制作了一个图文混排的网页，即"红色教育主题网"首页中的"焦点图"模块。

通过本单元的学习，学习者应该能够了解 HTML 文档的基本结构，熟练运用 HTML 文本标签和图像标签，掌握运用 HTML 标签属性控制文本和图像样式的方法。

同步训练及考核评价

同步习题

单元 3

制作网站详情页

掌握 CSS 样式规划。

能够运用 CSS 基础选择器和复合选择器定义元素样式。

能够使用 CSS 文本样式属性定义文本样式。

能够正确地区分 CSS 选择器权重的大小和优先级。

能够运用 CSS 层叠性和继承性优化代码结构。

【知识梳理】

3.1　CSS 核心基础

随着网页制作技术的不断发展，单独设置 HTML 属性样式无法满足网页设计的需求，CSS 在不改变原有 HTML 结构的情况下，增加了丰富的网页样式效果，极大地满足了开发者和用户的需求。为了能够更好地学习 CSS 样式，首先要掌握 CSS 的基础知识，其次要掌握 CSS 的核心内容，最后要掌握 CSS 高级特性。

3.1.1　CSS 样式规则

要想熟练地使用 CSS 对网页进行修饰，先要了解 CSS 样式规则，后续使用的所有 CSS 样式代码都是基于 CSS 样式规则设置的。设置 CSS 样式的基本规则如下：

选择器{属性 1:属性值 1;属性 2:属性值 2;属性 3:属性值 3;...}

在上面的规则中，选择器用于指定需要添加样式的 HTML 元素，花括号内部包含一条或多条声明。每条声明由一个属性和属性值组成，以"键值对"的形式出现。其中属性是指对元素设置的样式属性，例如字体大小、背景颜色等。属性值是指为属性设置的具体样式参数。属性和属性值之间用英文冒号":"连接，多个声明之间用英文分号";"进行分隔。例如，图 3-1 所示为 CSS 样式规则的结构示意图。

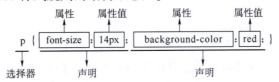

图 3-1　CSS 样式规则的结构示意图

在书写 CSS 样式时，应注意以下五点要求：

（1）CSS 样式中的选择器严格区分大小写，声明和应用选择器是必须保持一致；按照书写习惯一般都采用小写的方式。

（2）多个属性之间必须用英文状态下的分号隔开，最后一个属性后的分号可以省略，但是为了便于后面增加新样式或保留样式代码的完整性，该分号最好保留。

（3）如果属性值由多个单词组成且中间包含空格，则必须为这个属性值加上英文状态下的引号（双引号单引号都可以），例如下面的样式代码。

```
h2{font-family:"Times New Roman";}
```

（4）为了提高代码的可读性，可使用"/＊注释语句＊/"来对 CSS 样式代码进行注释。

```
h2{font-family:"Times New Roman";}
/*这是 CSS 注释文本,方便查找或解释关键代码,此文本不会显示在浏览器窗口中*/
```

（5）在 CSS 代码中空格是不被解析的，花括号以及分号前后的空格可有可无。因此可以使用空格键、Tab 键、回车键等对 CSS 样式代码进行格式化，这样可提高 CSS 样式代码的可读性。例如下面的两段样式代码。

① 样式代码 1：

```
p{ color:green; font-size:14px; }
```

② 样式代码 2：

```
p{
        color:green;          /*定义颜色属性*/
        font-size:14px;       /*定义字体大小属性*/
}
```

上述两段样式代码所呈现的效果是一致的，但是"样式代码 2"将每条样式独占一行书写，其代码可读性更高。

需要注意的是，CSS 样式代码中，属性值和单位之间是不允许出现空格的。例如下面这行样式代码，数值 14 和单位 px 之间出现了空格，这样的书写方式就是错误的。

```
h1{font-size:14px; }    /*14 和 px 之间有空格,浏览器解析时会出错*/
```

3.1.2 CSS 样式引入

为了能够使用 CSS 样式设置网页元素，需要在 HTML 文档中引入 CSS 样式。CSS 提供了行内式、内嵌式、外链式、导入式四种引入方式。

1. 行内式

行内式也称内联样式，是通过标签的 style 属性来设置标签的样式，其基本语法格式如下：

```
<标签名 style="属性 1:属性值 1; 属性 2:属性值 2;…">内容</标签名>
```

上述语法中，style 是标签的属性，任何 HTML 标签都拥有 style 属性。属性和属性值的书写规范与 CSS 样式规则一样。行内式只对使用行内式引入 CSS 样式代码的标签以及嵌套在这个标签中的子标签起作用。

通常 CSS 样式代码的书写位置是在<head>头部标签中，但是行内式却将 CSS 样式代码直接写在 html 标签中。例如，下面的示例代码，即为行内式 CSS 样式的写法。

```
<p style="font-size:26px; color:green;">使用 CSS 行内式修饰段落文本的字体大小和颜色</p>
```

在上述代码中，使用<p>标签的 style 属性设置行式式 CSS 样式代码，用来修饰段落文本字体大小和颜色。行内式示例效果如图 3-2 所示。

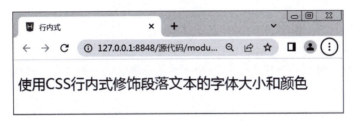

图 3-2　行内式示例效果

需要注意的是，行内式是通过标签的属性来控制样式的，没有做到结构与样式分离，不能重用，且代码冗长，所以不推荐使用。

2. 内嵌式

内嵌式是将 CSS 代码集中写在 HTML 文档的<head>头部标签中，并且用<style>标签定义，其基本语法格式如下：

```
<head>
    <style type="text/css">
    选择器{属性 1:属性值 1;属性 2:属性值 2; 属性 3:属性值 3;…}
    </style>
</head>
```

上述语法中，<style>标签一般位于<head>标签中的<title>标签之后，把 CSS 样式代码放在头部有利于代码提前下载和解析，避免网页内容下载后没有样式修饰带来的尴尬。同时，还需要设置 type 的属性值为"text/css"，这样浏览器才知道<style>标签包含的是 CSS 样式代码。但在一些宽松的语法格式中，type 属性也可以省略。

下面通过一个案例演示与讲解如何在 HTML 文档中使用内嵌式引入 CSS 样式代码，代码如例 3-1 所示。

例 3-1：

```
<!DOCTYPE html>
<html>
    <head>
        <meta charset="utf-8">
        <title>内嵌式引入 CSS 样式</title>
        <style type="text/css">
            h2 {
                text-align: center;          /*定义标题标签居中对齐*/
            }
```

```
        p {                          /*定义段落标签的样式*/
              font-size: 18px;
              font-family: "黑体";
              color: blue;
              text-decoration: underline;
        }
      </style>
    </head>
    <body>
        <h2>内嵌式 CSS 样式</h2>
        <p>使用 style 标签可定义内嵌式 CSS 样式表，style 标签一般位于 head 头部标签中，title 标签
之后。</p>
    </body>
  </html>
```

在例 3-1 中，使用内嵌式引入 CSS 样式的方式对 h2 和 p 元素进行设置。

运行例 3-1，效果如图 3-3 所示。

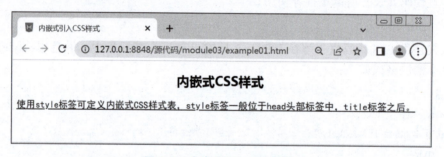

图 3-3 内嵌式引入 CSS 样式

通过例 3-1 的样式代码可以看出，内嵌式将 HTML 结构代码与 CSS 样式代码进行了不完全分离（因为还在一个页面中）。内嵌式可以在当前页面重用，在学习时经常使用，实际工作中不推荐使用，因为不能多个页面共用。

3. 外链式

外链式也称链入式，是将所有的样式放在一个或多个以 .css 为扩展名的外部样式表文件中，通过<link >标签将外部样式表文件链接到 HTML 文档中。外链式引入 CSS 样式的基本语法格式如下：

```
  <head>
        <link href="CSS 文件的路径" type="text/css" rel="stylesheet" />
  </head>
```

上述语法中，<link>标签需要放在<head>头部标签中，并且需要指定<link>标签的三个属性，具体如下：

href：定义所链接外部样式表文件的 URL，可以是相对路径，也可以是绝对路径。

type：定义所链接外部样式表文件的类型，"text/css" 表示链接的外部文件为 CSS 样式

表。type 属性在一些宽松的语法格式中可以省略。

rel：定义当前文档与被链接文档之间的关系，在这里需要指定为"stylesheet"，表示被链接的文档是一个样式表文件。

下面通过一个案例分步骤演示如何通过外链式引入 CSS 样式表，具体步骤如下：

（1）创建一个 HTML 文档，并在该文档中添加一个标题和一个段落文本，代码如例 3-2 所示。

例 3-2：

```
<!DOCTYPE html>
<html>
    <head>
        <meta charset="utf-8">
        <title>外链式引入 CSS 样式</title>
        <link href="style/style. css" type="text/css" rel="stylesheet" />
    </head>
    <body>
        <h2>外链式 CSS 样式</h2>
        <p>通过 link 标签可以将扩展名为 .css 的外部样式表文件链接到 HTML 文档中。</p>
    </body>
</html>
```

（2）将该 HTML 文档命名为 example02. html，保存在 module03 文件夹中。

（3）打开 HBuilderX 工具，在菜单栏中选择"文件"→"新建"→"css 文件"选项，界面中会弹出"新建 css 文件"对话框，如图 3-4 所示。

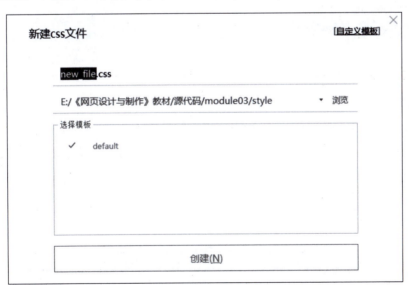

图 3-4　"新建 css 文件"对话框

（4）在"新建 css 文件"对话框的中设置 CSS 文件名为"style. css"，通过浏览设置保存的目标位置，单击"创建"按钮，即可弹出 CSS 文档编辑界面，如图 3-5 所示。

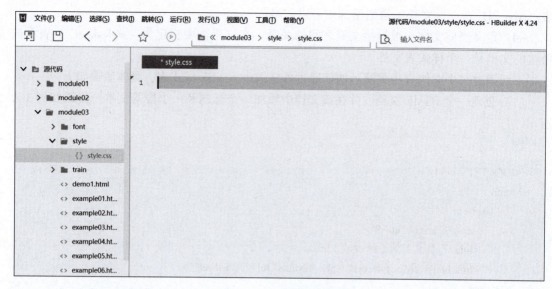

图 3-5　CSS 文档编辑界面

（5）在图 3-5 所示的 CSS 文档编辑界面中输入以下代码，并保存 CSS 样式表文件。

```
h1 {      /*定义标题标签居中对齐*/
    text-align: center;
}
p {      /*定义段落标签的样式*/
    font-size: 20px;
    font-family: "微软雅黑";
    color: #0000ff;
    text-decoration: underline;
}
```

（6）在例 3-2 的<head>头部标签中，添加 link 语句，将 style.css 外部样式文件链接到 example02.html 文档中，具体代码如下。

```
<link href="style/style. css" type="text/css" rel="stylesheet" />
```

（7）保存 example02.html 文档，如图 3-6 方框标示内容，是将外部样式表文件链接到 HTML 文档中。

```
1    <!DOCTYPE html>
2    <html>
3        <head>
4            <meta charset="utf-8">
5            <title>外链式引入CSS样式</title>
6            <link href="style/style.css" type="text/css" rel="stylesheet" />
7        </head>
8        <body>
9            <h1>外链式CSS样式</h1>
10           <p>通过link标签将外部样式表文件链接到HTML文档中。</p>
11       </body>
12   </html>
```

图 3-6　方框标示

（8）运行例 3-2，效果如图 3-7 所示。

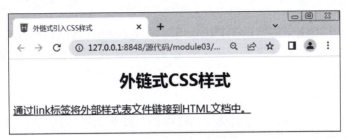

图 3-7　外链式引入 CSS 样式

外链式最大的好处是同一个 CSS 样式可以被不同的 HTML 页面链接使用，同时一个 HTML 页面也可以通过<link>标签链接多个 CSS 样式。

在网页设计中，因为外链式将 HTML 代码与 CSS 代码分离为两个文件或多个文件，实现了结构和样式完全分离，使网页的前期制作和后期维护都十分方便。因此，外链式是使用频率最高，也是最实用的 CSS 样式引入方式。

4. 导入式

导入式与外链式相同，都会引入外部的 CSS 样式文件。对 HTML 头部文档应用<style>标签并在<style>标签内的开头处使用@ import 语句，即可导入外部的 CSS 样式文件。导入式引入 CSS 样式的基本语法格式如下：

```
<style type="text/css">
        @import url(css 文件路径);或 @import "css 文件路径";
        /*在此还可以存放其他 CSS 样式*/
</style>
```

在上述语法中，<style>标签内还可以存放其他的内嵌样式，@ import 语句需要位于其他内嵌样式的上面。

如果对例 3-2 应用导入式 CSS 样式，只需把 HTML 文档中的<link>语句替换成以下代码即可，示例代码如下：

```
<style type="text/css">
        @import "style/style. css";
</style>
```

或者

```
<style type="text/css">
        @import url(style/style. css);
</style>
```

虽然导入式和外链式功能基本相同，但是大多数网站都是采用外链式引入外部样式表的，主要原因是两者的加载时间和顺序不同。当一个页面被加载时，<link>标签引用的 CSS 样式代码将同时被加载，而@ import 引用的 CSS 样式代码会等到页面全部下载完后再被加载。因此，当用户的网速较慢时，会先显示没有 CSS 修饰的网页，这样会造成不好的用户体验，所以大多数网站采用外链式。

3.1.3 CSS 基础选择器

要想将 CSS 样式应用于特定的 HTML 元素，首先需要找到该目标元素。在 CSS 中，执行这一任务的样式规则称为选择器。在 CSS 中的基础选择器有标签选择器、类选择器、id 选择器、通配符选择器。

1. 标签选择器

标签选择器是指用 HTML 标签名称作为选择器，按照标签名称分类，为页面中某一类标签指定统一的 CSS 样式。标签选择器基本语法格式如下：

标签名{属性 1:属性值 1;属性 2:属性值 2;属性 3:属性值 3;…}

在上面的语法格式中，所有的 HTML 标签名都可以作为标签选择器。例如，body、h1、p、strong 等。用标签选择器定义的样式对页面中该类型的所有标签都有效。

比如为段落标签 p 定义样式，具体代码如下：

p{font-size:14px; color:#666; font-family:"微软雅黑";}

上述 CSS 样式代码用于设置 HTML 页面中所有的段落文本字号为 14px，颜色为"#666"，字体为"微软雅黑"。

标签选择器最大的优点是能快速为页面中同类型的标签统一样式，但这也是标签选择器的缺点，它不能定义差异化样式。

2. 类选择器

类选择器使用"."（英文句点）进行标示，后面紧跟类名。类选择器的基本语法格式如下：

. 类名{属性 1:属性值 1;属性 2:属性值 2; 属性 3:属性值 3;… }

在上面的语法格式中，类名即为 HTML 元素的 class 属性值，大多数 HTML 元素都可以定义 class 属性。类选择器最大的优势是可以为元素对象定义单独或相同的样式。

下面通过一个案例对类选择器的使用进行演示与讲解，代码如例 3-3 所示。

例 3-3：

```
<!DOCTYPE html>
<html>
<head>
<meta charset="utf-8">
<title>类选择器</title>
<style type="text/css">
        . blue{color:blue; }
        . purple{color:purple; }
        . font26{font-size:26px; }
        p{text-decoration:underline; font-family:"黑体";}
</style>
</head>
<body>
        <h2 class="blue">二级标题文本</h2>
        <p class="purple font26">段落一文本内容</p>
```

```
                    <p class="blue font26">段落二文本内容</p>
                    <p>段落三文本内容</p>
        </body>
        </html>
```

例 3-3 对标题标签<h2>和第二个段落标签<p>应用 class="blue"，并通过类选择器设置它们的文本颜色为蓝色。对第一个段落标签和第 2 个段落标签应用 class="font26"，通过类选择器设置它们的字号为 26px，同时对第一个段落标签应用类"purple"，将其文本颜色设置为紫色。通过标签选择器统一设置所有的段落字体为黑体、同时加下划线。

运行例 3-3，效果如图 3-8 所示。

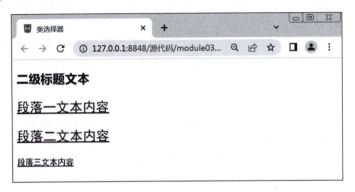

图 3-8　类选择器的使用

在图 3-8 中，"二级标题文本"和"段落二文本内容"均显示为蓝色，可见多个标签可以使用同一个类名，以实现为不同类型的标签指定相同的样式。同时，一个 HTML 标签也可以应用多个 class 类，设置多个样式，在 HTML 标签中多个类名之间需要用空格隔开。

注意：

类名的第一个字符不能使用数字，并且严格区分大小写，一般使用小写的英文字符、下划线和数字构成。

3. id 选择器

id 选择器使用"#"进行标示，后面紧跟 id 名，其选择器的基本语法格式如下：

```
#id 名{属性 1:属性值 1;属性 2:属性值 2;属性 3:属性值 3;…}
```

该语法中，根据元素 id 来选择元素，具有唯一性，这意味着同一个 id 在同一文档页面中只能出现一次。为了养成一个好的编程习惯，同一个 id 不要在页面中出现第二次。

下面通过一个案例对 id 选择器的使用进行演示与讲解，代码如例 3-4 所示。

例 3-4：

```
<!DOCTYPE html>
<html>
<head>
<metacharset="utf-8">
<title>id 选择器</title>
<style type="text/css">
```

```
            #bold{font-weight:bold;}
            #font26{ font-size:26px;}
      </style>
      </head>
      <body>
            <p id="bold">段落1:id="bold",设置粗体文字。</p>
            <p id="font26">段落2:id="font26",设置字号为26px。</p>
            <p id="font26">段落3:id="font26",设置字号为26px。</p>
            <p id="bold font26">段落4:id="bold font26",同时设置粗体和字号26px。</p>
      </body>
      </html>
```

例3-4 为四个<p>标签同时定义了 id 属性,并通过对应的 id 选择器设置文本字号、颜色、加粗效果。其中,第二个和第三个<p>标签的 id 属性值相同,第四个<p>标签定义了两个 id 属性值。

运行例3-4,效果如图3-9所示。

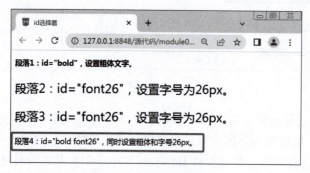

图3-9 id 选择器的使用

从图3-9可以看出,前面三个段落文本都显示了定义的样式,但最后一个段落4文本却没有应用任何 CSS 样式,这是因为标签的 id 属性值具有唯一性,也就意味着 id 选择器并不像类选择器那样可以定义多个值,所以类似 id="bold font26"的写法是不允许的。

注意:

同一个 id 也可以应用于多个标签,浏览器并不报错,但是这种做法是不被允许的,因为 JavaScript 等脚本语言调用 id 时会出错。

4. 通配符选择器

通配符选择器用"*"号表示,它是所有选择器中作用范围最广的,能匹配页面中所有的元素。通配符选择器的基本语法格式如下:

```
*{属性1:属性值1; 属性2:属性值2; 属性3:属性值3;…}
```

例如,使用通配符选择器来清除所有 HTML 标签的默认边距,代码如下。

```
*{
      margin:0;   /*定义外边距*/
      padding:0;  /*定义内边距*/
}
```

3.2　CSS 文本样式属性

在前面学习 HTML 标签属性时，我们知道使用文本样式标签和标签属性可以控制文本内容的显示样式，但是这种方式烦琐且不利于代码的维护，为此，CSS 提供了文本样式属性。使用 CSS 文本样式属性可以方便地控制文本内容的显示样式，其包括 CSS 字体样式属性和 CSS 文本外观属性。

3.2.1　CSS 字体样式属性

为了更方便地控制网页中各种各样的字体，CSS 提供了一系列的字体样式属性，具体如下：

1. font-size：字号

font-size 属性用于设置字号，该属性的属性值可以为像素值、百分比、倍率等。表 3-1 列举了 font-size 属性常用的属性值单位。

表 3-1　font-size 属性常用的属性值单位

相对长度单位	说明
em	倍率单位，指相对于当前对象内文本的字体倍率
px	像素单位，是网页设计中常用的单位
%	百分比单位，指相对于当前对象内文本的字体百分比

在表 3-1 所示的常用单位中，推荐使用像素单位 px。例如，将网页中所有段落文本的字号大小设为 14px，可以使用下面的 CSS 样式代码。

```
p{font-size:14px;}
```

2. font-family：字体

font-family 属性用于设置字体。网页中常用的字体有宋体、微软雅黑、黑体等。例如，将网页中所有段落文本的字体设置为微软雅黑，可以使用下面的 CSS 样式代码。

```
p{font-family:"微软雅黑";}
```

font-family 属性可以同时指定多个字体，各字体之间以逗号（英文状态）隔开。如果浏览器不支持第一种字体，则会尝试下一种，直到匹配到合适的字体。例如，下面的示例代码，同时指定了三种字体。

```
body{font-family:"华文彩云","宋体","黑体";}
```

当应用上面的字体样式时，浏览器会首选"华文彩云"字体，如果用户计算机中没有安装该字体则选择"宋体"。依此类推，当 font-family 属性指定的字体都没有安装时，浏览器就会选择用户计算机默认的字体。

使用 font-family 设置字体时，需要注意以下四点要求。

（1）各种字体之间必须使用英文状态下的逗号分隔。

（2）中文字体需要加英文状态下的引号，但英文字体不需要加引号。当需要设置英文字体时，英文字体名必须位于中文字体名之前。例如，下面的代码。

```
body{font-family:Arial,"微软雅黑","宋体","黑体";}    /*正确的书写方式*/
body{font-family:"微软雅黑","宋体","黑体",Arial;}    /*错误的书写方式*/
```

（3）如果字体名中包含空格、#、$ 等符号，则该字体必须加英文状态下的引号，例如 font-family："Times New Roman"；。

（4）尽量使用系统默认字体，保证网页中的文字在任何用户的浏览器中都能正确显示。

3. font-weight：字体粗细

font-weight 属性用于定义字体的粗细，其属性值如表 3-2 所示。

表 3-2　font-weight 属性的属性值

值	描述
normal	默认属性值。定义标准样式的字符
bold	定义粗体字符
bolder	定义更粗的字符
lighter	定义更细的字符
100~900（100 的整数倍）	定义由细到粗的字符。其中 400 等同于 normal，700 等同于 bold，数值越大字体越粗

在实际工作中，常用的属性值为 normal 和 bold，分别用来定义正常和加粗显示的字体。

4. font-variant：变体

font-variant 属性用于设置英文字符的变体，用于定义小型大写字体，该属性仅对英文字符有效。font-variant 属性的可用属性值如下：

（1）normal：默认值，浏览器会显示标准的字体。

（2）small-caps：浏览器会显示小型大写的字体，即所有的小写字母均会转换为大写。但是所有使用小型大写字体的字母和其余文本相比，字体尺寸更小。

This is web design

THIS IS WEB DESIGN

图 3-10　小型大写字母

CSS 文本相关样式

例如，图 3-10 方框标示的小型大写字母，就是使用 font-variant 属性设置的。

5. font-style：字体风格

font-style 属性用于定义字体风格。例如，设置斜体、倾斜或正常字体。font-style 属性可用属性值如下：

normal：默认值，浏览器会显示标准的字体。

italic：浏览器会显示斜体的字体样式。

oblique：浏览器会显示倾斜的字体样式。

当 font-style 属性取值为 italic 或 oblique 时，文字都会显示倾斜的样式，两者在显示效果上并没有本质区别。但 italic 是使用了字体的倾斜属性，并不是所有的字体都有 italic 属性。oblique 是单纯的使文字倾斜，而不管该字体有没有 italic 属性。

6. font：综合设置字体样式

font 属性用于对字体样式进行综合设置，其基本语法格式如下：

```
选择器 { font:font-style font-variant font-weight font-size/line-height font-family;}
```

使用 font 属性综合设置字体样式时，必须按上面语法格式中的顺序书写，各个属性以空格隔开（line-height 用于设置行间距，属于文本外观属性）。例如，下面设置字体样式的示例代码。

```
p{font-family:Arial,"宋体";font-size:30px;font-style:italic;font-weight:bold; font-variant:small-caps; line-height:40px;}
```

上述代码可以使用 font 属性综合设置字体样式，等价于下面的代码。

```
p{ font:italic small-caps bold 30px/40px Arial,"宋体";}
```

其中不需要设置的属性可以省略（省略的属性将取默认值），但必须保留 font-size 和 font-family 属性，否则 font 属性将不起作用。

下面通过一个案例对 font 属性综合设置字体样式进行演示与讲解，代码如例 3-5 所示。

例 3-5：

```html
<!DOCTYPE html>
<html>
<head>
<meta charset="utf-8">
<title>font 属性</title>
<style type="text/css">
    . one{font:italic 20px/32px "黑体";}
    . two{ font:italic 20px/32px;}
</style>
</head>
<body>
    <p class="one">段落 1:使用 font 属性综合设置段落文本的字体风格、字号、行高和字体。</p>
    <p class="two">段落 2:使用 font 属性综合设置段落文本的字体风格、字号和行高。由于省略了字体属性 font-family,这时 font 属性不起作用。</p>
</body>
</html>
```

在例 3-5 中，定义了两个段落，同时使用 font 属性分别对它们进行相应的设置。运行例 3-5，效果如图 3-11 所示。

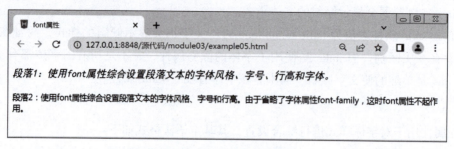

图 3-11 font 属性的使用

从图 3-11 可以看出，font 属性设置的样式并没有对第二个段落文本生效，这是因为对第二个段落文本的设置中省略了字体属性"font-family"。

7. @font-face 规则：定义服务器字体

@font-face 是 CSS3 的新增规则，用于定义服务器字体。通过 @font-face 规则，可以使用计算机未安装字体。@font-face 规则定义服务器字体的基本语法格式如下：

```css
@font-face{
        font-family:字体名称;
        src:字体路径;
}
```

在上面的语法格式中，font-family 用于指定该服务器字体的名称，该名称可以随意定义。src 属性用于指定该字体文件的路径。

下面通过一个汉真广标艺术字体的案例，来演示 @font-face 规则的具体用法，代码如例 3-6 所示。

例 3-6：

```html
<!DOCTYPE html>
<html>
<head>
<meta charset="utf-8">
<title>@font-face 规则</title>
<style type="text/css">
    @font-face{
        font-family:hanzhen;           /*服务器字体名称*/
        src:url(font/HZGBYS. TTF);     /*服务器字体路径*/
    }
    p{
        font-family:hanzhen;           /*设置字体样式*/
        font-size:26px;
    }
```

在例 3-6 中，利用@ font-face 规则定义服务器字体，然后为段落标签设置字体样式。
运行例 3-6，效果如图 3-12 所示。

图 3-12　@ font-face 规则的使用

从图 3-12 可以看出，当定义并设置服务器字体后，页面就可以正常显示汉真广标艺术
字体。使用服务器字体的步骤如下：

（1）下载字体，并存储到相应的文件夹中。

（2）使用@ font-face 规则定义服务器字体。

（3）对元素应用"font-family"字体样式。

注意：

服务器字体定义完成后，还需要对元素应用"font-family"字体样式。

3.2.2　CSS 文本外观属性

使用 HTML 可以对文本外观进行简单的控制，但是效果并不丰富。为此 CSS 提供了一
系列的文本外观样式属性，具体如下：

1. color：文本颜色

color 属性用于定义文本的颜色，其属性值有以下三种。

（1）颜色英文单词。例如，red、green、blue 等。

（2）十六进制颜色值。例如，#FF0000、#FF6600、#29D794 等。实际工作中，十六进
制颜色值是最常用的方式，并且英文字母不区分大小写。

（3）RGB 颜色值。例如，红色可以表示为 rgb(255,0,0) 或 rgb(100%,0%,0%)。

注意：

如果使用 RGB 代码的百分比颜色值，取值为 0 时也不能省略百分号，必须写为 0%。

十六进制颜色值由#开头的六位十六进制数值组成，每两位为一个颜色分量，分别表示

颜色的红、绿、蓝三个分量。当三个分量的两位十六进制数都相同时，可使用 CSS 缩写。例如，#FF6600 可缩写为#F60，#FF0000 可缩写为#F00，#FFFFFF 可缩写为#FFF。

2. letter-spacing：字间距

letter-spacing 属性用于定义字间距，所谓字间距就是字符与字符之间的空白距离。letter-spacing 属性的属性值可以为不同单位的数值。在定义字间距时，letter-spacing 属性的取值可以为负，其默认属性值为 normal。

下面通过一个案例对字间距属性 letter-spacing 进行演示与讲解，代码如例 3-7 所示。

例 3-7：

```
<!DOCTYPE html>
<html>
<head>
<meta charset="utf-8">
<title>字间距属性 letter-spacing</title>
<style type="text/css">
    h3{letter-spacing:20px;}
    h4{letter-spacing:-0.3em;}
</style>
</head>
<body>
    <h3>letter spacing(字间距为正值)</h3>
    <h4>letter spacing(字间距为负值)</h4>
</body>
</html>
```

在例 3-7 中，设置 h3 的字间距为 20px，将 h4 的字间距设置为-0.3em，运行例 3-7，效果如图 3-13 所示。

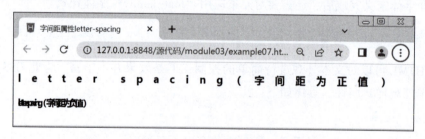

图 3-13　设置字间距属性

从图 3-13 易看出，设置为负值的 4 级标题文本出现了重叠的效果。

3. word-spacing：单词间距

word-spacing 属性用于定义英文单词之间的间距，对中文字符无效。和 letter-spacing 一样，其属性值可为不同单位的数值，允许使用负值，默认为 normal。

word-spacing 和 letter-spacing 均可对英文进行设置。不同的是 letter-spacing 定义的为字母之间的间距，而 word-spacing 定义的为英文单词之间的间距。

接下来通过一个案例来演示 word-spacing 和 letter-spacing 的不同，代码如例 3-8 所示。

例 3-8：

```html
<!DOCTYPE html>
<html>
<head>
<meta charset="utf-8">
<title>word-spacing 和 letter-spacing</title>
<style type="text/css">
        . letter{ letter-spacing:20px;}
        . word{ word-spacing:20px;}
</style>
</head>
<body>
        <p class="letter">letter spacing(字母间距)</p>
        <p class="word">word spacing word spacing(单词间距)</p>
</body>
</html>
```

在例 3-8 中，对两个段落文本分别应用 letter-spacing 和 word-spacing 属性，运行例 3-8，效果如图 3-14 所示。

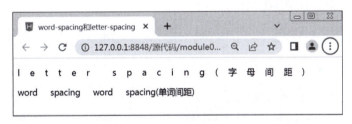

图 3-14　letter-spacing 属性和 word-spacing 属性

4. line-height：行间距

line-height 属性用于设置行间距。所谓行间距就是行与行之间的距离，即字符的垂直间距，也称为行高。图 3-15 所示为文本的行高示例。

行间距文本行间距文本行间距文本行间距文本

行间距文本行间距文本行间距文本行间距文本

行间距文本行间距文本行间距文本行间距文本

图 3-15　文本的行高示例

在图 3-15 所示的行高示例中，背景色的高度即为这段文本的行高。line-height 常用的属性值单位有三种，分别为像素（px）、倍率（em）和百分比（%），实际工作中使用最多的是像素（px）。

下面通过一个案例对 line-height 属性进行演示与讲解，代码如例 3-9 所示。

例 3-9：

```
<!DOCTYPE html>
<html>
<head>
<meta charset="utf-8">
<title>行高 line-height 的使用</title>
<style type="text/css">
    p{font-size:14px;}
    . two {line-height:28px;}
</style>
</head>
<body>
    <p>段落 1：没使用 line-height 属性设置行距，这时行与行之间距离为默认值。没使用 line-height 属性设置行距，这时行与行之间距离为默认值。</p>
    <p class="two">段落 2：使用 line-height 属性设置行距为 28px，这时行与行之间距离为 28 像素。使用 line-height 属性设置行距为 28px，这时行与行之间距离为 28 像素。</p>
</body>
</html>
```

在例 3-9 中，段落 1 没有设置行距，所以行距显示默认值；而段落 2 行距为 28px。运行例 3-9，效果如图 3-16 所示。

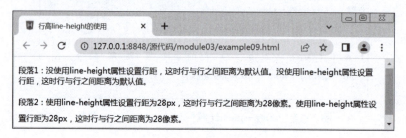

图 3-16　设置行高属性

5. text-transform：文本转换

text-transform 属性用于转换英文字符的大小写，其可用属性值如下：

（1）none：不转换（默认值）。

（2）capitalize：首字母大写。

（3）uppercase：全部字符转换为大写。

（4）lowercase：全部字符转换为小写。

6. text-decoration：文本装饰

text-decoration 属性用于设置文本的下划线、上划线、删除线等装饰效果，其可用属性值如下：

none：没有装饰（正常文本默认值）。

underline：下划线。

overline：上划线。

line-through：删除线。

text-decoration 后可以赋多个值，用于给文本添加多种显示效果。例如，希望文字同时有下划线和删除线效果，就可以将 underline 和 line-through 同时赋值给 text-decoration。text-decoration 属性如果取多个属性值，这些属性值之间使用空格分隔。

下面通过一个案例对 text-decoration 属性进行演示与讲解，代码如例 3-10 所示。

例 3-10：

```
<!DOCTYPE html>
<html>
<head>
<meta charset="utf-8">
<title>文本装饰 text-decoration</title>
<style type="text/css">
    . one{ text-decoration:underline;}
    . two{ text-decoration:overline;}
    . three{ text-decoration:line-through;}
    . four{ text-decoration:underline line-through;}
</style>
</head>
<body>
    <p class="one">设置下划线(underline)</p>
    <p class="two">设置上划线(overline)</p>
    <p class="three">设置删除线(line-through)</p>
    <p class="four">同时设置下划线和删除线(underline line-through)</p>
</body>
</html>
```

在例 3-10 中，定义了四个段落文本，并且使用 text-decoration 属性对它们添加不同的文本装饰效果。其中对第四个段落同时应用 underline 和 line-through 两个属性值，添加两种效果。

运行例 3-10，效果如图 3-17 所示。

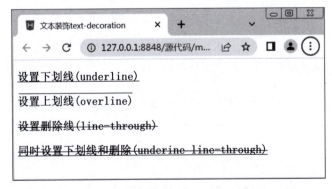

图 3-17　文本装饰 text-decoration 属性

7. text-align：水平对齐方式

text-align 属性用于设置文本内容的水平对齐方式，相当于 HTML 中的 align 属性。text-align 属性可用属性值如下：

　　left：左对齐（默认值）。

　　right：右对齐。

　　center：居中对齐。

　　justify：文本两端对齐。

　　例如，设置二级标题居中对齐，可使用下面的 CSS 代码。

```
h2{text-align:center;}
```

　　注意：

　　（1）text-align 属性仅适用于块元素，对行内元素无效。关于块元素和行内元素，会在第 4 单元中具体介绍。

　　（2）如果需要对图像设置水平对齐，可以为图像添加一个父标签，如<p>标签或<div>标签，然后对父标签应用 text-align 属性，即可实现图像的水平对齐。

　　8. text-indent：首行缩进

　　text-indent 属性用于设置首行文本的缩进，其属性值可为像素值（px）、字符倍数（em）或相对于浏览器窗口宽度的百分比（%）。text-indent 属性的属性值允许使用负数。实际工作中，建议使用字符倍数（em）作为设置单位。

　　下面通过一个案例对 text-indent 属性进行演示与讲解，代码如例 3-11 所示。

　　例 3-11：

```
<!DOCTYPE html>
<html>
<head>
<meta charset="utf-8">
<title>首行缩进 text-indent</title>
<style type="text/css">
    p{ font-size:14px; }
    . one{ text-indent:2em; }
</style>
</head>
<body>
    <p>段落 1:这是段落 1 中的文本,没有使用 text-indent 属性设置首行缩进 2 个字符效果,导致段落首行没有缩进 2 字符。</p>
    <p class="one">段落 2:这是段落 2 中的文本,使用 text-indent:2em;设置首行缩进 2 个字符效果,段落首行缩进 2 字符。</p>
</body>
</html>
```

　　在例 3-11 中，第 1 段文本没有设置首行缩进 2 字符，第 2 段文本设置了首行缩进 2 字符。运行例 3-11，效果如图 3-18 所示。

　　代码 text-indent:2em;无论字号多大，首行文本都会缩进两个字符。

　　代码 text-indent:50px;首行文本将缩进 50px，与字号大小无关。

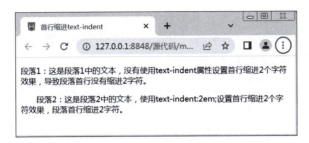

图 3-18　首行缩进 text-indent

注意：

text-indent 属性仅适用于块元素，对行内元素无效。

9. white-space：空白符处理

空白符是空格符、换行符等的统称。我们使用 HTML 制作网页时，不论源代码中有多少空格符、换行符，在浏览器中只会显示一个字符的空白。在 CSS 中，使用 white-space 属性可设置空白符的处理方式。white-space 属性常用属性值如下：

normal：常规（默认值），文本中的空格无效，满行（到达区域边界）后自动换行。

pre：按文档的书写格式保留空格、换行样式。

nowrap：强制文本不能换行，即使内容超出元素的边界也不换行，超出时浏览器页面则会自动增加滚动条。换行标签\<br /\>可以强制换行，不受 nowrap 属性值的限制。

下面通过一个案例对 white-space 属性进行演示与讲解，代码如例 3-12 所示。

例 3-12：

```
<!DOCTYPE html>
<html>
<head>
<meta charset="utf-8">
<title>white-space 空白符处理</title>
<style type="text/css">
    . one{ white-space:normal;}
    . two{white-space:pre;}
    . three{ white-space:nowrap;}
</style>
</head>
<body>
    <p class="one">这个                段落中           有很多
    空格。此段落应用 white-space:normal;空格无效。</p>
    <p class="two">这个                段落中           有很多
    空格。此段落应用 white-space:pre;,保留空格、换行样式。</p>
    <p class="three">此段落应用 white-space:nowrap;。这是一个较长的段落。这是一个较长的段落。
这是一个较长的段落。这是一个较长的段落。这是一个较长的段落。这是一个较长的段落。这是一个较
长的段落。这是一个较长的段落。这是一个较长的段落。这是一个较长的段落。</p>
    </body>
</html>
```

在例3-12中，定义了三个段落，其中前两个段落中包含很多空白符，第三个段落内容较长。三个段落文本使用white-space属性分别设置段落中空白符的处理方式。

运行例3-12，效果如图3-19所示。

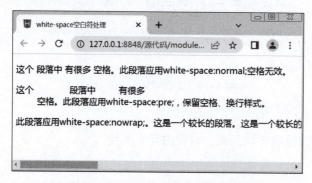

图3-19　white-space空白符处理

根据图3-19显示的效果可知，使用"white-space:pre;"定义的段落，会保留空白符在浏览器中原样显示。使用"white-space:nowrap;"定义的段落未换行，并且浏览器窗口出现了滚动条。

10. text-shadow：阴影效果

text-shadow是CSS3新增属性，该属性可以为页面中的文本添加阴影效果。text-shadow属性的基本语法格式如下：

选择器{text-shadow:h-shadow v-shadow blur color;}

在上面的语法格式中，h-shadow用于设置水平阴影的距离，v-shadow用于设置垂直阴影的距离，blur用于设置模糊半径，color用于设置阴影颜色。

下面通过一个案例对text-shadow属性进行演示与讲解，代码如例3-13所示。

例3-13：

```
<!DOCTYPE html>
<html>
<head>
<meta charset="utf-8">
<title>text-shadow 属性</title>
<style type="text/css">
    p{
        font-size:42px;
        text-shadow:10px 10px 10px blue;    /*设置文字阴影的距离、模糊半径和颜色*/
    }
</style>
</head>
<body>
    <p>Less is more</p>
</body>
</html>
```

在例 3-13 中，为段落文本添加了阴影效果，设置阴影的水平和垂直偏移距离为 10px，模糊半径为 10px，阴影颜色为蓝色。

运行例 3-13，效果如图 3-20 所示。

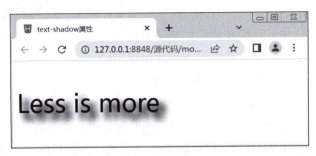

图 3-20　text-shadow 属性

通过图 3-20 可以看出，文本右下方出现了模糊的蓝色阴影效果。此外，当设置阴影的水平距离参数或垂直距离参数为负值时，可以改变阴影的投射方向。

注意：

阴影的水平或垂直距离参数可以设为负值，但阴影的模糊半径参数只能设置为正值，并且数值越大阴影向外模糊的范围也就越大。而且还可以使用 text-shadow 属性给文字添加多个阴影，从而产生阴影叠加的效果。只需将属性值设置多组阴影参数，中间用逗号隔开即可。例如，想要对例 3-13 中的段落设置蓝色和红色阴影叠加的效果，可以将 p 标签的样式更改为：

```
p{
font-size:42px;
text-shadow:10px 10px 10px blue,20px 20px 20px red; /*红色和绿色的投影叠加*/
}
```

在上面的代码中，为文本依次指定了蓝色和红色的阴影效果，并设置了阴影的位置和模糊数值。阴影叠加效果如图 3-21 所示。

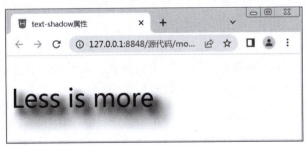

图 3-21　阴影叠加效果

3.3　CSS 高级特性

想要使用 CSS 实现结构与表现的分离，解决工作中出现的 CSS 调试问题，还需要学习 CSS 高级特性。CSS 高级特性包括 CSS 复合选择器、CSS 层叠性和继承性、CSS 优先级。

3.3.1 CSS 复合选择器

书写 CSS 样式表时，可以使用 CSS 基础选择器选中 HTML 元素。但是在实际网站开发中，一个网页可能包含成千上万的 HTML 元素，如果仅使用 CSS 基础选择器，是远远不够的。为此 CSS 提供了几种复合选择器，实现了更强、更方便的选择功能。复合选择器是由两个或多个基础选择器，通过不同的方式组合而成。CSS 复合选择器包括标签指定式选择器、后代选择器、并集选择器，具体介绍如下：

1. 标签指定式选择器

标签指定式选择器又称交集选择器，由两个选择器构成，其中第一个为标签选择器，第二个为 class 选择器或 id 选择器，两个选择器之间不能有空格，例如，"p. text"或"p#two"。

下面通过一个案例对标签指定式选择器进行演示与讲解，代码如例 3-14 所示。

例 3-14：

```
<!DOCTYPE html>
<html>
<head>
<meta charset="utf-8">
<title>标签指定式选择器的应用</title>
<style type="text/css">
    p{ color:blue;}
    . text{color:green;}
    p. text{color:red;}      /*标签指定式选择器*/
</style>
</head>
<body>
    <p>使用标签选择器指定普通段落文本(蓝色)</p>
    <p class="text">使用标签指定式选择器指定了. text 类的段落文本(红色)</p>
    <h3 class="text">使用基础选择器类选择器指定了. text 类的标题文本(绿色)</h3>
</body>
</html>
```

例 3-14 分别定义了\<p>标签和". text"类的样式，此外还单独定义了"p. text"，用于控制特殊显示的样式。运行例 3-14，效果如图 3-22 所示。

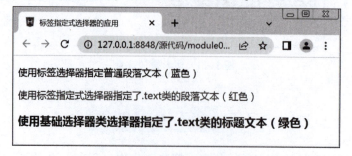

图 3-22　标签指定式选择器的应用

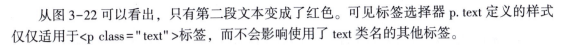

从图 3-22 可以看出，只有第二段文本变成了红色。可见标签选择器 p. text 定义的样式仅仅适用于<p class="text">标签，而不会影响使用了 text 类名的其他标签。

2. 后代选择器

后代选择器用来选择元素或元素组的后代，其写法就是把外层标签写在前面，内层标签写在后面，中间用空格分隔。当标签发生嵌套时，内层标签就成为外层标签的"后代"。

如果一个<p>标签内嵌套<em>标签时，就可以使用后代选择器对其中的<em>标签进行控制，代码如例 3-15 所示。

例 3-15：

```
<!DOCTYPE html>
<html>
<head>
<meta charset="utf-8">
<title>后代选择器</title>
<style type="text/css">
    p em{color:red;}        /*后代选择器*/
    em{color:blue;}
</style>
</head>
<body>
    <p>段落文本<em>嵌套在段落中,使用 em 标签定义的文本(红色)。</em></p>
    <em>嵌套之外由 strong 标签定义的文本(蓝色)。</em>
</body>
</html>
```

在例 3-15 中，定义了两个<em>标签，并将第一个<em>嵌套在<p>标签中，然后分别设置<em>标签和 "p em" 的样式。

运行例 3-15，效果如图 3-23 所示。

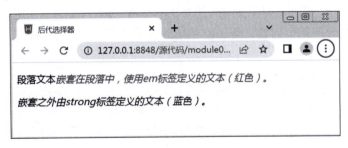

图 3-23　后代选择器的使用

通过图 3-23 可以看出，第一段部分文本变成红色。可见后代选择器 "p em" 定义的样式仅仅适用于嵌套在<p>标签中的<em>标签，其他的<em>标签不受影响。

值得一提的是，后代选择器不局限于使用两个元素，如果需要加入更多的元素，只需在元素之间加上空格即可。如果例 3-15 中的<em>标签中还套有一个<strong>标签，要想控制这个<strong>标签，就可以使用 "p em strong" 选中<strong>标签。

3. 并集选择器

并集选择器的各个选择器间通过逗号连接而成，任何形式的选择器（标签选择器、类选择器、id 选择器、标签指定式选择器、后代选择器）都可以作为并集选择器的一部分。如果某些选择器定义的样式完全相同或部分相同，就可以利用并集选择器为它们定义相同的 CSS 样式。

如果在页面中有两个标题和三个段落，它们的字号和颜色相同。同时其中一个标题和两个段落文本有下划线效果，这时就可以使用并集选择器定义 CSS 样式，代码如例 3-16 所示。

例 3-16：

```html
<!DOCTYPE html>
<html>
<head>
<meta charset="utf-8">
<title>并集选择器</title>
<style type="text/css">
    h1,h2,p{color:blue; font-size:16px;}        /*不同标签组成的并集选择器*/
    h2,. text,#one{text-decoration:underline;}  /*标签、类、id 组成的并集选择器*/
    </style>
</head>
<body>
    <h1>一级标题文本。</h1>
    <h2>二级标题文本,加下划线。</h2>
    <p class="text">段落文本 1,加下划线。</p>
    <p>段落文本 2,普通文本。</p>
    <p id="one">段落文本 3,加下划线。</p>
</body>
</html>
```

在例 3-16 中，使用由不同标签组成的并集选择器"h1，h2，p"，控制所有标题和段落的字号和颜色。然后使用由标签、类、id 组成的并集选择器"h2，. text，#one"，定义某些文本的下划线效果。

运行例 3-16，效果如图 3-24 所示。

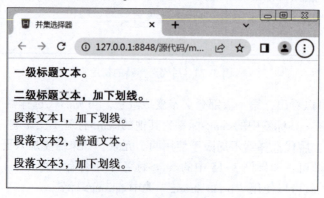

图 3-24　并集选择器

通过图 3-24 可以看出，使用并集选择器定义的样式与使用基础选择器单独定义的样式完全相同，而且这种方式书写的 CSS 代码更简洁、高效。

3.3.2　CSS 层叠性和继承性

CSS 是层叠式样式表的简称，层叠性和继承性是 CSS 的基本特征。在网页制作中，合理利用 CSS 的层叠性和继承性能够简化代码结构，提升网页运行速度。

1. 层叠性

层叠性是指多种 CSS 样式的叠加。例如，当使用内嵌式 CSS 样式表定义<p>标签字号大小为 14px，链入式定义<p>标签颜色为红色，那么段落文本将显示字号为 14px，颜色为红色，也就是说这两种样式产生了叠加。

下面通过一个案例对 CSS 的层叠性进行演示与讲解，代码如例 3-17 所示。

例 3-17：

```
<!DOCTYPE html>
<html>
<head>
<meta charset="utf-8">
<title>CSS 层叠性</title>
<style type="text/css">
    p{font-size:20px;font-family:"微软雅黑";}
    . text{font-style:italic;}
    #one{color:red; font-weight:bold;}
</style>
</head>
<body>
    <p>青海长云暗雪山,孤城遥望玉门关。</p>
    <p class="text" id="one">黄沙百战穿金甲,不破楼兰终不还。</p>
</body>
</html>
```

例 3-17 定义了两个<p>标签，并通过标签选择器统一设置段落的字号和字体。然后通过类选择器和 id 选择器为第二个<p>标签单独定义字体风格、颜色、加粗效果。

运行例 3-17，效果如图 3-25 所示。

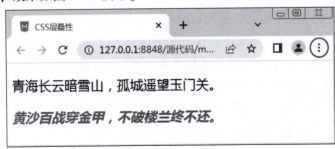

图 3-25　CSS 层叠性

通过图 3-25 可以看出，第二段文本显示了标签选择器 p 定义的字体"微软雅黑"，id 选择器"#one"定义文本为红色、加粗效果，类选择器". text"定义字体倾斜显示，可见这三个选择器定义的 CSS 样式产生了叠加。

2. 继承性

继承性是指书写 CSS 样式表时，子标签会继承父标签的某些样式。例如，定义主体标签<body>的文本颜色为蓝色，那么页面中所有的文本都将显示为蓝色，这是因为页面其他标签都嵌套在<body>标签中，是<body>标签的子标签。这些子标签继承了父标签<body>的属性。

继承性非常有用，它使设计师不必在父标签的每个后代上添加相同的样式。如果设置的属性是一个可继承的属性，只需将它应用于父标签即可，例如下面的代码。

```
p,div,h1,h2,h3,h4,h5,ul,ol,dl,li{color:blue;}
```

上述代码，也可以书写为：

```
body{color:blue;}
```

第二种写法可以达到相同的控制效果，且代码更加简洁。

恰当地使用 CSS 继承性可以简化代码。但是在网页中所有的元素都大量继承样式，判断样式的来源就会很困难。所以，在实际工作中，网页中通用的全局样式可以使用继承。例如，字体、字号、颜色、行距等可以在 body 元素中统一设置，然后通过继承性控制文档中的文本。其他元素可以使用 CSS 选择器单独设置。

并不是所有的 CSS 属性都可以继承，例如，下面这些属性就不具有继承性。

① 边框属性。
② 外边距属性。
③ 内边距属性。
④ 背景属性。
⑤ 定位属性。
⑥ 布局属性。
⑦ 宽度属性和高度属性。

注意：

标题标签不会采用<body>标签设置的字号，是因为标题标签默认字号样式覆盖了继承的字号。

3.3.3　CSS 优先级

定义 CSS 样式时，经常出现两个或更多样式规则应用在同一元素上的情况。此时 CSS 就会根据样式规则的权重，优先显示权重最高的样式。CSS 优先级指的就是 CSS 样式规则的权重。在网页制作中，CSS 为每个基础选择器都指定了不同的权重，方便我们添加样式代码。为了深入理解 CSS 优先级，我们通过一段示例代码进行分析。CSS 样式代码如下：

```
p{color:red;}          /*标签样式 */
. blue{color:blue;}    /*class 样式 */
#green{color:green;}   /*id 样式 */
```

CSS 样式代码对应的 HTML 结构为：

```
<p id="green" class="blue">
        帮帮我,我到底显示什么颜色?
</p>
```

在上面的示例代码中，使用不同的选择器对同一个元素设置文本颜色，这时浏览器会根据 CSS 选择器的优先级规则解析 CSS 样式。为了便于判断元素的优先级，CSS 为每一种基础选择器都分配了一个权重，我们可以通过虚拟数值的方式为这些基础选择器匹配权重。假设标签选择器具有的权重为 1，类选择器具有的权重则为 10，id 选择器具有的权重则为 100。这样 id 选择器 "#green" 就具有最大的优先级，因此文本显示为绿色。

对于由多个基础选择器构成的复合选择器（并集选择器除外），其权重可以理解为这些基础选择器权重的叠加。例如，下面的 CSS 代码。

```
p strong{color:black}              /*权重为:1+1 */
strong . blue{color:green;}        /*权重为:1+10 */
. father strong{color:yellow}      /*权重为:10+1 */
p. father strong{color:orange;}    /*权重为:1+10+1 */
p. father . blue{color:gold;}      /*权重为:1+10+10 */
#header strong{color:pink;}        /*权重为:100+1 */
#header strong . blue {color:red;} /*权重为:100+1+10 */
```

对应的 HTML 结构为：

```
<p class="father" id="header">
        <strong class="blue">文本的颜色</strong>
</p>
```

这时，CSS 代码中的 "#header strong. blue" 选择器的权重最高，文本颜色将显示为红色。此外，在考虑权重时，我们还需要注意一些特殊的情况。

（1）继承样式的权重为 0。

在嵌套结构中，不管父元素样式的权重多大，被子元素继承时，它的权重都为 0，也就是说子元素定义的样式会覆盖继承来的样式。

例如，下面的 CSS 样式代码。

```
strong{color:red;}
#header{color:green;}
```

CSS 样式代码对应的 HTML 结构如下：

```
<p id="header"class="blue">
        <strong>继承样式不如自己定义的权重大</strong>
</p>
```

在上面的代码中虽然 "#header" 具有权重 100，但被 strong 标签继承时权重为 0，而 strong 选择器的权重虽然仅为 1，但它大于继承样式的权重，所以页面中的文本显示为红色。

（2）行内样式优先。

应用 style 属性的元素，其行内样式的权重非常高。换算为数值，我们可以理解为远大于 100，因此，行内样式拥有比上面提到的选择器都高的优先级。

（3）权重相同时，CSS 的优先级遵循就近原则。

也就是说，靠近元素的样式具有最大的优先级，或者说按照代码排列上下顺序，排在最下边的样式优先级最大。例如，下面为外部定义的 CSS 示例代码。

```
/*CSS 文档,文件名为 style_red. css */
#header{color:red;}                    /*外部样式*/
```

对应的 HTML 结构代码如下：

```
<head>
  <title>CSS 优先级</title>
  <link rel="stylesheet" href="style_red. css" type="text/css"/> /*引入外部定义的 CSS 代码*/
  <style type="text/css">
    #header{color:gray;}      /*内嵌式样式*/
  </style>
</head>
<body>
    <p id="header">权重相同时,就近优先</p>
</body>
```

在上面的示例代码中，通过外链式引入 CSS 样式，该样式设置文本样式显示为红色。下面通过内嵌式引入 CSS 样式，该样式设置文本样式显示为灰色。

上面的页面被解析后，段落文本将显示为灰色，即内嵌样式优先，这是因为内嵌样式比外链式样式更靠近 HTML 元素。同样的道理，如果同时引用两个外部样式表。则排在下面的样式表具有较大的优先级。如果此时将内嵌式更改为：

```
p{color:gray;}      /*内嵌式样式*/
```

此时外链式的 id 选择器和嵌入式的标签远择器权重不同，"#header" 的权重更高，文字将显示为外部样式定义的红色。

（4）CSS 定义 "！important" 命令，会被赋予最大的优先级。

当 CSS 定义了 "！important" 命令后，将不再考虑权重和位置关系，使用 "！important" 的标签都具有最大优先级，例如下面的示例代码。

```
#header{color:red ! important ;}
```

应用此样式的段落文本显示为红色，因为 "！important" 命令的样式拥有最大的优先级。需注意的是，"！important" 命令必须位于属性值和分号之间，否则无效。

复合选择器的权重为组成它的基础选择器权重的叠加，但是这种叠加并不是简单的数字之和。

下面通过一个案例来具体说明，代码如例 3-18 所示。

例 3-18：

```
<!DOCTYPE html>
<html>
<head>
<meta charset="utf-8">
```

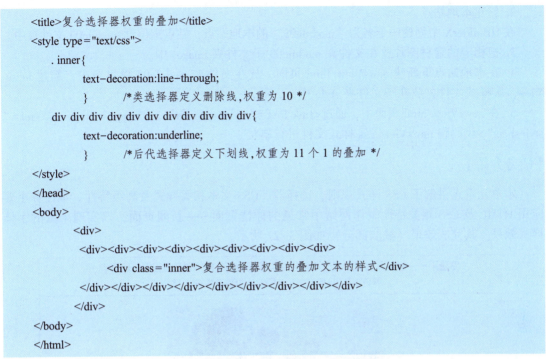

```
<title>复合选择器权重的叠加</title>
<style type="text/css">
    .inner{
        text-decoration:line-through;
        }          /*类选择器定义删除线,权重为 10 */
    div div div div div div div div div div div{
        text-decoration:underline;
        }          /*后代选择器定义下划线,权重为 11 个 1 的叠加 */
</style>
</head>
<body>
    <div>
      <div><div><div><div><div><div><div><div>
            <div class="inner">复合选择器权重的叠加文本的样式</div>
      </div></div></div></div></div></div></div></div></div>
      </div>
</body>
</html>
```

例 3-18 共使用了 11 对<div>标签，它们层层嵌套。我们对最里层的<div>定义类名"inner"。使用类选择器和后代选择器分别定义最里层 div 的样式。此时浏览器中文本的样式到底如何显示呢？如果仅仅将基础选择器的权重相加，后代选择器（包含 11 层 div）的权重为 11，大于类选择器".inner"的权重 10，文本将添加下划线。

运行例 3-18，效果如图 3-26 所示。

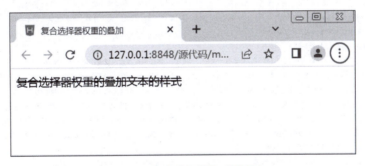

图 3-26　复合选择器权重的叠加

在图 3-26 中，文本并没有像预期的那样添加下划线，而显示了类选择器".inner"定义的删除线。可见，无论在外层添加多少个<div>标签，复合选择器的权重无论为多少个标签选择器的叠加，其权重都不会高于类选择器。同理，复合选择器的权重无论为多少个类选择器和标签选择器的叠加，其权重都不会高于 id 选择器。

【操作准备】

1. 启动 HBuilderX。
通过 Windows 的"开始"菜单或桌面快捷方式启动 HBuilderX。

2. 创建本地站点。

在 HBuilderX 中创建一个名为"module03"的本地站点，站点定位到 module03 文件夹中。

3. 把相应的素材图片放在文件夹 module03 子文件夹 images 中。

4. 在本地站点下新建 newsView. html 页面，放在文件夹 module03 根目录中；新建 news-View. css 样式文件，放在子文件夹 style 中。

5. 在 newsView. html 页面中，通过<link href="style/newsView. css" type="text/css" rel="stylesheet">代码将 newsView. css 样式文件进行链接。

【任务介绍】

本单元重点讲解了 CSS 样式规则、选择器、CSS 文本相关样式及高级特性。本任务主要应用 HTML 及 CSS 相关特性制作网站中常见的详情页面——新闻页面，以实现丰富的字体样式效果。其完成效果（截取部分）如图 3-27 所示。

图 3-27　新闻页面的效果（截取部分）

【引导训练】

【任务 3-1】分析效果图

【任务 3-1-1】代码结构分析

从效果图 3-27 可以看出，新闻页面由一个标题、多个段落和一条水平线构成。在 HTML 页面中可以使用标题标签<h1>~<h6>、段落标签<p>、水平线标签<hr/>分别定义这些 HTML 内容。同时，为了设置段落中某些特殊显示的文本，还可以在段落中嵌套文本格式化标签，如<em>等。

在本页面中，整体效果由 div 元素控制，标题由<h2>标签定义，"新闻发布时间和来源"等由<p>布局，再定义一个水平线<hr>设置分隔效果，新闻正文全部由<p>定义，包括"新闻来源"所在的第 1 段，一共 17 个段落。效果图 3-27 对应的代码结构如图 3-28 所示。

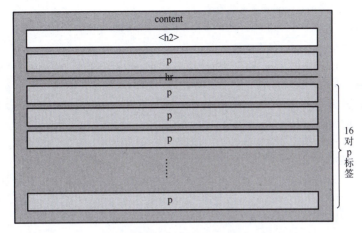

图 3-28　新闻代码结构图

【任务 3-1-2】样式分析

控制代码结构图 3-28 的样式主要分为以下几个部分：

（1）定义基础样式。重置浏览器的默认样式，设置所有元素的内外边距为 0；对超链接标签 a 设置颜色和去除下划线。

（2）整体控制新闻页面。设置 div 元素（类 .content）的宽度，水平居中。

（3）设置标题样式。设置字体、字号、文本颜色、行高及文本对齐方式。

（4）设置水平线样式。设置上下外边距、水平对齐方式，可以通过 HTML 标签属性设置水平线颜色和粗细。同时，对图像进行的大小和对齐方式进行设置。

（5）设置新闻内容样式。定义水平线以下内容第 2 段至第 17 段的样式，包括宽度、外边距、首行缩进、行高、字号、文本颜色及文本对齐方式。

（6）设置"新闻发布时间"所在第 1 段的样式。

（7）单独定义第 1 段中不同文本颜色。使用类和 id 选择器对元素进行属性设置，并在相应的 em 标签内使用 class 和 id 属性进行引用。

（8）修改第 2 段及 4 个小标题的文本效果。定义类样式 .two 设置第 2 段字体为楷体，定义类样式 .four 将 4 个小标题单独设置加粗效果。

【任务 3-2】制作页面结构

根据任务 3-1 的分析，可以使用相应的 HTML 标签搭建网页结构，newsView. html 网页结构代码如下所示。（注：代码中文本内容有省略，详细内容可见配套源代码。）

```
<!DOCTYPE html>
<html>
    <head>
        <meta charset="utf-8">
```

```
        <title>红色主题教育网-新闻页(袁隆平——良种济世 粮丰民安)</title>
        <link href="style/newsView. css" type="text/css" rel="stylesheet"></link>
    </head>
    <body>
        <div class="content">
            <!-- 新闻详情模块开始 -->
            <h2>袁隆平——良种济世 粮丰民安(奋斗百年路 启航新征程·"共和国勋章"获得者)
</h2>
            <p class="one"><em class="blue">2021 年 09 月 23 日 08:10 来源:</em><em class="blue"><
a href="http://paper. people. com. cn/rmrb/html/2021 - 09/23/nw. D110000renmrb_20210923_4 - 05. htm" target ="_
blank">人民网-人民日报</a></em><em class="gray"> 浏览次数:(<em id="num">802</em>次)</em></p>
            <hr width="1000"/>
            <img src="images/ylp.jpg">
            <p class="two">金风送爽,染黄了又一茬稻谷……</p>
            <P class="two">杂交水稻双季亩产突破 3000 斤的心愿,是袁隆平在 90 岁生日时许下
的……</P>
            <p class="four">"人就像种子,要做一粒好种子"</p>
            <p><em class="blue">1949 年</em>,从小立志学农的袁隆平,如愿报考了农学第一志愿。
毕业后,袁隆平来到湘西雪峰山麓的安江农校任教……</p>
            <p>"自花授粉作物没有杂交优势",这是当时学界的普遍共识……<em class="blue">
3000 多次试验。</em>直到 1970 年才打开了杂交水稻研究突破口……</p>
            <p>"人就像种子,要做一粒好种子",这是袁隆平院士生前常说的一句话。……</p>
            <p class="four">"要种出好水稻必须得下田"</p>
            <p>2019 年,袁隆平获得"共和国勋章"。捧着沉甸甸的勋章,他觉得自己"不能躺在功劳
簿上睡大觉"……</p>
            <p>对袁隆平来说,下田就像一日三餐一样平常……</p>
            <p>"袁老师常常对我们说,电脑里长不出水稻,书本里也长不出水稻,要种出好水稻必须
得下田……</p>
            <p class="four">"我拉着我最亲爱的朋友,坐在稻穗下乘凉"</p>
            <p>"风吹起稻浪,稻芒划过手掌,稻草在场上堆成垛,谷子迎着阳光哗啵作响,水田泛出
一片橙黄……"……</p>
            <p>"杂交水稻覆盖全球"是袁隆平的一个梦想……</p>
            <p>现在,杂交水稻已经在亚洲、非洲、美洲的数十个国家和地区推广种植,年种植面积达
<em class="blue">800 万公顷。</em>金黄的稻谷……</p>
            <p>"袁隆平院士为推进粮食安全、消除贫困、造福民生做出了杰出贡献!"联合国如此评
价他。</p>
            <p>《人民日报》( 2021 年 09 月 23 日 05 版)</p>
            <!-- 新闻详情模块结束 -->
        </div>
    </body>
</html>
```

在 newsView. html 网页结构代码中，最外层的 div 用于对新闻页面进行整体控制，分别

使用<h2>标签、<p>标签和<hr/>标签定义标题、段落和水平线，同时为了控制段落中的特殊显示的文本，在段落相应的位置嵌套了<em>标签。

运行 newsView. html 网页，效果如图 3-29 所示。

<p align="center">图 3-29　HTML 新闻页面结构效果</p>

【任务 3-3】定义 CSS 样式

搭建完页面的结构后，接下来为页面添加 CSS 样式。本任务采用从整体到局部的方式实现图 3-27 所示的效果，具体如下。

【任务 3-3-1】定义基础样式

定义 CSS 样式清除浏览器默认样式，对超链接标签 a 设置颜色和去除下划线，具体 CSS 代码如下：

```
*{padding:0; margin:0;}          /*设置所有元素的边距为 0*/
a{                               /*对超链接标签 a 设置颜色和去除下划线*/
    text- decoration: none;
    color: #3d6cb0;
}
```

【任务 3-3-2】整体控制新闻页面

通过一对大的 div 对新闻页面进行整体控制，根据效果图为其添加相应的样式代码，具体如下：

```
. content{
    width: 1000px;              /*设置宽度*/
    margin: 10px auto;          /*设置大盒子水平居中显示*/
}
```

【任务 3-3-3】设置标题样式

通过定义样式单独设置标题效果。通过 CSS 样式设置标题字体的粗细为正常，字号 22px，行高 35px，字体为微软雅黑。另外，设置文本颜色为#DF3031，文本水平对齐方式为居中对齐。具体 CSS 代码如下：

```
h2{                                /*单独设置标题的样式*/
    font:normal 22px/35px "微软雅黑";
    color:#DF3031;
    text-align:center;
}
```

【任务 3-3-4】设置水平样式

定义水平线样式，设置其宽度为 1 000px，上下外边距为 10px，左右水平居中；定义图片大小和水平对齐方式，具体 CSS 代码如下。

```
hr{
    width: 1000px;
        margin: 10px auto;
}
. content img{
    width: 460px;          /*设置图片大小*/
    display: block;        /*将图片转换成块元素*/
    margin: 0px auto;      /*设置图片水平对齐*/
}
```

通过设置 hr 标签属性，设置颜色为#DF3031，粗细为 2px，具体代码如下。

```
<hr color="#DF3031" size="2"/>
```

【任务 3-3-5】设置新闻内容样式

新闻内容都是放在段落<p>标签中，因此对<p>标签中的文本进行一个统一样式设置，如字号、行高、颜色、首行缩进、对齐方式等，这里注意设置文本的宽度和外边距，以保证较好的文本显示效果。为了精确选择设置元素，可使用后代选择器复合选择器进行选择。具体 CSS 代码如下：

```
. content p{
    width: 1000px;
    margin: 0px auto;
```

```
        text-indent:2em;
        line-height: 30px;
        font-size: 16px;
        color: #4f4f4f;
        text-align: justify;
        }
```

【任务 3-3-6】设置"新闻发布时间"所在第 1 段的样式

观察效果图 3-27 可以看出，页面上第 1 段包含 3 种颜色不同的文本区域，这里使用 3 对<em>标签进行分隔。

因复合选择器 .content p 的优先级大于类选择器 .one，为了能够控制新闻发布时间所在第 1 段的样式，这里必须使用标签指定式选择器 p.one 来选择第 1 段文本，并放置于 .content p 之后进行属性设置。具体的 CSS 代码如下。

```
p.one{                    /*单独设置第一个段落的字号和对齐*/
    font-size:12px;
    text-align:center;
}
```

【任务 3-3-7】分别设置不同颜色文本的样式

根据页面上第 1 段需要设置的 3 种不同的颜色，分别定义相应颜色命名的 2 个类样式，定义 .blue 设置为蓝色，定义 .gray 设置为灰色，将数字使用 ID 样式#num 设置为深红色，并在相应的 em 标签内使用 class 和 id 属性进行引用，这里注意要将 em 标签中默认的文字倾斜样式修改为正常样式。具体的 CSS 代码如下：

```
.blue{
    color:#3d6cb0;
    }                    /*整体控制段落中所有的蓝色文本*/
.gray{
    color:#666;
    }                    /*单独控制第 1 个段落中的灰色文本*/
#num{
    color:#b60c0c;
    }                    /*单独控制第 1 个段落中数字的颜色*/
em{
    font-style:normal;
    }
```

【任务 3-3-8】修改第 2 段及 4 个小标题的文本效果

定义类样式 .two 设置第 2 段字体为楷体，定义类样式 .four 将 4 个小标题单独设置为加粗效果。具体 CSS 代码如下：

```
.two{
    font-family:"楷体";
    }                    /*单独控制第 2 个段落的字体*/
```

```
. four{
    font-weight:bold;
}                    /*单独控制第4个段落文本的粗细*/
```

通过以上步骤，完成了效果图 3-27 所示的新闻详情页面中主要的 CSS 样式部分制作，保存 CSS 样式文件，刷新 newsView. html 页面，效果如图 3-27 所示。至此，新闻详情页面的 HTML 结构、CSS 样式全部制作完成。

【引导训练考核评价】

网站详情页制作"引导训练"考核评价表

	考核内容	标准分	计分
考核要点	(1) 会通过分析效果图搭建页面结构	2	
	(2) 会通过基础选择器定义新闻标题的样式	3	
	(3) 会通过复合选择器定义新闻正文样式	2	
	(4) 会通过选择器定义水平分隔线效果	3	
	(5) 会运用相应的属性定义文本样式	2	
	(6) 能灵活运用 CSS 选择器优化代码结构	2	
	(7) 认真完成本任务，态度端正、操作规范、时间观念强、有协作精神、学习效果较好	1	
	小计	15	
评价方式	自我评价	小组评价	教师评价
考核得分			
存在的主要问题			

【单元总结】

本单元首先介绍了 CSS 核心基础知识，包括 CSS 样式规则、CSS 引入方式，以及 CSS 基础选择器；然后讲解了常用的 CSS 文本样式属性、CSS 复合选择器、CSS 的层叠性、继承性以及优先级；最后通过 CSS 修饰文本，在引导训练环节中制作了网站新闻详情页面。

通过本单元的学习，学习者应该能够充分理解 CSS 所实现的结构与表现的分离，以及 CSS 样式的优先级规则，能够熟练地使用 CSS 控制页面中的字体和文本外观样式。

同步训练及考核评价　　　　　同步习题

单元 4

制作网站音、视频排行榜页面

认识盒子模型

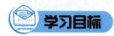

了解盒子模型的概念。

掌握盒子的相关属性。

掌握背景属性的设置方法。

能够为盒子设置渐变背景。

掌握网页元素的分类与转换。

能够合理设置元素相关属性制作网站音、视频排行榜页面。

【知识梳理】

4.1 认识盒子模型

盒子模型是网页布局的基础，只有掌握了盒子模型的各种规律和特征，才可以更好地控制网页元素，以制作各种网页效果。

通过分析如图 4-1 所示的红色教育主题网站首页，我们会发现页面的内容是按照区域划分的，每一个区域承载着网页中不同类型的内容，而且内容在网页中排列的清晰有条理。

日常生活中，我们经常要用到盒子（或箱子）。盒子有一定的厚度（边框）；盒子中要装东西（内容）；为防止盒子中的东西破损，通常要添加泡沫塑料等填充物（填充，也称内边距）；多个盒子摆放时，不同盒子间有距离（外边距）。

在网站页面中，这些承载内容的区域称为盒子模型。盒子模型就是把 HTML 页面中的元素看作一个方形的盒子，也就是一个盛装内容的容器。每个方形盒子都由元素的内容（content）、填充即内边距（padding）、边框（border）和外边距（margin）组成。其中内边距、边框和外边距都包含上、右、下、左 4 个方向，其具体结构如图 4-2 所示。

网页中所有的元素和对象都是由图 4-2 所示的基本结构组成，并呈现出方形的盒子效果。在浏览器看来，网页就是多个盒子嵌套排列的结果。盒子模型虽然拥有内边距、边框、外边距、宽度和高度这些基本属性，但是实际制作网页过程中，并不要求每个元素都必须定义这些属性，要依据实际情况选择相应的属性进行定义。

图 4-1 　红色教育主题网站首页

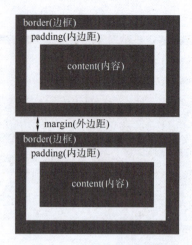

图4-2　盒子模型的结构

4.2　盒子模型的相关属性

为了能够自由地控制页面中每个盒子的样式，就需要掌握盒子模型的相关属性。盒子模型的相关属性包括边框、边距、背景、宽度和高度。

4.2.1　边框属性

为了分割页面中不同的盒子，常常需要给元素单独或综合设置边框效果。在CSS中边框属性包括边框样式属性（border-style）、边框宽度属性（border-width）、边框颜色属性（border-color）。

1. 设置边框样式

边框样式（border-style）用于定义页面中边框的显示形式，其常用属性值如下：

none：没有边框（默认值）。

solid：边框为单实线。

dashed：边框为虚线。

dotted：边框为点线。

double：边框为双实线。

盒子模型的边框属性

在使用border-style属性综合设置边框样式时，边框样式的属性值可以设置1~4个，必须按上、右、下、左的顺时针顺序排列，省略时采用值复制的原则，即一个值为四边，两个值为上下/左右，三个值为上/左右/下。

下面通过一个案例对边框样式属性进行演示与讲解，代码如例4-1所示。

例4-1：

```
<!DOCTYPE html>
<html>
<head>
<meta charset="utf-8">
<title>设置边框样式</title>
```

```
<style type="text/css">
h3{border-style:dashed;}                    /*4条边框相同——虚线*/
.one{
    border-style:solid;                     /*4条边框相同——单实线*/
    border-top-style:dotted;                /*上边框——点线,覆盖上边框样式*/
    border-bottom-style:dotted;             /*下边框——点线,覆盖下边框样式*/
    /*上面3行代码等价于:border-style:dotted solid;即下点线、左右实线*/
}
.two{
    border-style:double solid dashed;       /*上双实线、左右实线、下虚线*/
}
</style>
</head>
<body>
    <h3>边框为虚线</h3>
    <p class="one">边框样式—上下边框为点线,左右为实线</p>
    <p class="two">边框样式—上双实线、左右实线、下虚线</p>
</body>
</html>
```

在例4-1中,使用边框样式border-style属性设置标题和段落文本的边框样式。其中标题设置了一个边框属性值,类名为"one"的段落用了综合边框属性和单边框属性设置样式,类名为"two"的段落用综合边框属性设置样式。

运行例4-1,效果如图4-3所示。图4-3所示的就是盒子分别指定虚线、单实线、点线、双实线效果。

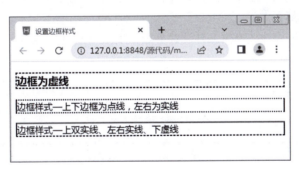

图4-3　边框样式效果

2. 设置边框宽度

border-width属性用于设置边框宽度,其常用取值单位为像素(px),默认宽度值为2px。边框宽度设置方法如下。

border-top-width：上边框宽度;

border-right-width：右边框宽度;

border-bottom-width：下边框宽度;

border-left-width：左边框宽度;

border-width：上边框宽度 [右边框宽度 下边框宽度 左边框宽度]；

同边框样式一样，综合设置四边宽度必须按上、右、下、左的顺时针顺序采用值复制，即一个值为四边，两个值为上下/左右，三个值为上/左右/下。

下面通过一个案例对边框宽度属性进行演示与讲解，代码如例 4-2 所示。

例 4-2：

```
<!DOCTYPE html>
<html>
<head>
<meta charset="utf-8">
<title>设置边框宽度</title>
<style type="text/css">
p{
    border-style:dashed;
    border-width:2px;            /*综合设置四边宽度*/
    border-top-width:4px;        /*设置上边宽度覆盖*/
    /*上面 2 行代码等价于:border-width:4px 2px 2px;*/
}
</style>
</head>
<body>
    <p>边框宽度—上 4px,左右下 2px。边框样式—虚线。</p>
</body>
</html>
```

在例 4-2 中，先综合设置四边的边框样式为虚线，这是因为未设置边框样式，则无论边框宽度设置为多少都无效。

然后综合设置边框宽度为 2px，再设置上边框宽度 4px 进行覆盖。运行例 4-2，效果如图 4-4 所示。

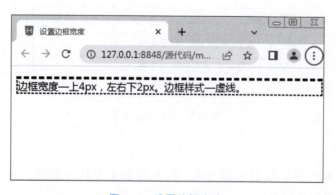

图 4-4 设置边框宽度

3. 设置边框颜色

border-color 属性用于设置边框颜色，其设置方法如下。

border-top-color：上边框颜色；

border-right-color：右边框颜色；

border-bottom-color：下边框颜色；

border-left-color：左边框颜色；

border-color：上边框颜色［右边框颜色 下边框颜色 左边框颜色］；

　　颜色值可取预定义的颜色值（如 red）、十六进制颜色值#RRGGBB（如#FF0000 或#F00）或 RGB 模式 rgb(r,g,b)，括号里是颜色色值（0~255）或百分比（0%~100%），实际工作中最常用的是十六进制颜色值。

　　边框的默认颜色为元素中的文本颜色（默认为黑色）；对于没有文本的元素，例如只包含图像的表格，其默认边框颜色为父元素的文本颜色。

　　综合设置四边颜色时必须按顺时针顺序采用值复制原则，即一个值为四边，两个值为上下/左右，三个值为上/左右/下。

　　下面通过一个案例对边框颜色属性进行演示与讲解，代码如例 4-3 所示。

例 4-3：

```
<!DOCTYPE html>
<html>
    <head>
        <meta charset="utf-8">
        <title>设置边框颜色</title>
        <style type="text/css">
            p{
                border-style: solid;        /*综合设置边框样式*/
                border-width: 4px;          /*综合设置边框宽度*/
                border-color: red #00f;     /*设置边框颜色*/
            }
        </style>
    </head>
    <body>
        <p>边框样式为实线,宽度为4像素,上下边框为红色,左右边框为蓝色</p>
    </body>
</html>
```

　　在例 4-3 中，设置段落的边框样式为实线，上下边框颜色为红色，左右边框颜色为蓝色。运行例 4-3，效果如图 4-5 所示。

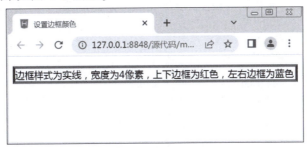

图 4-5　设置边框颜色

在实际制作网页过程中，需要注意以下两个要求：

（1）设置边框颜色时同样必须设置边框样式，如果未设置样式或设置为 none，则其他边框属性无效。

（2）可使用"border-color：transparent；"代码将已有的边框设置为透明，使其暂时不可见，但边框依然存在。待需要边框可见时，再设置相应的颜色即可。这种方式与取消边框样式不同，取消边框样式时，虽然边框也不可见，但是这时边框的宽度为 0，元素的大小发生了变化。但边框显示为透明时，边框依然存在，元素的大小不会变化。

4. 设置边框综合样式

为了更简单地设置边框样式，可将 border-style、border-width、border-color 综合设置，具体方法如下。

border-top：上边框宽度 样式 颜色；

border-right：右边框宽度 样式 颜色；

border-bottom：下边框宽度 样式 颜色；

border-left：左边框宽度 样式 颜色；

border：四边宽度 样式 颜色；

上面的设置方式中，边框的宽度、样式、颜色顺序任意，不分先后，可以只指定需要设置的属性，省略的部分将取默认值（样式不能省略）。

下面通过一个案例对边框综合样式属性进行演示与讲解，代码如例 4-4 所示。

例 4-4：

```
<!DOCTYPE html>
<html>
    <head>
        <meta charset="utf-8">
        <title>综合设置边框</title>
        <style type="text/css">
            h1{
                border-bottom: 5px double blue; /*border-bottom 复合属性设置下边框*/
                text-align: center;
            }
            p{                                /*单侧复合属性设置各边框*/
                border-top: 4px dashed #000;
                border-right: 8px double #F00;
                border-bottom: 4px dotted #00F;
                border-left: 8px solid green;
            }
            .cety{
                border: 10px solid #D00;        /*border 复合属性设置各边框相同*/
            }
        </style>
    </head>
    <body>
```

```
        <h1>设置下边框属性</h1>
        <p>该段落使用单侧边框的综合属性设置,分别给上、右、下、左四个边框设置不同的样式。</p>
        <img class="cety" src="images/cety.jpg" alt="中国的"嫦娥"探月工程" width="300" />
    </body>
</html>
```

在例 4-4 中，对标题、段落和图像分别应用 border 相关的复合属性设置边框。

运行例 4-4，效果如图 4-6 所示。

图 4-6　综合设置边框

在 CSS 中复合属性指的是一个属性能够定义元素的多种样式，常用的复合属性有 border、border-top、font、margin、padding 和 background 等。实际工作中常使用复合属性，它可以简化代码，提高页面的运行速度。但是，如果只设置一个属性值，最好不要应用复合属性，以免样式代码不被兼容。

4.2.2 内边距属性

内边距指的是元素内容与边框之间的距离，也称为内填充。在 CSS 中，padding 属性用于设置内边距，其相关设置方法如下。

padding-top：上内边距；

padding-right：右内边距；

padding-bottom：下内边距；

padding-left：左内边距；

padding：上内边距 [右内边距 下内边距 左内边距]；

在上面的设置中，padding 相关属性的取值可为：

① auto 自动（默认值）。

② 不同单位的数值（px 或 em）。

③ 相对于父元素（或浏览器）宽度的百分比%。

在实际工作中最常用的单位是像素 px，不允许使用负值。

同边框属性 border 一样，padding 也是复合属性，使用 padding 定义内边距时，必须按顺时针顺序采用值复制的原则，一个值为四边，两个值为上下/左右，三个值为上/左右/下。

下面通过一个案例对内边距属性进行演示与讲解，代码如例 4-5 所示。

例 4-5：

```
<!DOCTYPE html>
<html>
<head>
<meta charset="utf-8">
<title>设置内边距</title>
<style type="text/css">
    . border{ border:5px solid #AAA;}        /*为图像和段落设置边框*/
    img{
        padding:40px;                        /*图像4个方向内边距相同*/
        padding-bottom:0px;                  /*单独设置下边距*/
        /*上面两行代码等价于 padding:80px 80px 0px;*/
}
    p{padding:10%;}                          /*段落内边距为父元素宽度的5%*/
</style>
</head>
<body>
    <img class="border" src="images/padding_in.jpg" alt="内边距" width="220" />
    <p class="border">段落内边距为父元素宽度的10%。</p>
</body>
</html>
```

在例 4-5 中，使用 padding 相关属性设置图像和段落的内边距，其中段落内边距使用百分比数值。

运行例 4-5，效果如图 4-7 所示。

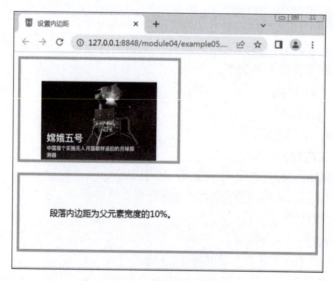

图 4-7 设置内边距

由于段落的内边距设置为百分比数值，当拖动浏览器窗口改变其宽度时，段落的内边距会随之发生变化。

如果设置内、外边距属性值为百分比，不论上、下或左、右的内、外边距，都是相对于父元素宽度（width）的百分比，随父元素宽度（width）的变化而变化，和高度（height）无关。

4.2.3　外边距属性

外边距指的是元素边框与相邻元素之间的距离。在 CSS 中，margin 属性用于设置外边距，设置方法如下：

margin-top：上外边距；

margin-right：右外边距；

margin-bottom：下外边距；

margin-left：左外边距；

margin：上外边距［右外边距 下外边距 左外边距］；

margin 是一个复合属性，其取 1~4 个值的情况与 padding 相同。外边距可以使用负值，使相邻元素重叠。

下面通过一个案例对外边距属性进行演示与讲解，代码如例 4-6 所示。

例 4-6：

```html
<!DOCTYPE html>
<html>
<head>
<meta charset="utf-8">
<title>设置外边距</title>
<style type="text/css">
*{
    padding: 0px;          /*清除内边距 */
    margin: 0px;           /*清除外边距 */
}                          /*利用通配符标签清除所有元素默认内、外边距 */
img{
    border:8px solid #C00;
    float:left;            /*设置图像左浮动*/
    margin-right:30px;     /*设置图像的右外边距*/
    margin-left:30px;      /*设置图像的左外边距*/
    /*上面两行代码等价于 margin:0px 30px;*/
    }
p{
    text-indent:2em;       /*段落文本首行缩进 2 字符*/
    text-align: justify;   /*设置文本两端对齐*/
    font-size: 16px;
    line-height: 30px;
```

```
        }
    </style>
    </head>
    <body>
    <img src="images/cesh.jpg" alt="嫦娥四号月球探测器" width="200" />
    <p>嫦娥四号月球探测器:2019 年 1 月,嫦娥四号成功着陆月球背面,是人类历史上首次实现这一壮
举。这一突破展示了中国在航天领域的创新能力,并加深了对月球的科学理解。</p>
    </body>
    </html>
```

在例 4-6 中，使用浮动属性 float 属性将图像向左浮动，设置图像的左、右外边距分别为 30px，使图像和文本之间拉开一定的距离，实现常见的排版效果。

运行例 4-6，效果如图 4-8 所示。

图 4-8　设置外边距

当对块元素应用宽度属性 width 设置固定宽度后，并将左、右的外边距都设置为 auto，可使块元素在父元素中水平居中。实际工作中常用这种方式进行网页布局，示例代码如下：

```
    . content{margin:0 auto;}
```

4.2.4　背景属性

在网页中，合理使用背景图像会给用户留下深刻印象，因此在网页设计中，合理控制背景颜色和背景图像至关重要。

1. 设置背景颜色

设置背景颜色需通过 background-color 属性来实现，可使用预定义的颜色、十六进制#RRGGBB 或 RGB 代码 rgb(r,g,b)。

background-color 的默认值为 transparent，即背景透明，这时子元素会显示父元素的背景。

下面通过一个案例对背景属性进行演示与讲解，代码如例 4-7 所示。

例 4-7：

```
    <!DOCTYPE html>
    <html>
    <head>
    <meta charset="utf-8">
```

```
<title>设置背景颜色</title>
<style type="text/css">
h1{
    font-family:"微软雅黑";
    background-color:#FA0;       /*设置标题的背景颜色*/
}
p{
    background-color: #AAA;      /*设置段落文本的背景颜色*/
}
</style>
</head>
<body>
    <h1>中国的"嫦娥"探月工程</h1>
    <p>中国的嫦娥探月工程是中国航天事业的重要成就之一,标志着中国在空间探索领域取得了巨
大进步。嫦娥系列任务的成功不仅证明了中国具备了自主研发复杂航天技术的能力,也为全球航天探索
作出了重要贡献。</p>
    </body>
    </html>
```

在例 4-7 中，通过 background-color 属性控制标题的背景颜色为#FA0，段落文本的背景颜色为#CCC。

运行例 4-7，效果如图 4-9 所示。

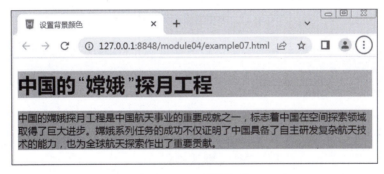

图 4-9　设置背景颜色

2. 设置背景图像

在网页中，不仅可以将元素的背景设置为某一种颜色，还可以将图像作为网页元素的背景，在 CSS 中通过 background-image 属性设置背景图像。

在例 4-7 基础上加一张背景图像，如图 4-10 所示。将图像放在 images 文件夹中，然后更改 body 元素的 CSS 样式代码。

```
body{
    background-color: #CCC;                    /*设置网页的背景颜色 */
    background- image:url(images/fsbg. jpg);   /*设置网页的背景图像 */
}
```

保存 HTML 页面，刷新网页，设置背景图像后的效果如图 4-11 所示。

图 4-10　准备的背景图像

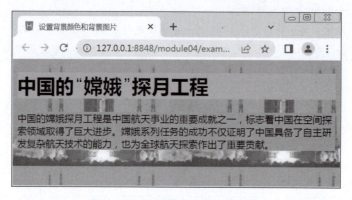

图 4-11　设置背景图像后的效果

在图 4-11 中，背景图像自动沿着水平和竖直两个方向平铺，充满整个网页，并且覆盖了 body 元素的背景颜色。

（1）设置背景图像平铺。

默认情况下，背景图像会自动向水平和竖直两个方向平铺。如果不希望图像平铺，或者只沿着一个方向平铺，可以通过 background-repeat 属性来控制，具体使用方法如下。

repeat：沿水平和竖直两个方向平铺（默认值）。

no-repeat：不平铺（图像位于元素的左上角，只显示一次）。

repeat-x：只沿水平方向平铺。

repeat-y：只沿竖直方向平铺。

例如，希望上面例子中的图像只沿着水平方向平铺，可以将 body 元素的 CSS 代码更改如下：

```
body{
    background-color:#CCC;              /*设置网页的背景颜色 */
    background-image:url(images/fsbg. jpg);  /*设置网页的背景图像 */
    background-repeat:repeat-x;          /*设置背景图像的平铺 */
}
```

保存 HTML 页面，刷新页面，效果如图 4-12 所示。

在图 4-12 中，背景图像只沿着水平方向平铺，背景图像覆盖的区域就显示背景图像，背景图像没有覆盖的区域按照设置的背景颜色显示，可见当背景图像和背景颜色同时存在时，背景图像优先显示。

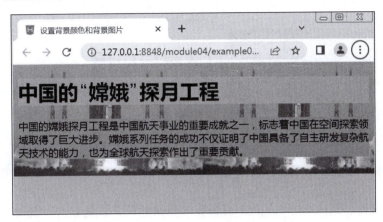

图 4-12　设置背景图像水平平铺

（2）设置背景图像的位置。

如果希望背景图像出现在指定位置，可先将背景图像的平铺属性 background-repeat 设置为 no-repeat，再通过 background-position 设置背景图像的位置。

下面通过一个案例对背景图像的位置属性进行演示与讲解，代码如例 4-8 所示。

例 4-8：

```
<!DOCTYPE html>
<html>
<head>
<metacharset="utf-8">
<title>设置背景图像的位置</title>
<style type="text/css">

body{
    background- image:url(images/gaotie.jpg);    /*设置网页的背景图像 */
    background-repeat:no-repeat;                 /*设置背景图像不平铺*/
}
</style>
</head>
<body>
    <h1>中国高铁技术的发展与应用</h1>
    <p>中国的高铁技术是中国自主创新的重要象征。中国高铁网络的快速建设与技术突破,不仅在
国内实现了交通革命,也在国际上树立了"中国速度"的品牌。<</p>
</body>
</html>
```

在例 4-8 中，将主体元素<body>的背景图像定义为 no-repeat 不平铺，这时背景图像默认显示在元素的左上角。

运行例 4-8，效果如图 4-13 所示。

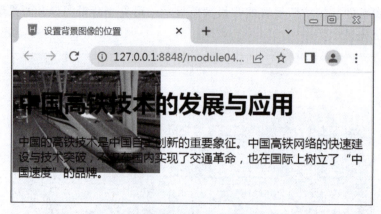

图 4-13　设置背景图像不平铺的效果

通过 CSS 属性 background-position 设置背景图像的位置。例如，在例 4-8 中更改 body 元素的 CSS 样式代码：

```
body{
    background- image:url(images/gaotie. jpg);    /*设置网页的背景图像 */
    background-repeat:no-repeat;                   /*设置背景图像不平铺*/
    background-position:50px 80px;                 /*用像素值控制背景图像的位置*/
}
```

保存 HTML 文件，刷新网页，设置背景图像位置后的效果如图 4-14 所示。

图 4-14　用像素值控制背景图像位置后的效果

在图 4-14 中，图像距离 body 元素的左边缘为 50px，距离上边缘为 80px。

在 CSS 中，background-position 属性的值通常设置为两个，中间用空格隔开，用于定义背景图像在元素的水平和垂直方向的坐标，例如 "right　bottom"。background-position 属性的默认值为 "0 0" 或 "top left"，即背景图像位于元素的左上角。background-position 属性的取值有多种，具体如下：

① 使用不同单位的数值，直接设置图像左上角在元素中的坐标，例如 "background-position:20px 30px;"。

② 使用预定义的关键字，指定背景图像在元素中的对齐方式。

水平方向值：left、center、right。

垂直方向值：top、center、bottom。

两个关键字的顺序任意，若只有一个值则另一个值默认为 center。例如，center 相当于 center center（居中显示），top 相当于 top center 或 center top（水平居中、垂直靠上）。

③ 使用百分比，按背景图像和元素的指定点对齐。

0% 0%：表示图像左上角与元素的左上角对齐。

50% 50%：表示图像 50% 50% 中心点与元素 50% 50% 的中心点对齐。

20% 30%：表示图像 20% 30% 的点与元素 20% 30% 的点对齐。

100% 100%：表示图像右下角与元素的右下角对齐。

如果取值只有一个百分数，将作为水平值，垂直值则默认为 50%。通常使用 50% 50% 设置背景图像在元素中居中显示。

在例 4-8 中使用预定义的关键字设置背景图像在元素右下角显示。body 元素的 CSS 样式代码如下：

```
body{
    background-image:url(images/gaotie.jpg); /*设置网页的背景图像 */
    background-repeat:no-repeat;            /*设置背景图像不平铺*/
    background-position:right bottom;        /*用预定义的关键字控制背景图像的位置*/
}
```

保存 HTML 页面，再次刷新网页，用预定义的关键字控制背景图像位置的效果如图 4-15 所示。

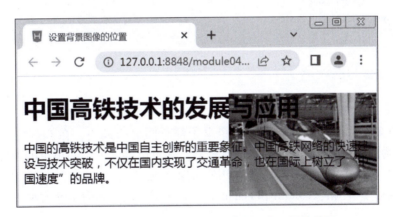

图 4-15　用预定义的关键字控制背景图像位置的效果

在图 4-15 中，背景图像在 body 元素右下角位置。

（3）设置背景图像固定。

当拖动页面滚动条查看网页中的内容时，希望背景图像随着页面滚动条的移动而移动或固定，这时就需要使用 background-attachment 属性来设置，具体使用方法如下。

scroll：图像随页面一起滚动（默认值）。

fixed：图像固定在屏幕上，不随页面滚动。

例如下面的示例代码，就表示背景图像在距离 body 元素的左边缘为 50px，距离上边缘为 80px 的位置固定。

```
body{
    background- image:url(images/gaotie. jpg);    /*设置网页的背景图像 */
    background-repeat:no-repeat;                  /*设置背景图像不平铺 */
    background-position:50px 80px;                /*用像素值控制背景图像的位置 */
    background-attachment:fixed;                  /*设置背景图像位置固定 */
}
```

3. 综合设置元素的背景

综合设置元素的背景可用 background 属性来设置，复合属性 background 可以将与背景相关的样式都综合定义，具体使用方法如下。

```
background:背景色 url("图像") 平铺 定位 固定;
```

在上面的语法格式中，各样式顺序任意，中间用空格隔开，不需要的样式可以省略。但实际工作中通常按照背景色、url（"图像"）、平铺、定位、固定的顺序来书写。

例如，下面的示例代码。

```
background:url(images/gaotie.jpg) no- repeat 50px 80px fixed;
```

上述代码省略了背景颜色样式，等价于：

```
body{
    background- image:url(images/gaotie. jpg);    /*设置网页的背景图像 */
    background-repeat:no-repeat;                  /*设置背景图像不平铺 */
    background-position:50px 80px;                /*用像素值控制背景图像的位置 */
    background-attachment:fixed;                  /*设置背景图像的位置国定 */
}
```

4.2.5 盒子的宽与高

1. 盒子宽、高计算

网页是由多个盒子排列而成的，每个盒子都有固定的大小，在 CSS 中使用宽度属性 width 和高度属性 height 对盒子的大小进行控制，其单位可以为不同单位的数值或相对于父元素的百分比（%），但实际工作中最常用的是像素值。

下面通过一个案例演示 width 和 height 属性的使用，代码如例 4-9 所示。

例 4-9：

```
<!DOCTYPE html>
<html>
<head>
<meta charset="utf-8">
<title>盒子模型的宽度与高度</title>
<styletype="text/css">
. box{
```

```
        width:200px;              /*设置元素的宽度*/
        height:50px;              /*设置元素的高度*/
        background-color:#CCC;     /*设置元素的背景颜色*/
        border:10px solid #F00;    /*设置元素的边框*/
        padding:15px;             /*设置元素的内边距*/
        margin:20px;              /*设置元素的外边距*/
    }
    </style>
    </head>
    <body>
        <div class="box">这是一个盒子</div>
    </body>
    </html>
```

在例 4-9 中，通过 width 和 height 属性分别控制 div 元素的宽度和高度，同时对 div 元素设置了边框、内边距、外边距属性。

运行例 4-9，效果如图 4-16 所示。

图 4-16　控制盒子的宽度与高度

在 CSS 规范中，元素的 width 和 height 属性仅指元素内容的宽度和高度，其周围的内边距、边框和外边距是单独计算的。

在 W3C 规范中，符合 CSS 规范的盒子模型的总宽度和总高度的计算原则如下：

（1）盒子的总宽度=width+左右内边距之和+左右边框宽度之和+左右外边距之和。

（2）盒子的总高度=height+上下内边距之和+上下边框宽度之和+上下外边距之和。

根据计算原则可得图 4-16 中盒子的总宽度（占页面中的宽度）为：200px+15px+15px+10px+10px+20px+20px=290px。

而盒子的宽度为：200px+15px+15px+10px+10px=250px。

同理，盒子的总高度（占页面中的高度）为 140 像素，而盒子的高度为 100 像素。

宽度属性 width 和高度属性 height 仅适用于块元素，对行内元素无效（<img>标签和<input>标签除外，因为其既具有行内元素的特点，又具有块元素的特点）。

2. box-sizing 属性

当一个盒子的宽、高确定之后，再给盒子添加边框或内边距时，盒子的宽、高会发生变化。为了保证盒子在网页中所占区域不发生变化，这时就需要修改 width 和 height 属性的值。box-sizing 属性可用于定义盒子的宽、高值是否包含元素的内边距和边框，其基本语法格式如下：

```
box-sizing: content-box/border-box;
```

在上面的语法格式中，box-sizing 属性的取值可以为 content-box 或 border-box，其具体含义如下。

（1）content-box：浏览器对盒子的解释遵从 W3C 标准，当定义 width 和 height 时，它的数值不包括 border 和 padding。

（2）border-box：当定义 width 和 height 时，border 和 padding 的参数值被包含在 width 和 height 之内。

下面通过一个案例对 box-sizing 属性进行演示与讲解，代码如例 4-10 所示。

例 4-10：

```
<!DOCTYPE html>
<html>
    <head>
        <meta charset="utf-8">
        <title>box-sizing 属性</title>
        <style type="text/css">
            div{
                width: 300px;
                height: 100px;
                background-color:#CCC;
                border:10px solid #F00;
                padding-left: 20px;
            }
            .box1 {
                box-sizing: content-box;
                margin-bottom: 20px;
            }
            .box2 {
                box-sizing: border-box;
            }
        </style>
    </head>
    <body>
        <div class="box1">应用 content-box 属性值,盒子宽为 340px,高为 120px。</div>
        <div class="box2">应用 border-box 属性值,盒子宽为 300px,高为 100px。</div></body>
</html>
```

在例 4-10 中定义了两个盒子，并对它们设置相同的宽、高、左内边距和边框样式。对第一个盒子定义了"content-box"属性值，对第二个盒子定义了"border-box"属性值。

运行例 4-10，效果如图 4-17 所示。

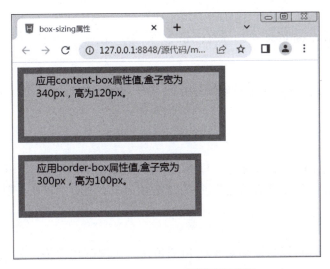

图 4-17　box-sizing 属性应用效果

由图 4-17 可见，应用了"content-box"属性值的第一个盒子宽度是 340px，比 width 参数值多出 40px，高度比 height 参数值多出 20px，而应用"border-box"属性值的第二个盒子宽度仍然是 300px，高度仍然是 100px。

可见应用"box-sizing：border-box；"样式后，盒子 border 和 padding 的参数值是被包含在 width 和 height 之内的。

4.3　盒子模型的其他属性

为了制作更好的网页效果，CSS3 中添加了颜色透明、圆角、阴影、渐变等盒子模型属性。

4.3.1　颜色透明度

在 CSS3 以前设置颜色的方式中无法改变颜色的不透明度，在 CSS3 中新增了两种设置颜色不透明度的方法：

使用 RGBA 模式设置。

使用 opacity 属性设置。

1. RGBA 模式

在 RGB 模式设置颜色的基础上添加不透明度参数 alpha，可以设置相应元素的不透明度，其语法格式如下：

```
rgba(r,g,b,alpha);
```

上述语法格式中，前三个参数与 RGB 中的参数含义相同，括号里面书写的是 RGB 的颜色值或者百分比，alpha 参数是一个介于 0.0（完全透明）和 1.0（完全不透明）的数字。

例如，使用 RGBA 模式为 p 标签指定透明度为 0.6，颜色为蓝色的背景，代码如下：

```
p{ background-color:rgba(0,0,255,0.6); }
```

或

```
p{ background-color:rgba(0% ,0% ,100% ,0. 6); }
```

2. opacity 属性

opacity 属性能够使任何元素呈现出透明效果，作用范围要比 RGBA 模式大。opacity 属性的语法格式如下：

```
opacity:参数;
```

上述语法中，opacity 属性用于定义标签的不透明度，参数表示不透明度的值，它是一个介于 0~1 的浮点数值。其中，0 表示完全透明，1 表示完全不透明，而 0.5 则表示半透明。

4.3.2 圆角

border-radius 属性可以将矩形边框四角圆角化，实现圆角效果，如按钮、头像图片等。其基本语法格式如下：

border-radius：水平半径参数 1 水平半径参数 2 水平半径参数 3 水平半径参数 4/垂直半径参数 1 垂直半径参数 2 垂直半径参数 3 垂直半径参数 4；

在上述的语法格式中，水平和垂直半径参数均有四个参数值，分别对应着矩形的四个圆角（每个角包含着水平和垂直半径参数），如图 4-18 所示。水平半径参数和垂直半径参数之间用"/"隔开，参数的取值单位可以为 px（像素值）或%（百分比）。

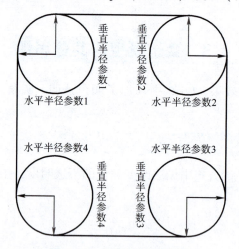

图 4-18　参数所对应的圆角

下面通过一个案例对 border-radius 属性进行演示与讲解，代码如例 4-11 所示。

例 4-11：

```
<!DOCTYPE html>
<html>
<head>
<meta charset="utf-8">
<title>圆角边框</title>
<style type="text/css">
```

```
img{
    border:8px solid #C0Q;
    border-radius:10px 20px 30px 40px/20px 30px 40px 50px; /*分别设置四个角的水平半径和垂直半径 */
    width: 300px;
    height: 300px;
    }
</style>
</head>
<body>
    <img src="images/tianhe.jpg" alt="中科院超级计算机"天河"号"/>
</body>
</html>
```

在例 4-11 中，设置了图像左上角的水平半径和垂直半径为 10px/20px，右上角为 20px/30px；右下角为 30px/40px，左下角为 40px/50px。

运行例 4-11，效果如图 4-19 所示。

图 4-19　圆角边框

需要注意的是，border-radius 属性同样遵循值复制的原则，其水平半径参数和垂直半径参数均可以设置 1~4 个参数值，用来表示四角圆角半径的大小，具体解释如表 4-1 所示。

表 4-1　border-radius 属性参数个数描述

参数个数	描述	示例代码	解释
水平半径参数和垂直半径参数，设置一个参数值	四角的圆角半径均相同	border-radius:50px/30px;	设置图像四角圆角水平半径为 50px，垂直半径为 30px
水平半径参数和垂直半径参数，设置两个参数值	第一个参数值代表左上圆角半径和右下圆角半径，第二个参数值代表右上和左下圆角半径	border-radius:50px 20px/30px 60px;	设置图像左上和右下圆角水平半径为 50px，垂直半径为 30px，右上和左下圆角水平半径为 20px，垂直半径为 60px

续表

参数个数	描述	示例代码	解释
水平半径参数和垂直半径参数，设置三个参数值	第一个参数值代表左上圆角半径，第二个参数值代表右上和左下圆角半径，第三个参数值代表右下圆角半径	border－radius：50px 20px 10px/30px 40px 60px；	设置图像左上圆角的水平半径为50px，垂直半径为30px；右上和左下圆角水平半径为20px，垂直半径为40px；右下圆角的水平半径为10px，垂直半径为60px
水平半径参数和垂直半径参数，设置四个参数值	第一个参数值代表左上圆角半径，第二个参数值代表右上圆角半径，第三个参数值代表右下圆角半径，第四个参数值代表左下圆角半径	border－radius：50px 40px 30px 20px/40px 30px 20px 10px；	设置图像左上圆角的水平半径为50px，垂直半径为40px；右上圆角的水平半径为40px，垂直半径为30px；右下圆角的水平半径为30px，垂直半径为20px；左下圆角的水平半径为20px，垂直半径为10px

需要注意的是，如果"垂直半径参数"省略，则会默认等于"水平半径参数"的参数值。此时圆角的水平半径和垂直半径相等。例如，设置四个参数值的示例代码则可以简写为：

```
img{ border-radius:50px 30px 20px 10px; }
```

如果想要设置例4-11中图片的圆角边框显示效果为圆形，只需要将圆角半径设置为154px或是50%，代码如下所示：

```
img{ border-radius:154px; }        /*设置显示效果为圆形 */
```

或

```
img{ border-radius:50%; }          /*利用%设置显示效果为圆形 */
```

由于案例中图片的宽高均为300px，加上边框宽度8px，所以图片的圆角半径是154px，使用百分比会比换算图片的半径更加方便。运行案例，对应的效果如图4-20所示。

图4-20   圆角边框的圆形效果

4.3.3　图片边框

在 CSS3 中，border-image 复合属性可以设置图片作为元素的边框，其基本语法格式如下：

border-image:border-image-source border-image-slice[/border-image-width/border-image-outset] border-image-repeat;

border-image 的属性描述如表 4-2 所示。

表 4-2　border-image 的属性描述

属性	描述
border-image-source	指定边框图片的路径
border-image-slice	指定边框图像顶部、右侧、底部、左侧向内偏移量（从上、右、下、左边缘向素材中心延伸的像素/百分比数），切割的数值只接受像素和百分比两个单位，并且像素单位必须省略，即只接收数值或者百分比的形式
border-image-width	指定边框图像宽度
border-image-outset	指定边框图像背景向盒子外部延伸的距离
border-image-repeat	指定背景图片的平铺方式，repeat（默认）或 stretch

下面通过一个案例对图片边框 border-image 属性进行演示与讲解，代码如例 4-12 所示。

例 4-12：

```
<!DOCTYPE html>
<html>
<head>
<meta charset="utf-8">
<title>图片边框</title>
<style type="text/css">
div{
    width:210px;
    height:210px;
    border-style:solid;
    border-image-source:url(images/borderimage. png);    /*设置边框图片路径*/
    border-image-slice:80;                                /*边框图像顶部、右侧、底部、左侧向内偏移 80
像素,像素单位必须省略*/
    border-image-width:40px;                              /*设置边框宽度*/
    border-image-outset:0px;                              /*设置边框图像区域超出边框量*/
    border-image-repeat:repeat;                           /*设置图片平铺方式*/
    }
</style>
</head>
<body>
    <div></div>
</body>
</html>
```

在例4-12中，首先设置好边框样式，否则不会显示边框。其次通过设置图片、内偏移、边框宽度和填充方式定义了一个图片边框，图片素材如图4-21所示，运行效果如图4-22所示。

图4-21　边框图片素材

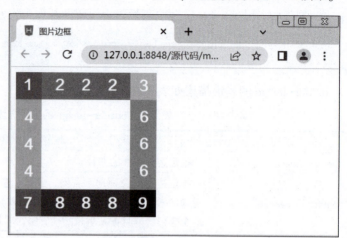

图4-22　图片边框的使用

对比图4-21和图4-22发现，边框图片素材的四角位置（即数字1、3、7、9标示位置）和盒子边框四角位置的数字是吻合的，也就是说在使用border-image属性设置边框图片时，会将素材分割成9个区域，即图4-21中所示的1~9数字。在显示时，将1、3、7、9作为四角位置的图片，将2、4、6、8作为四边的图片进行平铺，如果尺寸不够，则按照自定义的方式填充。而中间的5在切割时则被当作透明区域处理。

例如，将图片的填充方式改为"拉伸填充"，具体代码如下：

```
border-image-repeat:stretch;              /*设置图片填充方式为拉伸填充 */
```

保存HTML文件，刷新页面，效果如图4-23所示。

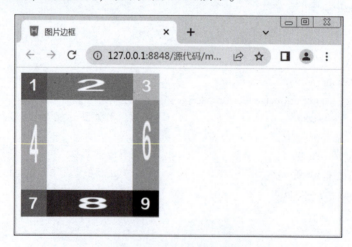

图4-23　拉伸显示效果

通过图4-23可以看出，2、4、6、8区域中的图片被拉伸填充边框区域。

与边框样式和宽度相同，图案边框也可以使用综合属性设置样式。如例4-12中设置图像边框的代码也可以简写为：

```
border-image:url(images/borderimage. png) 80/40px/0px repeat;
```

在上面的示例代码中，80 表示边框的内偏移，表示向上、右、下、左内偏移 80px，但 px 必须省略；40px 表示边框的宽度；0px 表示图像背景向盒子外部延伸的距离为 0px；由于内偏移、宽度和向外延伸距离这三者的参数相似，三者需要用"/"隔开。

4.3.4 阴影

在 CSS3 中，使用 box-shadow 属性可以对元素添加阴影效果，其基本语法格式如下：

```
box-shadow:h-shadow v-shadow blur spread color outset;
```

在上面的语法格式中，box-shadow 属性共包含六个参数值，如表 4-3 所示。

表 4-3 box-shadow 属性参数值

参数值	描述
h-shadow	表示水平阴影的位置，可以为负值（必选属性）
v-shadow	表示垂直阴影的位置，可以为负值（必选属性）
blur	阴影模糊半径（可选属性）
spread	阴影扩展半径，不能为负值（可选属性）
color	阴影颜色（可选属性）
outset/inset	默认为外阴影/内阴影（可选属性）

其中"h-shadow"和"v-shadow"为必选参数值，不可以省略，其余为可选参数值。其中，"阴影类型"默认为外阴影（代码中不需要写 outset 属性值），更改为"inset"后，阴影类型则变为内阴影。

下面通过一个案例对阴影 box-shadow 属性进行演示与讲解，代码如例 4-13 所示。

例 4-13：

```
<!DOCTYPE html>
<html>
<head>
<metacharset="utf-8">
<title>添加阴影属性</title>
<style type="text/css">
img{
    width: 300px;
    padding:10px;              /*内边距 20px*/
    border-radius:50%;         /*将图像设置为圆形效果*/
    box-shadow:5px 5px 10px 2px #999;
    }
</style>
</head>
<body>
<img src="images/mozihao.jpg" alt=""墨子号"量子卫星"/>
</body>
</html>
```

在例4-13中，给图像添加了外阴影样式（外阴影样式不需要添加outset属性值）。运行效果如图4-24所示。

需要强调的是，如果使用内阴影时，必须配合内边距属性padding，让图像和阴影之间拉开一定的距离，不然图片会将内阴影遮挡。

图4-24　box-shadow属性的使用

在图4-24中，图片出现了外阴影效果。值得一提的是，同text-shadow属性（文字阴影属性）一样，box-shadow属性也可以改变阴影的投射方向以及添加多重阴影效果，示例代码如下：

```
box- shadow:1px 5px 10px 2px #999 inset, −1px −5px 10px 2px #0055ff inset;
```

在例4-13的基础上修改box-shadow属性为示例代码，运行之后的效果如图4-25所示。

图4-25　多重内阴影的使用

4.3.5　渐变

在 CSS 无法实现渐变之前，网页中的渐变效果通常需要设置渐变图像来实现。而 CSS3 增加了渐变属性，主要包括线性渐变、径向渐变和重复渐变。

1. 线性渐变

在线性渐变过程中，起始颜色会沿着一条直线按顺序过渡到结束颜色。实现线性渐变可使用背景图像 background-image 属性，其基本语法格式如下：

> background-image:linear-gradient(渐变角度,颜色值 1,颜色值 2,…,颜色值 n);

在上面的语法格式中，linear-gradient 用于定义渐变方式为线性渐变，括号内用于设定渐变角度和颜色值，具体解释如下：

（1）渐变角度。

渐变角度指水平线和渐变线之间的夹角，可以是以 deg 为单位的角度数值或 "to" 加 "left" "right" "top" 和 "bottom" 等关键词。在使用角度设定渐变起点的时候，角度值与关键词的对应关系如表 4-4 所示。整个过程就是以 bottom 为起点顺时针旋转，具体如图 4-26 所示。如果未设置渐变角度，会默认为 "180deg"，等同于 "to bottom"。

表 4-4　角度值与关键词的对应关系

角度值	对应的关键词
0deg	to top
90deg	to right
180deg	to bottom
270deg（-90deg）	to left

图 4-26　渐变角度图

（2）颜色值。

颜色值用于设置渐变颜色，其中 "颜色值 1" 表示起始颜色，"颜色值 n" 表示结束颜色，起始颜色和结束颜色之间可以添加多个颜色值，各颜色值之间用英语状态下的 ","隔开。

下面通过一个案例对线性渐变的用法进行演示与讲解，代码如例 4-14 所示。

例 4-14：

```
<!DOCTYPE html>
<html>
<head>
<meta charset="utf-8">
<title>线性渐变效果</title>
<style type="text/css">
div{
    width:200px;
    height:200px;
    background-image:linear-gradient(30deg,#0F0,#00F);
    }
</style>
</head>
<body>
    <div></div>
</body>
</html>
```

在例 4-14 中，为 div 元素定义了一个渐变角度为 30deg、深红色（#C00）到绿色（#0F0）的线性渐变。

运行例 4-14，效果如图 4-27 所示。

图 4-27　线性渐变

在图 4-27 中，实现了绿色到蓝色的线性渐变。同时，在每一个颜色值后面还可以书写一个百分比数值，用于标示颜色渐变的位置。例如下面的示例代码：

background-image:linear-gradient (30deg,#0F0 50% ,#00F 80%);

在上面的示例代码中，可以看作绿色（#0F0）由 50% 的位置开始出现渐变，至蓝色（#00F）在 80% 的位置结束渐变。可以用 Photoshop 中的渐变色块进行类比，如图 4-28 和图 4-29 所示。

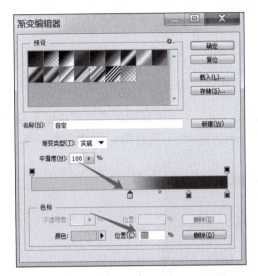

| 图 4-28　定义渐变颜色位置（绿色） | 图 4-29　定义渐变颜色位置（蓝色） |

示例代码对应效果如图 4-30 所示。

图 4-30　包含渐变颜色位置的线性渐变效果

2. 径向渐变

在径向渐变过程中，起始颜色会从一个中心点开始，按照椭圆或圆形形状进行扩张渐变。实现径向渐变可使用背景图像 background-image 属性，其基本语法格式如下：

background-image:radial-gradient(渐变形状 圆心位置,颜色值1,颜色值2,…,颜色值 n);

在上面的语法格式中，radial-gradient 用于定义渐变的方式为径向渐变，括号内的参数值用于设定渐变形状、圆心位置和颜色值。

（1）渐变形状。

渐变形状用来定义径向渐变的形状，其取值既可以是定义水平和垂直半径的像素值或百分比，也可以是相应的关键词。其中关键词主要包括“circle”和“ellipse”两个值，具体解释如下：

像素值/百分比：用于定义形状的水平和垂直半径，例如，"80px 50px"，即表示一个水平半径为 80px，垂直半径为 50px 的椭圆形。

circle：指定圆形的径向渐变。

ellipse：指定椭圆形的径向渐变。

（2）圆心位置。

圆心位置用于确定元素渐变的中心位置，使用"at"加上关键词或参数值来定义径向渐变的中心位置。该属性值类似于 CSS 中 background-position 属性值，如果省略则默认为"center"。该属性值主要有以下六种：

像素值/百分比：用于定义圆心的水平和垂直坐标，可以为负值。

left：设置左边为径向渐变圆心的横坐标值。

center：设置中间为径向渐变圆心的横坐标值或纵坐标。

right：设置右边为径向渐变圆心的横坐标值。

top：设置顶部为径向渐变圆心的纵坐标值。

bottom：设置底部为径向渐变圆心的纵坐标值。

（3）颜色值。

"颜色值 1"表示起始颜色，"颜色值 n"表示结束颜色，起始颜色和结束颜色之间可以添加多个颜色值，各颜色值之间用英文状态下的","隔开。

下面通过一个案例对径向渐变的用法进行演示与讲解，代码如例 4-15 所示。

例 4-15：

```
<!DOCTYPE html>
<html>
<head>
<meta charset="utf-8">
<title>径向渐变效果</title>
<style type="text/css">
div{
    width:200px;
    height:200px;
    border-radius:50%;        /*设置元素为圆形*/
    background-image:radial-gradient(ellipse at center,#f00,#500);   /*设置径向渐变*/
    }
</style>
</head>
<body>
    <div></div>
</body>
</html>
```

在例 4-15 中，为 div 元素定义了一个渐变形状为圆形，径向渐变位置为元素的中心点，红色（#F00）到深红色（#500）的径向渐变；同时使用"border-radius"属性将元素设置为圆形。

运行例4-15，效果如图4-31所示。

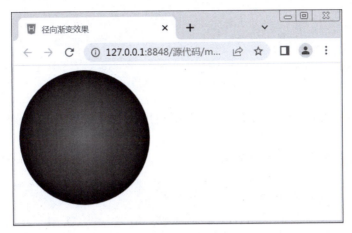

图4-31 径向渐变

在图4-31中，球体实现了红色到深红色的径向渐变。

需要强调的是，"径向渐变"与"线性渐变"类似，颜色值后面也可以书写一个百分比数值，用于设置渐变的位置。

3. 重复渐变

在网页设计中，重复渐变可实现一个背景重复应用渐变模式，其包括重复线性渐变和重复径向渐变。

（1）重复线性渐变。

在CSS3中，通过background-image属性可以实现重复线性渐变的效果，其基本语法格式如下：

```
background-image:repeating-linear-gradient(渐变角度,颜色值1,颜色值2,…,颜色值n);
```

在上面的语法格式中，"repeating-linear-gradient（参数值）"用于定义渐变方式为重复线性渐变，括号内的参数取值和线性渐变相同，分别用于定义渐变角度和颜色值。颜色值同样可以使用百分比定义位置。

下面通过一个案例对重复线性渐变的用法进行演示与讲解，代码如例4-16所示。

例4-16：

```
<!DOCTYPE html>
<html>
<head>
<meta charset="utf-8">
<title>重复线性渐变效果</title>
<style type="text/css">
div{
    width:200px;
    height:200px;
    background-image:repeating-linear-gradient(90deg,#E50743 5% ,#E8ED30 10% ,#3FA62E 15% );
    }
```

```
    </style>
    </head>
    <body>
        <div></div>
    </body>
    </html>
```

在例 4-16 中，为 div 元素定义了一个渐变角度为 90deg，红、黄、绿三色的重复线性渐变。

运行例 4-16，效果如图 4-32 所示。

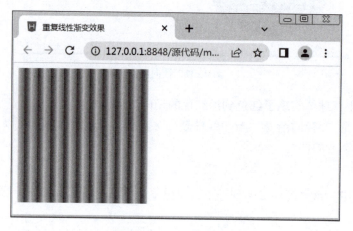

图 4-32　重复线性渐变

（2）重复径向渐变。

在 CSS3 中，通过 background-image 属性可以实现重复径向渐变的效果，其基本语法格式如下：

background-image:repeating-radial-gradient(渐变形状 圆心位置,颜色值 1,颜色值 2,…,颜色值 n);

在上面的语法格式中，"repeating-radial-gradient（参数值）"用于定义渐变方式为重复径向渐变，括号内的参数取值和径向渐变相同，分别用于定义渐变形状、圆心位置和颜色值。

下面通过一个案例对重复径向渐变的用法进行演示与讲解，代码如例 4-17 所示。

例 4-17：

```
<!DOCTYPE html>
<html>
<head>
<meta charset="utf-8">
<title>重复径向渐变效果</title>
<style type="text/css">
div{
    width:200px;
    height:200px;
```

```
        border-radius:50%;
        background - image: repeating - radial - gradient (circle  at  50%   50%, # E50743  5%, # E8ED30 10%,
#3FA62E 15%);
        }
    </style>
    </head>
    <body>
        <div></div>
    </body>
    </html>
```

在例 4-17 中，为 div 元素定义了一个渐变形状为圆形，径向渐变位置在元素中心点，红、黄、绿三色径向渐变。

运行例 4-17，效果如图 4-33 所示。

图 4-33　重复径向渐变

4.3.6　多背景图像

在 CSS3 中，允许一个盒子里显示多个背景图像，可通过 background-image、background-repeat、background-position 和 background-size 等属性的值来实现多重背景图像效果，各属性值之间用英文状态下的逗号隔开。

下面通过一个案例对多重背景图像的用法进行演示与讲解，代码如例 4-18 所示。

例 4-18：

```
<!DOCTYPE html>
<html>
    <head>
        <meta charset="utf-8">
        <title>设置多重背景图像</title>
        <style type="text/css">
            div {
                width: 300px;
```

```
                        height: 300px;
                        background- image:url(images/huawei.png),url(images/net. png), url(images/kjbg.png);
                        background-size: 300px;            /*设置背景图像大小 */
                }
            </style>
        </head>
        <body>
            <div></div>
        </body>
    </html>
```

在例4-18中，通过 background-image 属性定义了三张背景图，需要注意的是排列在最上方的图像应该先链接，背景图放在最后。

运行例4-18，效果如图4-34所示。

图 4-34　设置多重背景图像

4.3.7　修剪背景图像

在 CSS3 中，还增加了调整背景图像的大小、设置背景图像的显示区域及裁剪区域等属性。

1. 设置背景图像的大小

设置背景图像大小 background-size 属性的基本语法格式如下：

background-size:属性值 1 [属性值 2];

在上面的语法格式中，background-size 属性可以设置一个或两个值定义背景图像的宽、高，其中属性值 1 为必选属性值，属性值 2 为可选属性值。属性值可以是像素值、百分比，或"cover""contain"关键字，具体解释如表4-5所示。

表 4-5　background-size 属性值

属性值	描述
像素值	设置背景图像的高度和宽度。第一个值设置宽度，第二个值设置高度。如果只设置一个值，则第二个值会默认为 auto
百分比	以父标签的百分比来设置背景图像的宽度和高度。第一个值设置宽度，第二个值设置高度。如果只设置一个值，则第二个值会默认为 auto
cover	把背景图像扩展至足够大，使背景图像完全覆盖背景区域。背景图像的某些部分也许无法显示在背景定位区域中
contain	把图像扩展至最大尺寸，以使其宽度和高度完全适应内容区域

2. 设置背景图像的显示区域

在默认情况下，background-position 属性总是以元素左上角为坐标原点定位背景图像，运用 background-origin 属性可以改变这种定位方式，自行定义背景图像的相对位置，其基本语法格式如下：

```
background-origin:属性值;
```

在上面的语法格式中，background-origin 属性有三种属性值，分别表示不同的含义，具体介绍如下：

padding-box：背景图像相对于内边距区域来定位（默认值）。

border-box：背景图像相对于边框来定位。

content-box：背景图像相对于内容框来定位。

3. 设置背景图像的裁剪区域

设置背景图像的裁剪区域，background-clip 属性的基本语法格式如下：

```
background-clip:属性值;
```

上述语法格式上，background-clip 属性和 background-origin 属性的取值相似，但含义不同，具体解释如下：

border-box：默认值，从边框区域向外裁剪背景。

padding-box：从内边距区域向外裁剪背景。

content-box：从内容区域向外裁剪背景。

背景图像的显示区域（background-origin）定义的是背景图像将从哪里开始显示，决定背景图像的原始起始位置，对背景颜色不生效。

背景图像的裁剪区域（background-clip）定义的是背景图像或背景颜色显示范围。

4.4　元素的类型和转换

4.4.1　元素的类型

在使用标签设计网页时，有些标签可以设置宽度和高度属性（如 p 标签），有些标签则不可以（如 strong 标签）。为了使页面结构的组织更加轻松合理，HTML 标签被定义成了不同的类型，一般分为块元素和行内元素，也称块标签和行内标签。

1. 块元素

块元素在页面中以区域块的形式出现，其特点如下。

在标准流的情况下，通常都会独自占据一行或多行，不允许其他元素与其并列显示。

高度、对齐、行高以及外边距和内边距都可以控制。

如果没有设置宽度，则宽度是 100%；如果设置了宽度，则以设置的宽度为准。

它可以容纳内联元素和其他块元素。

块级元素常用于网页布局和网页结构的搭建。常见的块元素有<h1>~<h6>、<p>、<div>、<ul>、<ol>、<li>等，其中<div>标签是最典型的块元素。

2. 行内元素

行内元素也称内联元素或内嵌元素，其特点如下。

在标准流的情况下，不会独自占据一行，也不强迫其他标签在新的一行显示，允许其他行内元素与其在同一行。

不可以设置宽度、高度和对齐属性。

默认的宽度是本身内容的宽度。

行内元素的 padding 属性可以设置。

行内元素的 margin 只能够设置水平方向的边距，即 margin-left 和 margin-right 有效，设置 margin-top 和 margin-bottom 无效。

行内元素常用于控制页面中文本的样式。常见的行内元素有<strong>、<b>、<em>、<i>、<del>、<s>、<ins>、<u>、<a>、<span>等，其中<span>标签是最典型的行内元素。

下面通过一个案例对块元素与行内元素进行演示与讲解，代码如例 4-19 所示。

例 4-19：

```
<!DOCTYPE html>
<html>
<head>
<meta charset="utf-8">
<title>块元素和行内元素</title>
<style type="text/css">
    h2{
        background:#39F;          /*定义 h2 标签的背景颜色为淡蓝色*/
        width:350px;              /*定义 h2 标签的宽度为 350px*/
        height:50px;              /*定义 h2 标签的高度为 50px*/
        text-align:center;        /*定义 h2 标签中的文本水平对齐方式为居中*/
        margin: 0px auto;         /*定义 h2 标签居中对齐显示*/
    }
    p{background:#387053;}        /*定义 p 的背景颜色为深绿色*/
    strong{
        background:#66F;          /*定义 strong 标签的背景颜色为紫色*/
```

```
            width:350px;          /*定义 strong 标签的宽度为 360px*/
            height:50px;          /*定义 strong 标签的高度为 50px*/
            text-align:center;    /*定义 strong 标签的文本水平对齐方式为居中*/
            }
        em{background:#FF0;}      /*定义 em 的背景颜色为黄色*/
        del{background:#CCC;}     /*定义 del 的背景颜色为灰色*/
    </style>

    </head>
    <body>
        <h2>h2 标签定义的文本</h2>
        <p>p 标签定义的文本</p>
        <p>
            <strong>strong 标签定义的文本</strong>
            <em>em 标签定义的文本</em>
            <del>del 标签定义的文本</del>
        </p>
    </body>
    </html>
```

在例 4-19 中使用了不同类型的标签对文本进行了定义，如标签<h2>、<p>，行内标签<strong>、<em>、<del>，然后对不同的标签应用不同的背景颜色，同时，对<h2>和<strong>应用相同的宽度、高度和对齐属性。

运行例 4-19，效果如图 4-35 所示。

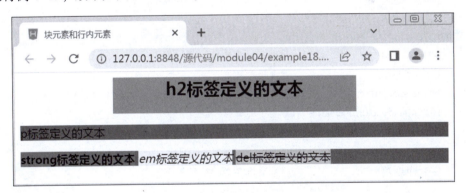

图 4-35　块元素和行内元素的显示效果

从图 4-34 中可以看出，不同类型的元素在页面中所占的区域不同。块元素<h2>和<p>各自占据一个矩形的区域，依次竖直排列。然而行内元素<strong>、<em>和<del>排列在同一行。可见块元素通常独占一行，可以设置宽、高和对齐属性，而行内元素通常不独占一行，不可以设置宽、高和对齐属性。行内元素可以嵌套在块元素中，而块元素不可以嵌套在行内元素中。

需要注意的是在行内元素中有几个特殊的标签，如<img />标签和<input />标签，对它们可以设置宽、高和对齐属性（块元素的特点），也可以称它们为行内块元素。

4.4.2 div 和 span

网页中包括多个块元素和行内元素，但 div 元素和 span 元素是最典型的块元素和行内元素。

1. div 元素

div 英文全称为"division"，译为中文是"分隔、区域"。<div>标签是一个块元素，可以实现网页的规划和布局。在 HTML 文档中，页面会被划分为很多区域，不同区域显示不同的内容，如 banner、内容区等，这些区块一般都通过<div>标签进行分隔。

可以在 div 标签中设置外边距、内边距、宽和高，同时内部可以容纳段落、标题、表格、图像等各种网页元素，也就是说，大多数 HTML 标签都可以嵌套在<div>标签中，<div>中还可以嵌套多层<div>。<div>标签非常强大，通过与 id、class 等属性结合设置 CSS 样式，还可以替代大多数的块级文本标签。

下面通过一个案例对<div>标签进行演示与讲解，代码如例 4-20 所示。

例 4-20：

```
<!DOCTYPE html>
<html>
<head>
<meta charset="utf-8">
<title>div 标签的使用</title>
<style type="text/css">
    div{
        margin: 0px auto;               /*设置 div 元素在网页中水平居中 */
    }
    .one{
        width:400px;                    /*盒子的宽度*/
        height:50px;                    /*盒子的高度*/
        line-height: 50px;              /*设置行高,使文本在盒子中垂直居中 */
        background-color: #55aaff;      /*盒子的背景*/
        font-size:20px;                 /*设置字体大小*/
        font-weight:bold;               /*设置字体加粗*/
        text-align:center;              /*文本内容水平居中对齐*/
    }
    .two{
        width:400px;                    /*设置宽度*/
        height:100px;                   /*设置高度*/
        background-color:#55aa00;       /*盒子模型的背景*/
        font-size:16px;                 /*设置字体大小*/
        text-indent:2em;                /*设置首行文本缩进 2 字符*/
    }
</style>
</head>
```

```
<body>
    <div class="one">
        用 div 标签设置与标题样式一样的文本
    </div>
    <div class="two">
        <p>div 标签中嵌套 p 标签的文本内容</p>
    </div>
</body>
</html>
```

在例 4-20 中，分别定义了两对<div>，其中第二对<div>中嵌套段落标签<p>，并分别对两对<div>添加不同的 class 属性，然后通过 CSS 控制其宽、高、对齐、背景颜色和文本样式。

运行例 4-20，效果如图 4-36 所示。

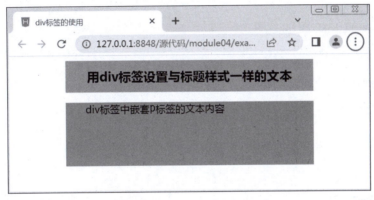

图 4-36 　div 标签的使用

从图 4-36 中可以看出，通过对<div>标签设置相应的 CSS 样式实现了预期的效果。

注意：

① <div>标签常和浮动属性 float 配合以实现网页的布局，这就是常说的 DIV+CSS 网页布局。

② <div>标签可以替代块元素如<h>、<p>等，但是它们在语义上有一定的区别。例如<div>标签和<h2>标签的不同在于<h2>标签具有特殊的含义，语义较重，代表着二级标题，而<div>标签是一个通用的块元素，主要用于布局。

2. span 元素

span 中文译为"范围"，作为容器标签被广泛应用在 HTML 语言中。和<div>标签不同的是，<span>标签是行内元素，仅作为只能包含文本和各种行内标签的容器，如加粗标签<strong>、倾斜标签<em>等。<span>标签中还可以嵌套多层<span>。

结合 class 或 id 属性的使用，<span>标签可用于定义网页中某些特殊显示的文本。<span>标签本身没有结构特征，只有在应用样式时，才会产生视觉上的变化。当其他行内标签都不合适时，就可以使用<span>标签。

下面通过一个案例对<span>标签进行演示与讲解，代码如例 4-21 所示。

例 4-21：

```
<!DOCTYPE html>
<html>
<head>
<meta charset="utf-8">
<title>span 标签的使用</title>
    <style type="text/css">
    #content{                        /*设置当前 div 中文本的通用样式*/
        font-family:"微软雅黑";
        font-size:16px;
        line-height: 30px;
        }
    #content . mainTitle{            /*控制第 1 个 span 中的特殊文本*/
        color:#F33;
        font-size:22px;
        font-weight: bold;
        }
    #content . text{                 /*控制第 2 个 span 中的特殊文本*/
        color:#F33;
        font-size:18px;
        }
    </style>
</head>
<body>
    <div id="content">
        <span class="mainTitle">华为 5G 技术</span>,华为在 5G 技术上的研发和应用,代表了中国在
通信技术领域的领先地位。作为全球领先的通信设备供应商,华为不仅为中国的 5G 建设作出了贡献,<
span class="text">还向全球提供了创新的通信设备和技术支持。</span>
    </div>
</body>
</html>
```

在例 4-21 中，首先使用<div>标签定义文本的通用样式，然后在<div>中嵌套两对<span>标签，用<span>标签控制特殊显示的文本，并通过 CSS 设置样式。

运行例 4-21，效果如图 4-37 所示。

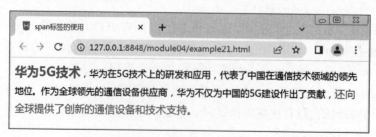

图 4-37　span 标签的使用

在图 4-36 中，特殊显示的文本"华为 5G 技术"和"还向全球提供了创新的通信设备和技术支持"，都是通过 CSS 控制<span>标签设置的。

需要注意的是，<div>标签可以内嵌<span>标签，但是<span>标签中却不能嵌套<div>标签。可以将<div>标签和<span>标签分别看作一个大容器和小容器，大容器内可以放下小容器，但是小容器内却放不下大容器。

4.4.3　元素类型的转换

网页是由多个块元素和行内元素构成的盒子排列而成的。如果希望行内元素具有块元素的某些特性，例如可以设置宽高，或者需要块元素具有行内元素的某些特性，例如不独占一行排列，可以使用 display 属性对元素的类型进行转换。display 属性常用的属性值及含义如下：

inline：将指定对象显示为行内元素（行内元素默认的 display 属性值）。

block：将指定对象显示为块元素（块元素默认的 display 属性值）。

inline-block：将指定对象显示为行内块元素，可以对其设置宽、高和对齐等属性，但是该元素不会独占一行。

none：隐藏对象，该对象既不显示也不占用页面空间，相当于该元素不存在。

注：将行内元素设置 float 属性，可转化为块元素。

使用 display 属性可以对元素的类型进行转换，使元素以不同的方式显示。

下面通过一个案例对 display 属性进行演示与讲解，代码如例 4-22 所示。

例 4-22：

```
<!DOCTYPE html>
<html>
<head>
<meta charset="utf-8">
<title>元素的转换 display 属性</title>
<style type="text/css">
    div,span{                           /*同时设置 div 和 span 的样式*/
        width:200px;                    /*宽度*/
        height:50px;                    /*高度*/
        background-color:#FCC;          /*背景颜色*/
        margin:10px;                    /*外边距*/
    }
    .d_one,.d_two{
        display:inline;                 /*将前两个 div 转换为行内元素*/
        background-color: #00aaff;
        }
    .s_one{
        display:inline-block;           /*将第一个 span 转换为行内块元素*/
```

```
        }
    . s_three{
        display:block;                /*将第三个 span 转换为块元素*/
        background-color: #ff557f;
        }
</style>
</head>
<body>
    <div class="d_one">第一个 div,转换为行内元素</div>
    <div class="d_two">第二个 div,转换为行内元素</div>
    <div class="d_three">第三个 div</div>
    <span class="s_one">第一个 span,转换为行内块元素</span>
    <span class="s_two">第二个 span</span>
    <span class="s_three">第三个 span,转换为块元素</span>
</body>
</html>
```

在例 4-22 中,定义了三对 div 和三对 span 标签,为它们设置相同的宽度、高度、背景颜色和外边距。同时,对前两个 div 应用"display:inline;"样式,使它们从块元素转换为行内元素,对第一个和第三个 span 分别应用"display:inline-block;"和"display:inline;"样式,使它们分别转换为行内块元素和行内元素。

运行例 4-22,效果如图 4-38 所示。

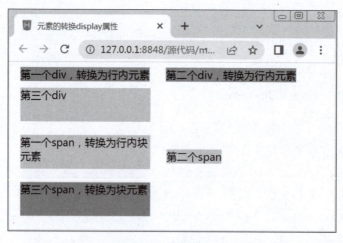

图 4-38　元素的转换

从图 4-38 可以看出,前两个 div 排列在了同一行,靠自身的文本内容支撑其宽、高,这是因为它们被转换成了行内元素。而第一个和第三个 span 则按固定的宽、高显示,不同的是前者不会独占一行,后者独占一行,这是因为它们分别被转换成了行内块元素和块元素。

上面的例子中，使用 display 的相关属性值，可以实现块元素、行内元素和行内块元素之间的相互转换。如果希望某个元素被隐藏，可以使用"display：none；"进行控制。例如，希望上面例子中的第三个 div 元素不被显示，可以在 CSS 代码中增加如下样式：

```
.d_three{display:none;}        /*隐藏第三个 div */
```

保存 HTML 页面，刷新网页，隐藏第三个 div 元素的效果，如图 4-39 所示。

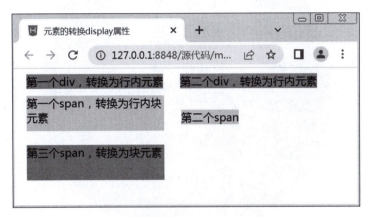

图 4-39　隐藏第三个 div 的效果

块元素垂直外
边距的合并

从图 4-39 可以看出，当定义元素的 display 属性为 none 时，该元素将从页面消失，不再占用页面空间。可以使用"display：block；" "display：inline-block；"或"display：inline；"将该元素再显示出来。

【操作准备】

1. 启动 HBuilderX。

通过 Windows 的"开始"菜单或桌面快捷方式启动 HBuilderX。

2. 创建本地站点。

在 HBuilderX 中创建一个名为"module04"的本地站点，站点定位到 module04 文件夹中。

3. 把相应的图片素材放在文件夹 module04 子文件夹 images 中。

4. 在本地站点下新建 mvMore.html 页面，放在文件夹 module04 根目录下；新建 mvMore.css 样式文件，放在文件夹 module04 子文件夹 style 中。

5. 在 mvMore.html 页面中，通过 <link href="style/mvMore.css" type="text/css" rel="stylesheet">代码将 mvMore.css 样式文件进行链接。

【任务介绍】

为了使学习者熟练地运用盒子模型相关属性控制页面中的各个元素，本任务运用盒子模型、盒子相关属性、元素的类型和转换制作网站音、视频排行榜页面，页面中的唱片会一直循环转动，单击音、视频名会进入播放页面。其制作好的效果如图 4-40 所示。

图 4-40　网站音、视频排行榜页面效果

【引导训练】

【任务 4-1】分析效果图

【任务 4-1-1】代码结构分析

如果把各个元素都看成具体的盒子，则效果图所示的页面由多个盒子构成。网站音、视频排行榜页面整体主要由唱片背景和音、视频排名两部分构成。其中，唱片背景可以通过一个 div 进行控制，音、视频排名部分通过一个大 div 中嵌套六个段落标签 p 进行定义，而且第一个标签 p 需要进行超链接，以返回网站首页。效果图 4-40 对应的页面代码结构如图 4-41所示。

【任务 4-1-2】样式分析

控制代码结构图 4-41 的样式主要分为以下几个部分：

（1）通过最外层的大盒子对页面进行整体控制，需要对其设置宽度、高度、水平居中对齐以及相对定位模式，为两个子 div 绝对定位做好准备。

（2）通过第一个子 div 对唱片进行控制，需要对其设置宽度、高度、边框、圆角、重复径向渐变背景、

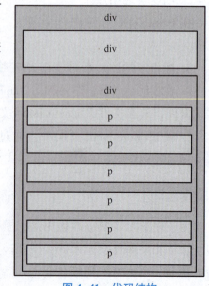

图 4-41　代码结构

绝对定位、水平居中对齐以及动画等样式，实现唱片渐变背景以及循环转动效果。

（3）由第二个子 div 整体控制列表内容六个 p 段落，需要对其设置宽度、高度、背景颜色、圆角、阴影、绝对定位、水平居中对齐以及上外边距等样式。

（4）设置六个 p 标签作为音、视频列表内容，需要设置这些标签的宽和高、背景样式等属性。其中第一个 p 标签需要添加多重背景图像，并且左上角和右上角需要圆角化，最后一个 p 右下角和左下角需要圆角化，需要对它们单独进行控制。

【任务 4-2】制作页面结构

根据任务 4-1 的分析，可以使用相应的 HTML 标签来搭建网页结构，mvMore. html 网页结构代码如下所示。

```
<!DOCTYPE html>
<html>
    <head>
<meta charset="utf-8">
<title>音、视频排行榜页面</title>
<link href="style/mvMore. css" type="text/css" rel="stylesheet">
</head>
<body>
    <div class="bigBox">
        <div class="cdbg"></div>
        <div class="musicList">
            <a href="index. html">
                <p class="top"></p>
            </a>
            <p><a href="music. html">团结就是力量</a></p>
            <p><a href="#">我和我的祖国</a></p>
            <p><a href="#">我们都是追梦人</a></p>
            <p><a href="#">歌唱祖国</a></p>
            <p class="bottom"><a href="#">光荣啊！中国共青团</a></p>
        </div>
    </div>
</body>
</html>
```

在 mvMore. html 网页结构代码中，最外层的 div 用于对网站音、视频排行榜页面进行整体控制，其内部嵌套了两个子 div 标签，其中第一个子 div 用于定义唱片，第二个子 div 标签又嵌套了六个 p 标签，用于定义耳机和音、视频排名。

运行 mvMore. html 页面，效果如图 4-42 所示。

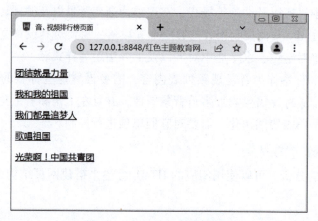

图 4-42 HTML 结构页面效果

【任务 4-3】定义 CSS 样式

搭建完页面的结构后，接下来为页面添加 CSS 样式。本页面采用从整体到局部的方式实现图 4-40 所示的效果，具体如下。

【任务 4-3-1】定义基础样式

在定义 CSS 样式时，首先要清除浏览器默认样式，具体 CSS 代码如下：

```
*{margin:0;padding: 0;}
```

【任务 4-3-2】整体控制网站音、视频排行榜模块

通过一个大的 div 对网站音、视频排行榜模块进行整体控制，根据效果图为其添加相应的样式代码，具体 CSS 代码如下：

```
/*整体控制音、视频排行榜模块*/
. bigBox{
    width:650px;
    height:650px;
    margin:10px auto;
    position: relative;    /*设置父元素相对定位,为子元素绝对定位做好准备 */
}
```

【任务 4-3-3】设置唱片样式

唱片由第一个子 div 组成，需要对其设置宽度、高度、边框、圆角、重复径向渐变背景、绝对定位、水平居中对齐以及动画等样式，实现唱片背景以及循环转动效果。

```
/*控制唱片样式 */
. cdbg{
    width:650px;
    height:650px;
    border:10px solid #d60000;
    border-radius:50%;
```

```
    background-image:repeating-radial-gradient(circle at 50% 50%,#E80000,#711E13 1%);
    box-sizing:border-box;      /*定义盒子的宽度值和高度值包含元素的内边距和边框 */
    position:absolute;
    left:50%;                   /*子元素的左侧偏移到父元素的中心位置 */
    margin-left: -325px;        /*向左移动宽度的一半,即 650px/2,使子元素在父元素 bigBox 中水平居中
对齐 */
    animation:rorate 12s linear infinite;   /*定义唱片转动动画效果 */
    }
/*唱片转动动画 */
@keyframes rorate{
    from{
        transform:rotateZ(0deg);
    }to{
        transform:rotateZ(360deg);
    }
}
```

【任务 4-3-4】设置音、视频排名部分样式

音、视频排名部分由第二个子 div 标签和六个 p 标签组成,需要为它们添加圆角和阴影等样式,具体代码如下:

```
. musicList{
    width:320px;
    height:500px; /*260px(5 个 p 元素高度总和)+10px(5 个 p 元素下边距总和)+230px(音、视频排名顶
部高度)= 500px */
    background-color:#FA7;
    border-radius:30px;
    box-shadow:15px 15px 90px #FFF;
    position: absolute;
    left:50%;                   /*子元素的左侧偏移到父元素的中心位置 */
    margin-left: -160px;        /*向左移动宽度的一半,即 320px/2,使子元素在父元素 bigBox 中水平居中
对齐*/
    margin-top: 75px;           /*(650px-500px)/2,上下各空 75 像素*/
    }
. musicList p{
    width:320px;
    height:52px;                /*5 个 p 元素,即总高度为 5×52px=260px */
    background:#ad1515 url(.. /images/yinfu. png) no-repeat 30px 20px;
    margin-bottom:2px;          /*5 个 p 元素(最后一个 p 元素除外)下外边距都空 2 像素,共 5×2px=10px */
    font-size:18px;
```

```
        color:#FFF;
        line-height:52px;
        text-align:center;
        font-family:"微软雅黑";
        }
```

【任务 4-3-5】设置需要单独控制的列表项样式

在控制音、视频排名部分的 p 标签中，第一个用于显示图片的标签<p>和最后一个需要圆角化的标签<p>，需要单独控制，具体代码如下：

```
/*音、视频排名顶部*/
. musicList . top{
        width:320px;
        height:230px;
        background-color:#FFF;
        background-image:url(. . /images/topbg. jpg),url(. . /images/wenzi. jpg);
        background-repeat:no-repeat;
        background-position:61px 10px,73px 190px; /*[320px-197px(耳机图片宽度)]/2=61. 5px,[320px-
174px(文字图片宽度)]/2=73px */
        border-radius:30px 30px 0px 0px;

        }
/*音、视频排名尾部*/
. musicList . bottom{
        border-radius:0px 0px 30px 30px;
}
```

【任务 4-3-6】设置音、视频名链接样式

在鼠标悬停或单击音、视频名时，音、视频名会发生变化，这时需要设置链接伪类来控制，具体代码如下：

```
. musicList p a:link,. musicList p a:visited{
        text-decoration: none;
        color: #fff;
}
. musicList p a:hover{
        color: red;
        text-decoration: underline;
}
```

至此，完成了网站音、视频排行榜页面的 CSS 样式部分。

【引导训练考核评价】

网站音、视频排行榜页面制作"引导训练"考核评价表

考核内容		标准分	计分
考核要点	（1）会通过分析效果图搭建页面结构	2	
	（2）会通过重复线性渐变设置唱片背景样式	3	
	（3）会通过阴影样式属性设置音、视频排名部分的阴影	2	
	（4）会通过背景的相关属性设置音、视频排名顶部背景	3	
	（5）会为音、视频排名顶部和尾部单独设置圆角	2	
	（6）会为音、视频名设置超链接伪类	2	
	（7）认真完成本页面任务，态度端正、操作规范、时间观念强、有协作精神、学习效果较好	1	
	小计	15	
评价方式	自我评价	小组评价	教师评价
考核得分			
存在的主要问题			

【单元总结】

　　本单元首先介绍了盒子模型的概念，盒子模型相关的属性，然后讲解了盒子模型的其他属性和元素的类型与转换，最后运用所学知识制作了一个网站音、视频排行榜页面效果。

　　通过本单元的学习，学习者应该能够熟悉盒子模型的构成，熟练运用盒子模型相关属性控制网页中的元素，完成页面中一些简单模块的制作。

同步训练及考核评价

同步习题

单元 5

制作网站首页导航与新闻模块

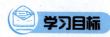

掌握三种列表的基本格式及使用方法。

能够使用 CSS 样式控制列表，会设置元素背景图像来控制列表项目符号。

掌握超链接标签的使用，能够使用 CSS 伪类实现超链接特效。

能够制作新闻列表模块。

【知识梳理】

5.1 列表标签

一个网站包含多张网页，每张网页上都有大量的信息，为了使网页中的信息排列有序，条理清晰，就需要使用列表。在网页设计中，列表是构建有序、清晰网页的重要元素。根据列表结构划分，在网页中常用的有无序列表、有序列表和定义列表。

5.1.1 无序列表

无序列表是一种不分排序的列表，各个列表项之间没有顺序级别之分。无序列表使用<ul>标签定义，内部可以嵌套多个<li>标签（<li>是列表项）。其基本语法格式如下：

```
<ul>
    <li>列表项 1</li>
    <li>列表项 2</li>
    <li>列表项 3</li>
    …
</ul>
```

在上面的语法中，<ul>标签用于定义无序列表，<li>标签嵌套在<ul>标签中，用于描述具体的列表项，每对<ul>标签中至少应包含一对<li>标签。

<ul>标签和<li>标签都拥有 type 属性，用于指定列表项目符号，不同 type 属性值可以呈现不同的项目符号。表 5-1 列举了无序列表常用的 type 属性值。

表 5-1　无序列表常用的 type 属性值

属性值	显示效果
disc（默认值）	●
circle	○
square	■

下面通过一个案例对无序列表的基本语法和属性进行演示与讲解，代码如例 5-1 所示。

例 5-1：

```
<!DOCTYPE html>
<html>
    <head>
        <meta charset="utf-8">
        <title>无序列表</title>
    </head>
    <body>
        <ul>
            <li>中国戏剧</li>
            <li type="square">中医文化</li>
            <li>中国功夫</li>
        </ul>
    </body>
</html>
```

在例 5-1 中，创建了一个无序列表，并为第二个列表项设置 type 属性。

运行例 5-1，效果如图 5-1 所示。

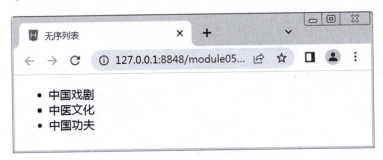

图 5-1　无序列表

在实际制作网页的过程中，一般通过 CSS 样式属性替代无序列表的 type 属性，而且<ul>标签中只能嵌套<li>标签，不能直接在<ul>标签中输入文字或嵌套其他 HTML 标签。

5.1.2　有序列表

有序列表即为有排列顺序的列表，使用<ol>标签定义，直接签套<li>标签。例如，网页中常见的电影排行榜等都可以通过有序列表来定义。其基本语法格式如下：

```
<ol>
    <li>列表项 1</li>
    <li>列表项 2</li>
    <li>列表项 3</li>
    …
</ol>
```

在上面的语法中，<ol>标签用于定义有序列表，<li>标签为具体的列表项，和无序列表类似，每对<ol>标签中也至少应包含一对<li>标签。

在有序列表中，除了 type 属性之外，还可以为<ol>定义 start 属性、为<li>标签定义 value 属性，它们决定有序列表的项目符号。有序列表属性和属性值如表 5-2 所示。

表 5-2　有序列表属性和属性值

属性	属性值/属性值类型	描述
type	1（默认）	项目符号显示为数字 123…
	a 或 A	项目符号显示为英文字母 a b c d…或 A B C…
	i 或 I	项目符号显示为罗马数字 i ii iii…或 Ⅰ Ⅱ Ⅲ…
start	数字	规定项目符号的起始值
value	数字	规定项目符号的数字

下面通过一个案例对有序列表的基本语法和常用属性进行演示与讲解，代码如例 5-2 所示。

例 5-2：

```
<!DOCTYPE html>
<html>
    <head>
        <meta charset="utf-8">
        <title>有序列表</title>
    </head>
    <body>
        <ol>
            <li type="1" value="2">开天辟地</li>    <!--阿拉伯数字排序-->
            <li type="a">长征</li>                  <!--英文字母排序-->
            <li type="I">地道战</li>                <!--罗马数字排序-->
        </ol>
        <ol>    <!--默认阿拉伯数字排序-->
            <li>闪闪的红星</li>
            <li>烈火中永生</li>
            <li>英雄儿女</li>
```

```
      </ol>
    </body>
  </html>
```

在例 5-2 中，定义了两个有序列表。其中，第一个列表的列表项应用了 type 和 value 属性，用于设置特定的列表项目符号；第二个有序列表没有应用任何属性（使用默认属性）。

运行例 5-2，效果如图 5-2 所示。

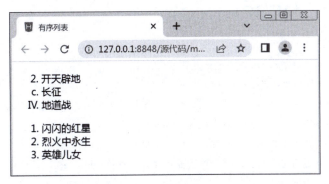

图 5-2　有序列表的使用

通过图 5-2 看出，不定义列表项目符号时，有序列表的列表项默认按 "1，2，3⋯⋯" 的顺序排列。当使用 type 或 value 定义列表项目符号时，有序列表的列表项按指定的项目符号显示。

在实际制作网页时，通常不使用<ol>标签、<li>标签的 type、start 和 value 属性，而是设置 CSS 样式属性替代。

5.1.3 定义列表

定义列表与有序列表、无序列表格式不同，它包含了三个标签：<dl>、<dt>、<dd>。其基本语法格式如下：

```
<dl>
   <dt>名词 1</dt>
   <dd>dd 是名词 1 的描述信息 1</dd>
   <dd>dd 是名词 1 的描述信息 2</dd>
   …
   <dt>名词 2</dt>
   <dd>dd 是名词 2 的描述信息 1</dd>
   <dd>dd 是名词 2 的描述信息 2</dd>
   …
</dl>
```

在上面的语法中，<dl>标签用于指定定义列表，<dt>标签和<dd>标签并列嵌套于<dl>标签中，其中，<dt>标签用于指定术语名词，<dd>标签用于对名词进行解释和描述。一对<dt>标签可以对应多对<dd>标签，也就是说可以对一个名词进行多项解释。

下面通过一个案例对定义列表的基本语法进行演示与讲解，代码如例 5-3 所示。

例 5-3：

```
<!DOCTYPE html>
<html>
    <head>

        <meta charset="utf-8">
        <title>定义列表</title>
    </head>
    <body>
        <dl>
            <dt>奥林匹克运动会</dt>
            <dd>是国际奥林匹克委员会主办的世界规模最大的综合性运动会</dd>
            <dd>每四年一届,会期不超过 16 日</dd>
            <dd>是世界上影响力最大的体育盛会</dd>
            <dd>奥林匹克运动会发源于两千多年前的古希腊</dd>
        </dl>
    </body>
</html>
```

在例 5-3 中定义了一个列表，其中<dt></dt>标签内为名词"奥林匹克运动会"，其后紧跟着四对<dd></dd>标签，用于对<dt></dt>标签中的名词进行解释和描述。

运行例 5-3，效果如图 5-3 所示。

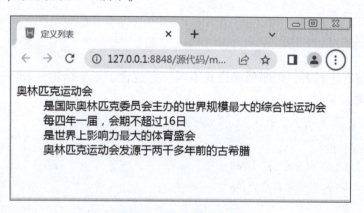

图 5-3　定义列表的使用

通过图 5-3 可以看出，相对于<dt>标签中的术语或名词，<dd>标签中解释和描述性的内容会产生一定的缩进效果。

在网页设计中，定义列表常用于制作新闻列表模块，如图 5-4 所示。其中<dt>标签定义新闻模块主题，<dd>标签定义每条新闻标题。也经常用于制作图文混排效果，在<dt>标签中插入图片，<dd>标签中放入对图片解释说明的文字。

需要注意的是<dl>、<dt>、<dd>三个标签之间不允许出现其他标签，而且<dl>标签必须与<dt>标签相邻。

图 5-4　新闻模块

5.1.4　列表的嵌套应用

网上商城中的商品通常按类别分类，每个类别还包含一个或多个子类别。同样，列表项也可以包含子列表项，通过列表嵌套实现。嵌套方法很简单，只需将子列表嵌套在上一级列表的列表项中。例如，以下代码在无序列表中嵌套了一对有序列表和一对无序列表。

```
<ul>
    <li>列表项 1</li>
    <li>
        <ol>
            <li>列表项 2 中的列表项 1</li>
            <li>列表项 2 中的列表项 2</li>
            <li>列表项 2 中的列表项 3</li>
        </ol>
    </li>
    <li>
        <ul>
            <li>列表项 3 中的列表项 1</li>
            <li>列表项 3 中的列表项 2</li>
            <li>列表项 3 中的列表项 3</li>
        </ul>
    </li>
</ul>
```

下面通过一个案例对列表的嵌套使用方法进行演示与讲解，代码如例 5-4 所示。

例 5-4：

```
<!DOCTYPE html>
<html>
    <head>
        <meta charset="utf-8">
```

```
        <title>列表嵌套</title>
    </head>
    <body>
        <h2>热门音、视频排行榜</h2>
        <ul>
            <li>音乐
                <ol>            <!--有序列表的嵌套-->
                    <li>歌唱祖国</li>
                    <li>我和我的祖国</li>
                    <li>团结就是力量</li>
                </ol>
            </li>
            <li>电影
                <ul>            <!--无序列表的嵌套-->
                    <li>狼牙山五壮士</li>
                    <li>大决战之辽沈战役</li>
                    <li>渡江侦察记</li>
                </ul>
            </li>
        </ul>
    </body>
</html>
```

在例5-4的代码中，首先定义了一个包含两个列表项的无序列表，然后在第一个列表项中嵌套有序列表，在第二个列表项中嵌套一个无序列表。

运行例5-4，效果如图5-5所示。

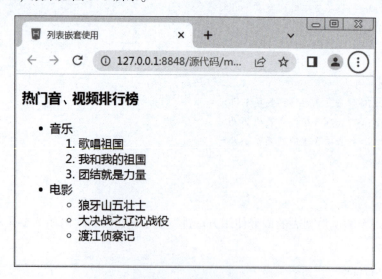

图5-5 列表嵌套效果

5.2　列表样式

定义无序或有序列表时，可以使用标签属性控制列表项目符号。但是，这违反了结构与表现分离的网页设计原则。因此，CSS 提供了一系列列表样式属性，用于单独控制列表项目符号。

5.2.1　list-style-type 属性

在 CSS 中，list-style-type 属性用于控制列表项显示符号的类型，其取值有多种，它们的显示效果各不相同，具体如表 5-3 所示。

表 5-3　list-style-type 属性值

属性值	描述	属性值	描述
disc	实心圆（无序列表）	none	不使用项目符号（无序列表和有序列表）
circle	空心圆（无序列表）	cjk-ideographic	简单的表意数字（有序列表）
square	实心方块（无序列表）	georgian	传统的乔治亚编号方式（有序列表）
decimal	阿拉伯数字（有序列表）	decimal-leading-zero	以 0 开头的阿拉伯数字（有序列表）
lower-roman	小写罗马数字（有序列表）	upper-roman	大写罗马数字（有序列表）
lower-alpha	小写英文字母（有序列表）	upper-alpha	大写英文字母（有序列表）
lower-latin	小写拉丁字母（有序列表）	upper-latin	大写拉丁字母（有序列表）
hebrew	传统的希伯来编号方式（有序列表）	armenian	传统的亚美尼亚编号方式（有序列表）

下面通过一个案例对 list-style-type 的常用属性值进行演示与讲解，代码如例 5-5 所示。

例 5-5：

```
<!DOCTYPE html>
<html>
    <head>
        <meta charset="utf-8">
        <title>列表项显示符号</title>
        <style type="text/css">
            ol{ list-style-type:upper-roman;}
            ul{ list-style-type:square;}
        </style>
    <body>
        <h3>爱国主义教育基地</h3>
```

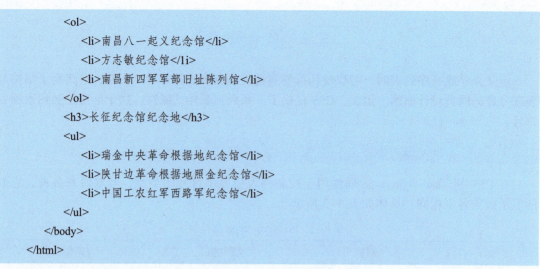

```
            <ol>
                <li>南昌八一起义纪念馆</li>
                <li>方志敏纪念馆</li>
                <li>南昌新四军军部旧址陈列馆</li>
            </ol>
            <h3>长征纪念馆纪念地</h3>
            <ul>
                <li>瑞金中央革命根据地纪念馆</li>
                <li>陕甘边革命根据地照金纪念馆</li>
                <li>中国工农红军西路军纪念馆</li>
            </ul>
        </body>
    </html>
```

在例 5-5 中，定义了一个无序列表和一个有序列表，对无序列表 ul 应用"list-style-type:square;"，将其列表项显示符号设置为实心方块。同时有序列表 ol 应用"list-style-type:upper-roman;"，将其列表项显示符号设置为大写罗马数字。

运行例 5-5，效果如图 5-6 所示。

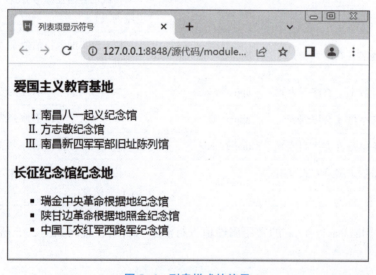

图 5-6　列表样式的使用

CSS 控制列表样式

在实际网页制作过程中，由于各个浏览器对 list-style-type 属性的解析不同，因此，不推荐使 list-style-type 属性。

5.2.2　list-style-image 属性

常规列表项目符号无法满足所有网页设计的需求，因此，CSS 提供了 list-style-image 属性，可以为每个列表项设置项目图像，以增强列表的视觉效果。其基本语法格式如下：

list-style-image:url(项目图像相对路径)

下面通过一个案例对 list-style-image 属性进行演示与讲解，代码如例 5-6 所示。

例 5-6：

```
<!DOCTYPE html>
<html>
    <head>
        <meta charset="utf-8">
        <title>列表项目符号属性</title>
        <style type="text/css">
            ul{ list-style-image:url(images/li_bg. png);}
        </style>
    <body>
        <h3>抗战纪念馆纪念地</h3>
        <ol>
            <li>抗战纪念馆纪念地</li>
            <li>盘山烈士陵园</li>
            <li>热河革命烈士纪念馆</li>
        </ol>
        <h3>解放战争纪念馆纪念地</h3>
        <ul>
            <li>解放战争纪念馆纪念地</li>
            <li>中国人民革命军事博物馆</li>
            <li>华北军区烈士陵园</li>
        </ul>
    </body>
</html>
```

在例 5-6 中，通过 list-style-image 属性为列表项添加图片，运行效果如图 5-7 所示。

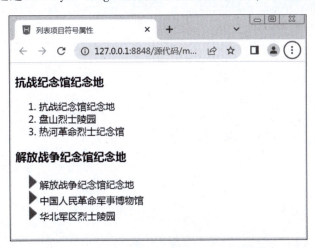

图 5-7　list-style-image 控制列表项目图像

从图 5-7 中可以看到，列表项目图像（三角形）和列表项没有对齐。在实际工作中不建议使用 list-style-image 属性，因为 list-style-image 属性对列表项目图像的控制能力不强，常通过为列表项设置背景图像的方式实现列表项目图像。

5.2.3 list-style-position 属性

在 CSS 中，list-style-position 属性用于控制列表项目符号的位置，其取值有 inside 和 outside 两种，对它们的解释如下：

inside：列表项目符号位于列表文本以内。

outside：列表项目符号位于列表文本以外（默认值）。

下面通过一个案例对 list-style-position 属性进行演示与讲解，代码如例 5-7 所示。

例 5-7：

```html
<!DOCTYPE html>
<html>
    <head>
        <meta charset="utf-8">
        <title>项目符号位置属性</title>
        <style type="text/css">
            *{
                padding: 0px;
                margin: 0px;
            }
            h3{
                padding: 20px;
            }
            .inside{list-style-position:inside;}
            .out{list-style-psition:outside;}
            li{border:1px solid #bbb;}
            ul{
                width: 300px;
                margin: 0px auto;
            }
        </style>
    <body>
        <h3>抗战纪念馆纪念地</h3>
        <ul class="inside">
            <li>西安事变纪念馆</li>
            <li>赵一曼纪念馆</1i>
        </ul>
        <h3>解放战争纪念馆纪念地</h3>
        <ul class="out">
            <li>西柏坡纪念馆</li>
            <li>延安革命纪念馆</li>
        </ul>
    </body>
</html>
```

运行例 5-7，效果如图 5-8 所示。

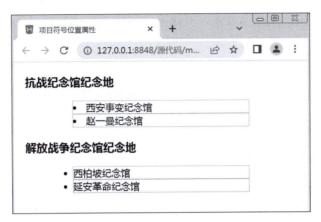

图 5-8　列表项目符号位置

通过图 5-8 可以看出，第一个无序列表的列表项目符号位于列表文本以内，第二个无序列表的列表项目符号位于列表文本以外。

5.2.4　list-style 属性

在 CSS 中列表样式也是一个复合属性，可以将列表相关的样式都综合定义在一个复合属性 list-style 中。使用 list-style 属性综合设置列表样式的语法格式如下：

list-style:列表项目符号 列表项目符号的位置 列表项目图像;

使用复合属性 list-style 时，通常按上面语法格式中的顺序书写，各个样式之间以空格隔开，不需要的样式可以省略。

下面通过一个案例对复合属性 list-style 进行演示与讲解，代码如例 5-8 所示。

例 5-8：

```
<!DOCTYPE html>
<html>
    <head>
        <meta charset="utf-8">
        <title></title>
        <style type="text/css">
            ul{list-style: square outside;}
            . first{list-style:inside url(images/li_bg. png);}
        </style>
    <body>
        <h3>学习中华文化</h3>
        <ul>
            <li class="first">中华武术</li>
            <li>中华医药</1i>
            <li>中华戏曲</1i>
        </ul>
    </body>
</html>
```

在例 5-8 中定义了一个无序列表，通过复合属性 list-style 定义了 \<ul\> 和第一个 \<li\> 的样式。

运行例 5-8，效果如图 5-9 所示。

图 5-9　**list-style** 属性的使用

在实际网页制作中，list-style-position 无法精确控制列表项项目符号位置（只有 inside 和 outside 两个属性值），为了更有效地控制列表项项目符号，通常将 list-style 属性值设置为 none。然后，通过为 \<li\> 设置背景图像，实现不同的列表项目符号。

下面通过一个案例演示如何使用背景属性定义列表项目符号，代码如例 5-9 所示。

例 5-9：

```
<!DOCTYPE html>
<html>
    <head>
        <meta charset="utf-8">
        <title></title>
        <style type="text/css">
            ul{
                list-style:none;
            }
            li{
                background: url(images/li_bg. png) no-repeat 7px 9px;
                padding:0px 20px;
                background-size: 5px 10px;    /*定义背景图片大小 */
                line-height: 26px;
            }
        </style>
    <body>
        <h2>雷锋精神</h2>
        <img src="images/lftz. jpg" width="250">
        <ul>
            <li>让雷锋精神在新时代绽放更加璀璨的光芒</li>
            <li>雷锋精神为民族复兴凝聚磅礴力量</li>
```

```
            <li>为雷锋精神注入新的时代内涵</li>
            <li>当好雷锋精神时代传人</li>
        </ul>
    </body>
</html>
```

运行例 5-9，效果如图 5-10 所示。

图 5-10　背景属性定义列表项显示符号

通过图 5-10 可以看出，每个列表项前都添加了列表项目图像，而且列表项目图像大小合适，与列表项间的距离适中。如果需要调整列表项目图像只需更改列表项的背景属性即可。

5.3　超链接标签

超链接是网页链接的重要元素，是网站的"神经网络"，是网站的灵魂。它允许用户从一张页面跳转到另一张页面，为用户提供了网页无缝浏览和获取信息的途径。

5.3.1　创建超链接

超链接主要通过<a>标签链接对象创建，创建超链接的基本语法格式如下：

`<a href="跳转目标" target="目标窗口的弹出方式">文本、图像等链接对象</a>`

在上面的语法中，<a>标签是一个行内元素，用于定义超链接。其中 href 为<a>标签必不可少的属性，target 为<a>标签的常用属性，具体介绍如下：

href：用于指定链接目标的地址，当为<a>标签应用 href 属性时，这个<a>标签就具有了超链接的功能。

target：用于指定链接页面的打开方式，其取值有_self 和_blank 两种，其中_self 为默认值，意为在原窗口中打开，_blank 为在新窗口中打开。

下面通过一个案例演示超链接标签的用法，代码如例 5-10 所示。

例 5-10：

```
<!DOCTYPE html>
<html>
    <head>
        <meta charset="utf-8">
        <title>超链接</title>
    </head>
    <body>
        <a href="https://www.huawei.com/cn/" target="_self">华为官网</a>（原窗口打开）<br />
        <a href="https://www.huawei.com/cn/" target="_blank">华为官网</a>（新窗口打开）<br />
    </body>
</html>
```

在例 5-10 中，创建了两个超链接，通过 target 属性定义第一个超链接页面在原窗口打开，第二个超链接页面在新窗口打开。

运行例 5-10，图 5-11 所示为在"超链接"页面中单击超链接时在新窗口中打开华为官网。

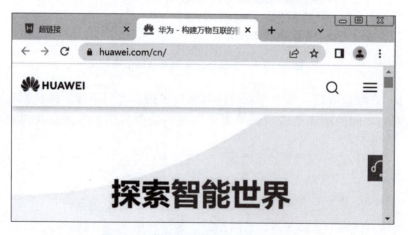

图 5-11 超链接的使用（新窗口打开）

在创建超链接时，需要注意以下三个要求：

（1）可以为 href 属性值定义"#"以表示一个空链接。

（2）除了文本外，网页中各种元素，如图像、表格、音频、视频等都可以添加超链接。

（3）在某些浏览器中，图像创建超链接时，可能会自动添加边框效果。去除边框的方法有两种，一是通过 CSS 样式设置，二是为 img 标签设置标签属性，具体代码如下：

```
CSS 样式：        img{ border:none; }
HTML 标签属性：<a href="#"><img src="图像 URL" border="0" /></a>
```

5.3.2 锚点链接

如果网页内容较多，页面过长，浏览网页时就需要不断地拖动滚动条来查看所需要的内容，这样不仅效率较低，而且不方便操作。为了提高信息的检索速度，HTML 语言提供了一种特殊的链接——锚点链接。通过创建锚点链接，用户能够直接跳到指定位置的内容。

下面通过一个案例演示链接伪类的用法，代码如例 5-11 所示。

例 5-11：

```
<!DOCTYPE html>
<html>
    <head>
        <meta charset="utf-8">
        <title>锚点链接</title>
    </head>
    <body>
        <h2>中国文化</h3>
        <ul>
            <li><a href="#first">中国戏剧</a></li>
            <li><a href="#second">中医文化</a></li>
            <li><a href="#third">中国功夫</a></li>
        </ul>
        <h3 id="first">中国戏剧</h3>
        <p>中国戏剧主要包括戏曲和话剧,戏曲是中国传统戏剧,经过长期的发展演变,逐步形成了
以"京剧、越剧、黄梅戏、评剧、豫剧"中国五大戏曲剧种为核心的中华戏曲百花苑。话剧则是 20 世纪引进
的西方戏剧形式。中国古典戏曲是中华民族文化的一个重要组成部分,堪称国粹,她以富于艺术魅力的表
演形式,为历代人民群众所喜闻乐见。而且,在世界剧坛上也占有独特的位置,与古希腊悲喜剧、印度梵剧
并称为世界三大古剧。<br />……</p>
        <h3 id="second">中医文化</h3>
        <p>中医文化是中国传统文化中的重要组成部分,其核心是"阴阳五行"理论和"气血"理论。
中医文化注重个体的整体健康和预防疾病,提倡药食同源和中药治疗,强调人与自然的和谐共生。在中医
文化中,"阴阳五行"理论和"气血"理论是核心,是一种关于人体的医学理论,它强调人们应该保持身体的
平衡和和谐。中医文化强调个体的整体健康和预防疾病,注重药食同源和中药治疗。<br />……</p>
        <h3 id="third">中国功夫</h3>
        <p>中国功夫是中华民族在长期的生活实践中形成的一种文化现象,它不仅历史悠久、内涵丰
富,还因其神秘色彩而备受关注。这种功夫不仅包括武术的技击、套路和搏斗,还融合了中国气功的元素,
强调内外兼修。它不仅是一种体育运动,更蕴含着深刻的文化内涵,如礼、苦、超越的精神。此外,中国功
夫还具有刚柔并济、内外兼修的特点,既有刚健雄美的外形,又有典雅深邃的内涵。<br />……</p>
    </body>
</html>
```

在例 5-11 中，对<a>标签应用 href 属性，其中 href 属性="#id 名"，只要单击超链接就会跳到对应 id 的版块。运行例 5-11，效果（部分截图）如图 5-12 所示。

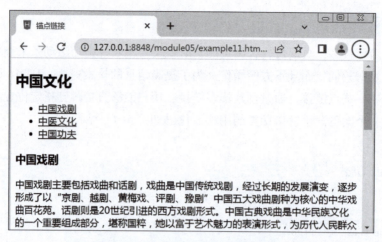

图 5-12 锚点链接效果（部分截图）

创建锚点键主要分为两步：一是使用<a>标签的 href 属性创建链接，格式为<a href="#id 名">链接对象</a>，如果"#"前加了网页名，还可以链接到其他页面的锚点处；二是使用相应的 id 名标注跳转目标的位置。

5.4 链接伪类控制超链接

在 CSS 中，使用链接伪类定义超链接的不同状态，从而提升用户体验。伪类并不是真正意义上的类，它的名称是由系统定义的，通常由标签名、类名或 id 名加英文"："构成。伪类是选择器的一种，用于选择处于特定状态的元素。常见的链接伪类包括：未单击状态、鼠标悬停状态、鼠标按下状态和访问后状态。通过设置这些不同的样式，可以为用户提供直观且交互性强的超链接体验。

与超链接相关的四个伪类应用比较广泛，这几个伪类定义了超链接的四种不同状态，具体如表 5-4 所示。

表 5-4 超链接标签<a>的伪类

超链接标签<a>的伪类	描述
a:link｛CSS 样式规则;｝	超链接的默认样式
a:visited｛CSS 样式规则;｝	超链接被访问过之后的样式
a:hover｛CSS 样式规则;｝	光标经过、悬停时超链接的样式
a:active｛CSS 样式规则;｝	鼠标单击不动时超链接的样式

下面通过一个案例演示超链接伪类的用法，代码如例 5-12 所示。

例 5-12：

```
<!DOCTYPE html>
<html>
    <head>
        <meta charset="utf-8">
```

```
<title></title>
<style type="text/css">
    a{ margin-left:30px;}              /*设置右边距为30px*/
    a:link,a:visited{
        color:#000;                    /*设置默认和被访问之后颜色为黑色*/
        text-decoration:none;          /*把<a>标签自带下划线的效果清除*/
    }
    a:hover{
        color:red;                     /*光标悬停时颜色为红色*/
        text-decoration:underline;     /*设置光标悬停时显示下划线*/
    }
    a:active{ color:#FC0;}             /*鼠标单击不动时显示为黄色 */
</style>
</head>
<body>

    <a href="#">经典著作</a>
    <a href="#">红色记忆</a>
    <a href="#">党史学习</a>
    <a href="#">文献记录</a>

</body>
</html>
```

在例 5-12 中，通过定义 a:link 和 a:visited 样式，将访问链接前和访问链接后的文本颜色设置为黑色，同时将超链接文本默认的下划线清除。通过定义 a:hover 样式，当光标悬停到链接文本时，文本颜色变为红色且添加下划线效果。通过定义 a:active 样式，当光标单击链接文本不动时，文本颜色变为黄色且添加下划线效果。

运行例 5-12，效果如图 5-13 所示。

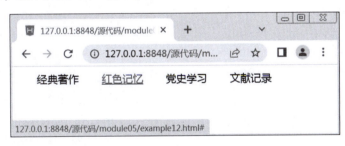

图 5-13　超链接伪类选择器的使用

在实际工作中使用超链接伪类样式时，需注意以下三点要求：

（1）超链接的四种伪类状态并非全部定义，一般只需要设置三种状态即可，使用 a:link、a:visited 和 a:hover 定义未访问、访问后和光标悬停时的三种超链接样式，并且对 a:link 和 a:visited 应用相同的样式，使访问前后的超链接样式保持一致。

（2）使用超链接的四种伪类时，必须按照 a:link、a:visited、a:hover 和 a:active 的顺序书写，否则定义的样式不起作用。

（3）除了文本样式之外，链接伪类还经常用于控制超链接的背景、边框等样式。

【操作准备】

1. 启动 HBuilderX。

通过 Windows 的"开始"菜单或桌面快捷方式启动 HBuilderX。

2. 创建本地站点。

在 HBuilderX 中创建一个名为"module05"的本地站点，站点定位到 module05 文件夹中。

3. 把相应的图片素材放在文件夹 module05 子文件夹 images 中。

4. 在本地站点下新建 news.html 页面，放在文件夹 module05 根目录下；新建 news.css 样式文件，放在文件夹 module05 子文件夹 style 中。

5. 在 news.html 页面中，通过<link href="style/news.css" type="text/css" rel="stylesheet">代码将 news.css 样式文件进行链接。

【任务介绍】

为了使学习者熟练地运用列表标签和超链接组织网页内容，本任务运用定义列表和相关的 CSS 样式制作一个网页中常见的新闻列表页。新闻列表页的制作可使网页中的内容结构清晰、易于浏览。其制作好的效果如图 5-14 所示。

当光标移上链接文本时，文本的颜色发生改变，如图 5-15 所示。

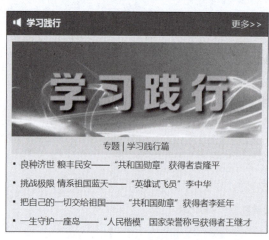

图 5-14　新闻列表页效果图

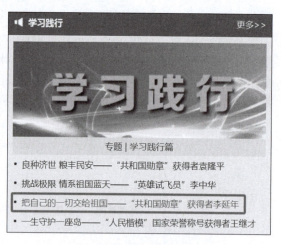

图 5-15　鼠标指针悬浮在新闻
标题上时字体颜色变化

【引导训练】

【任务 5-1】分析效果图

【任务 5-1-1】代码结构分析

分析效果图 5-14，可以发现新闻列表页主要由新闻标题、新闻图片、新闻内容三部分组成。首先需要一个容器元素<dl>来控制新闻列表的整体布局；其次使用<dt>元素控制新闻标题、p 元素控制新闻图片；最后因新闻内容部分没有先后顺序，可以采用<dd>标签定义。此外，每条新闻都是可单击的链接，单击后可跳转到相应的新闻页面。效果图 5-14 对应的代码结构如图 5-16 所示。

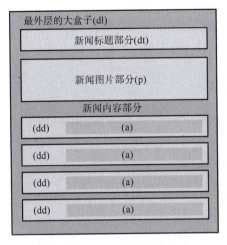

图 5-16　代码结构

【任务 5-1-2】样式分析

控制页面代码结构图 5-16 的样式主要分为以下几个部分：

1. 最外层的大盒子

通过最外层的大盒子实现对新闻列表模块的整体控制，需要对其设置宽度、水平对齐、背景及下内边距样式。

2. 新闻标题部分

（1）左侧标题部分：颜色、字号、加粗、高度、行距、下边框、背景及左内边距样式。

（2）右侧"更多>>"文本部分：向右浮动、字体粗细正常、内边距样式。

（3）右侧"更多>>"文本部分超链接伪类设置。

3. 新闻图片部分

（1）新闻图片部分大盒子：宽度、背景颜色、水平对齐方式。

（2）图片：宽度、高度、元素类型转换、外边距、鼠标指针样式。

（3）图片下面的文本：颜色、水平对齐、元素类型转换、内边距样式。

（4）图片伪类设置：透明度样式。

4. 新闻内容部分

（1）新闻内容标题：高度、行高、左内外边距、背景图片。

（2）新闻内容标题超链接伪类设置。

【任务 5-2】制作页面结构

根据任务 5-1 的分析，使用相应的 HTML 标签来搭建新闻列表页结构，news. html 网页结构代码如下所示。

```
<!DOCTYPE html>
<html>
    <head>
        <meta charset="utf-8">
        <title>新闻列表页面</title>
        <link href="style/news.css" type="text/css"rel="stylesheet">
    </head>
    <body>
        <dl class="news">
            <dt class="newstitle">学习践行<span><a href="#">更多>></a></span></dt>
                <p>
                    <img src="images/newspic02. jpg">
                    <span><a href="#">专题 | 学习践行篇</a></span>
                </p>
                <dd><a href="newsView.html">良种济世 粮丰民安——"共和国勋章"获得者袁隆
平</a></dd>
                <dd><a href="#">挑战极限 情系祖国蓝天——"英雄试飞员"李中华</a></dd>
                <dd><a href="#">把自己的一切交给祖国——"共和国勋章"获得者李延年</a>
</dd>
                <dd><a href="#">一生守护一座岛——"人民楷模"国家荣誉称号获得者王继才
</a></dd>
        </dl>
    </body>
</html>
```

在 news. html 网页结构代码中，最外层的<dl>用于对新闻列表的整体控制，<dt>标签用于定义新闻标题部分。在标题部分之后，创建了一个带有图片的新闻图片部分，用于显示重点新闻内容，具有跳转功能。新闻图片部分下方是新闻内容部分，用于显示新闻内容。

运行 news. html 页面，效果如图 5-17 所示。

图 5-17　HTML 结构页面效果

【任务 5-3】定义 CSS 样式

搭建完页面的结构后，接下来为页面添加 CSS 样式。样式写在 news.css 样式文件中，并将 news.css 样式文件链接到 news.html 页面中。

本页面采用从整体到局部的方式实现图 5-14 及图 5-15 所示的效果，具体如下。

【任务 5-3-1】定义基础样式

在定义 CSS 样式时，首先要清除浏览器默认样式，具体 CSS 代码如下：

```
*{margin:0;padding: 0;}
```

【任务 5-3-2】整体控制新闻列表

制作页面结构时，我们定义了一个 class 为 news 的<dl>用于对新闻列表的整体控制，其宽度固定，水平左右居中，设置了下内边距。具体 CSS 代码如下：

```
.news{
    width: 430px;
    margin: 20px auto;
    background:#fff5ee;
    padding-bottom: 8px;
}
```

【任务 5-3-3】制作新闻标题部分

效果图中的标题部分，包括左侧标题部分和右侧"更多>>"文本部分。左侧标题部分需要设置字体颜色为白色、加粗、垂直居中、加下边框线等效果，同时还需要加个"喇叭"背景图片；右侧"更多>>"文本部分需要设置链接伪类样式。具体 CSS 代码如下：

```
.newstitle{
    color:#fff;
    font-size:14px;
    font-weight: bold;
    height:36px;
    line-height:36px;
    border-bottom:2px solid #cc5200;        /*单独定义下边框*/
    background:#DF3031 url(../images/title_bg.png) no-repeat 11px 11px;
    padding-left:34px;
}
.newstitle span{
    float: right;
    font-weight: normal;
    padding: 0px 10px;
}
.newstitle span a:link,.newstitle span a:visited{
    color: #fff;
}
.newstitle span a:hover{
    text-decoration: underline;
}
```

【任务 5-3-4】制作新闻图片部分

观察效果图可以看出，新闻图文部分上方是一张新闻图片，鼠标悬停在图片上时，其透明度变淡；下方是居中显示的图片新闻标题文本，鼠标悬停在文本上时，文本颜色会变成红色，与新闻内容部分共用链接伪类。具体的 CSS 代码如下：

```
. news p{
    width: 410px;
    background-color: #EFEFEF;
    margin: 0px auto;
}
. news p img{
    width: 410px;
    height: 150px;
    display: block;
    margin: 10px auto 0px auto;
    cursor: pointer;
}
. news p span{
    color: #666;
    text-align: center;
    display: block;
    padding: 5px 0px;
}
. news p img:hover{
    opacity: 0. 8;
}
```

【任务 5-3-5】制作新闻内容部分

对于列表项<dd>，需要控制其高度、行高、左内外边距及背景图片；通过设置行高完成文本垂直居中，并通过添加背景图像完成列表图标的设置；鼠标悬停在文本上时，文本颜色会变成红色。CSS 代码如下：

```
. news dd{
    height:30px;
    line-height: 30px;
    padding-left:15px;
    margin-left: 10px;
    background:url(.. /images/news_li_bg. png) no-repeat 3px 13px;
}
. news a:link, . news a:visited{          /*未单击和单击后的样式*/
    font- size: 14px;
    color:#515151;
    text- decoration:none;
}
. news a:hover{                            /*鼠标移上时的样式*/
    color:#DF3031;
}
```

至此，我们完成了效果图 5-14 和图 5-15 所示的新闻列表页的 CSS 样式部分制作，将该样式应用到网页后，效果如图 5-14 所示。当鼠标指针移上网页中的新闻列表时，列表文字样式会发生变化，变成红色。

【引导训练考核评价】

新闻列表页"引导训练"考核评价表

考核内容		标准分	计分
考核要点	（1）会通过分析效果图搭建页面结构	2	
	（2）会控制新闻列表整体	2	
	（3）会制作新闻标题部分	3	
	（3）会制作新闻图片部分	4	
	（4）会设置各列表项的高度、背景及内边距样式	2	
	（5）会通过 CSS 伪类控制链接文本的样式	2	
	（6）认真完成本页面任务，态度端正、操作规范、时间观念强、有协作精神、学习效果较好	1	
	小计	16	
评价方式	自我评价	小组评价	教师评价
考核得分			
存在的主要问题			

【单元总结】

　　本单元首先介绍了三种列表的种类、结构与标签属性设置，如何使用 CSS 样式控制列表标签的项目符号，其次讲解了超链接标签以及链接伪类，最后运用所学知识制作了一个新闻列表页效果。

　　通过本单元的学习，读者应该掌握列表、超链接，以及链接伪类的用法。特别注意在设置列表项目符号时，可通过设置元素背景图像来控制。

同步训练及考核评价

同步习题

单元 6

制作网站用户注册页面

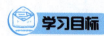 学习目标

熟悉表格的构成，掌握表格、行、单元格标签的属性。

能够使用 CSS 样式控制表格、单元格。

了解表单的作用与构成，熟悉表单标签的属性。

掌握各种表单控件的属性与用法。

能够使用 CSS 样式控制表单及表单控件。

【知识梳理】

6.1　表格标签

在日常生活中，为了直观地呈现数据或信息，我们常常使用表格来进行统计和展示。同样，在网页设计中，为了使网页内容更加有序和清晰，也可以使用表格来布局和规划网页元素。为此，HTML 语言提供了一系列用于创建表格的标签。

6.1.1　创建表格

在 Word 中，创建表格非常简单，只需插入表格并设定所需的行数和列数即可。然而，在 HTML 网页中，所有元素都是通过标签定义的，因此创建表格需要使用特定的表格标签。使用标签创建表格的基本语法格式如下：

```
<table>
    <tr>
        <td>单元格内的文字</td>
        …
    </tr>
        …
</table>
```

在上面的语法中包含三对 HTML 标签，分别为的<table>标签、<tr>标签、<td>标签，它们是创建 HTML 网页中表格的基本标签，缺一不可。

<table>标签：用于定义一个表格的开始与结束。在<table>标签内部，可以放置表格的

标题、表格行和单元格等。

　　\<tr\>标签：用于定义表格中的一行，必须嵌套在\<table\>标签中，在\<table\>\</table\>中包含几对\<tr\>标签，就表示该表格有几行。

　　\<td\>标签：用于定义表格中的单元格，必须嵌套在\<tr\>标签中，一对\<tr\>标签中包含几对\<td\>标签，就表示该行中有多少列（或多少个单元格）。

　　下面通过一个案例对表格的使用进行演示与讲解，代码如例 6-1 所示。

　　例 6-1：

```
<!DOCTYPE html>
<html>
    <head>
        <meta charset="utf-8">
        <title>表格</title>
    </head>
    <body>
        <h2>江西省爱国主义教育示范基地</h2>
        <table border="1">
            <tr>
                <td>序号</td>
                <td>基地名称</td>
                <td>基地地点</td>
            </tr>
            <tr>
                <td>1</td>
                <td>南昌八一起义纪念馆</td>
                <td>江西南昌</td>
            </tr>
            <tr>
                <td>2</td>
                <td>方志敏纪念馆</td>
                <td>江西弋阳</td>
            </tr>
            <tr>
                <td>3</td>
                <td>湘鄂赣革命纪念馆</td>
                <td>江西万载</td>
            </tr>
            <tr>
                <td>4</td>
                <td>安源路矿工人运动纪念馆</td>
                <td>江西萍乡</td>
            </tr>
        </table>
    </body>
</html>
```

运行例 6-1，效果如图 6-1 所示。

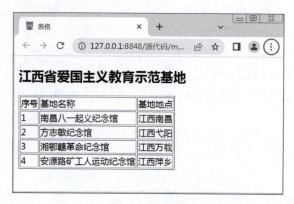

图 6-1　表格

通过图 6-1 可以看出，表格以 5 行 3 列的方式显示，并且通过 border 属性添加了边框效果。如果去掉边框属性 border，表格默认边框为 0，宽度和高度靠表格里的内容来支撑。

在表格的使用过程中，<td>标签中可以嵌套表格<table>标签或其他 HTML 标签。但是<tr>标签中只能嵌套<td>标签，不可以在<tr>标签中直接输入文字或其他 HTML 标签。

6.1.2　<table>标签的属性

表格标签包含了大量属性，虽然大部分属性都可以使用 CSS 进行替代，但是 HTML 语言中也为<table>标签提供了一系列属性，用于控制表格的显示样式。<table>标签的常用属性如表 6-1 所示。

表 6-1　<table>标签的常用属性

属性	描述	常用属性值
border	设置表格的边框（默认 border="0" 为无边框）	像素
cellspacing	设置单元格与单元格之间的空间	像素（默认为 2px）
cellpadding	设置单元格内容与单元格边缘之间的空间	像素（默认为 1px）
width	设置表格的宽度	像素
height	设置表格的高度	像素
align	设置表格在网页中的水平对齐方式	left、center、right
bgcolor	设置表格的背景颜色	预定义的颜色值、十六进制#RGB、rgb(r,g,b)
background	设置表格的背景图像	url 地址

1. border 属性

在<table>标签中，border 属性用于设置表格的边框，默认值为 0。

在例 6-1 中，设置<table>标签的 border 属性值为 1 时，出现图 6-1 所示的双线边框效果。

将例 6-1 中<table>标签的 border 属性值设置为 15，代码如下所示：

```
<table border="15">
```

保存 HTML 文件，刷新页面，效果如图 6-2 所示。

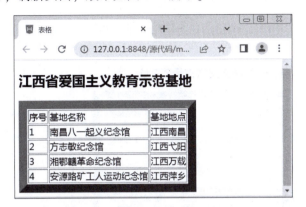

图 6-2　设置 border="15"的效果

比较图 6-2 和图 6-1 可以发现，表格的双线边框的外边框变宽了，但是内边框不变。实际上，在双线边框中，外边框为表格<table>的边框，内边框为单元格<td>的边框。也就是说，border 属性值改变的是<table>标签外边框宽度，而内边框宽度仍然为 1px。

使用 HTML 标签属性值时，取值为像素的属性可以省略单位 px。

2. cellspacing 属性

cellspacing 属性用于设置单元格与单元格之间的空间，默认距离为 2px。例如，对例 6-1 中的<table>标签应用 cellspacing="10"，代码如下所示：

```
<table border="15" cellspacing="10">
```

保存 HTML 文件，刷新页面，效果如图 6-3 所示。

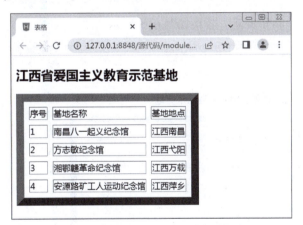

图 6-3　设置 cellspacing="10"的效果

在图 6-3 中可以看出，单元格与单元格以及单元格与表格边框之间都拉开了 10px 的距离。

3. cellpadding 属性

cellpadding 属性用于设置单元格内容与单元格边框之间的空白间距，默认为 1px。例如，对例 6-1 中的<table>标签应用 cellpadding="10"，代码如下所示：

```
<table border="15" cellspacing="10" cellpadding="10">
```

保存 HTML 文件，刷新页面，效果如图 6-4 所示。

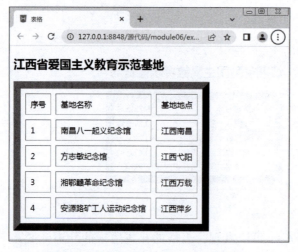

图 6-4　设置 cellpadding="10" 的效果

比较图 6-3 和图 6-4 会发现，在图 6-4 中，单元格中的内容与单元格边框之间出现了 10px 的间距。

4. width 属性和 height 属性

默认情况下，表格的宽度和高度是自适应的，依靠表格内的内容来支撑。可以通过宽度属性 width 和高度属性 height 来修改表格的尺寸。

对例 6-1 中的表格设置宽、高，代码如下所示：

```
<table border="15" cellspacing="10" cellpadding="10" width="500" height="350">
```

保存 HTML 文件，刷新页面，效果如图 6-5 所示。

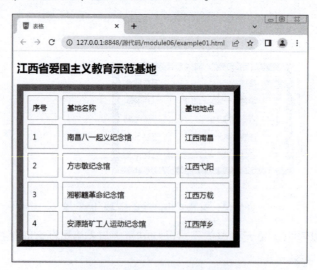

图 6-5　设置表格宽、高的效果

在图 6-5 中，表格的宽度为 500px，高度为 350px，各单元格的宽、高均按一定的比例自动增加。

5. align 属性

align 属性可用于控制表格在页面中的水平对齐方式，各单元格中的内容不受影响。例如，在例 6-1 中的<table>标签应用 align="center"，代码如下所示：

```
<table border="15" cellspacing="10" cellpadding="10" width="500" height="350" align="center">
```

保存 HTML 文件，刷新页面，效果如图 6-6 所示。

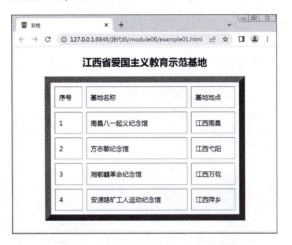

图 6-6　设置 align="center"的效果

通过图 6-6 可以看出，表格和标题（也使用 align 属性控制位置）都在浏览器的水平居中位置，而单元格中的内容不受影响。

6. bgcolor 属性

bgcolor 属性用于设置表格的背景颜色。将例 6-1 中表格的背景颜色设置为浅红色，代码如下所示：

```
<table border="15" cellspacing="10" cellpadding="10" width="500" height="350" align="center" bgcolor="#ff786c">
```

保存 HTML 文件，刷新页面，效果如图 6-7 所示。

图 6-7　设置背景颜色为灰色的效果

7. background 属性

background 属性用于设置表格的背景图像。例如，为例 6-1 中的表格添加背景图像，代码如下所示：

```
<table border="15" cellspacing="10" cellpadding="10" width="500" height="350" align="center" bgcolor="#ff786c" background="images/fzmjng.jpg">
```

保存 HTML 文件，刷新页面，效果如图 6-8 所示。

图 6-8　设置背景图像的效果

6.1.3　<tr>标签的属性

通过对<table>标签应用各种属性，可以控制表格的整体显示样式。可以通过对行标签<tr>定义属性设置表格中的某一行显示特殊的效果。<tr>标签的常用属性如表 6-2 所示。

表 6-2　<tr>标签的常用属性

属性	描述	常用属性值
height	设置行高度	像素
align	设置一行内容的水平对齐方式	left、center、right
valign	设置一行内容的垂直对齐方式	top、middle、bottom
bgcolor	设置行背景颜色	预定义的颜色值、十六进制#RGB、rgb(r,g,b)
background	设置行背景图像	url 地址

表 6-2 中列出了<tr>标签的常用属性，其中大部分属性与<table>标签的属性相同。

下面通过一个案例对行标签<tr>的常用属性进行演示与讲解，代码如例 6-2 所示。代码分别对表格标签<table>和第一个行标签<tr>应用相应属性，用来控制表格和第一行内容的显示样式。

例 6-2：

```
<!DOCTYPE html>
<html>
    <head>
        <meta charset="utf-8">
        <title>行标签<tr>的属性</title>
    </head>
    <body>
        <h2 align="center">榜样在身边</h2>
        <table border="1" width="380" height="220" align="center" bgcolor="#DDD">
            <tr height="60" align="center" valign="top" bgcolor="#f10000">
                <td>序号</td>
                <td>姓名</td>
                <td>性别</td>
                <td>荣誉</td>
            </tr>
            <tr>
                <td>1</td>
                <td>周永开</td>
                <td>男</td>
                <td>"七一勋章"获得者</td>
            </tr>
            <tr>
                <td>2</td>
                <td>卓嘎</td>
                <td>女</td>
                <td>"七一勋章"获得者</td>
            </tr>
            <tr>
                <td>3</td>
                <td>崔道植</td>
                <td>男</td>
                <td>"七一勋章"获得者</td>
            </tr>
            <tr>
                <td>4</td>
                <td>刘贵今</td>
                <td>男</td>
                <td>"七一勋章"获得者</td>
            </tr>
        </table>
    </body>
</html>
```

运行例 6-2，效果如图 6-9 所示。

通过对行标签<tr>应用属性，可以单独控制表格中一行内容的显示样式。本例中改变了行的高度、水平对齐方式、垂直对齐方式以及背景颜色。

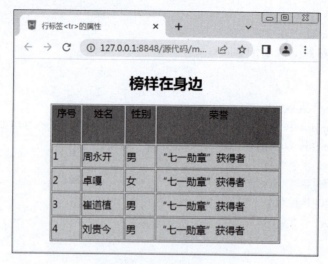

图 6-9 行标签的属性使用

在应用<tr>的属性时，还需要注意以下两点要求。

① <tr>标签无宽度属性 width，其宽度取决于表格标签<table>。

② 可对<tr>标签应用 align 和 valign 属性，用于设置一行内容的水平和垂直对齐方式。

6.1.4 <td>标签的属性

通过对行标签<tr>应用属性，可以控制表格中一行内容的显示样式。也可以通过对单元格标签<td>定义属性设置表格中的某一个单元格显示特殊的效果。<td>标签的常用属性如表 6-3 所示。

表 6-3 <td>标签的常用属性

属性	描述	常用属性值
width	设置单元格的宽度	像素
height	设置单元格的高度	像素
align	设置单元格内容的水平对齐方式	left、center、right
valign	设置单元格内容的垂直对齐方式	top、middle、bottom
bgcolor	设置单元格的背景颜色	预定义的颜色值、十六进制#RGB、rgb（r,g,b）
background	设置单元格的背景图像	url 地址
colspan	设置单元格横跨的列数（用于合并水平方向的单元格）	正整数
rowspan	设置单元格竖跨的行数（用于合并竖直方向的单元格）	正整数

表 6-3 中列出了<td>标签的常用属性，其中大部分属性与<tr>标签的属性相同。与<tr>不同的是，可以对<td>标签应用 width 属性，用于指定单元格的宽度，同时<td>标签还拥有 colspan 和 rowspan 属性，用于对单元格进行合并。

下面通过一个案例对行标签<td>的常用属性进行演示与讲解，代码如例 6-3 所示。

例 6-3：

```
<!DOCTYPE html>
<html>
    <head>
        <meta charset="utf-8">
        <title>行标签<td>的属性</title>
    </head>
    <body>
        <h2 align="center">榜样在身边</h2>
        <table border="1" width="450" height="220" align="center" bgcolor="#DDD">
            <tr align="center" bgcolor="#f10000">
                <td>序号</td>
                <td>姓名</td>
                <td>性别</td>
                <td colspan="2">美称号与荣誉</td>
            </tr>
            <tr align="center">
                <td>1</td>
                <td>周永开</td>
                <td>男</td>
                <td>"草鞋书记"</td>
                <td rowspan="4">"七一勋章"获得者</td>

            </tr>
            <tr align="center">
                <td>2</td>
                <td>卓嘎</td>
                <td>女</td>
                <td>"高原最美格桑花"</td>
            </tr>
            <tr align="center">
                <td>3</td>
                <td>崔道植</td>
                <td>男</td>
                <td>痕检"神探"</td>
            </tr>
            <tr align="center">
                <td>4</td>
```

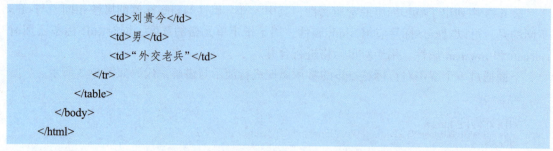

```
            <td>刘贵今</td>
            <td>男</td>
            <td>"外交老兵"</td>
        </tr>
    </table>
  </body>
</html>
```

运行例 6-3，合并水平方向单元格和竖直方向单元格的效果如图 6-10 所示。

在图 6-10 中，设置 colspan＝"2" 属性合并水平方向两个单元格，横跨 2 列；设置 rowspan＝"4" 属性合并竖直方向 4 个单元格，竖跨 4 行。

合并单元格的规则：在预留的单元格中设置相应的 colspan 或 rowspan 属性值（属性值即合并的水平或竖直列数），把想合并的单元格删除。

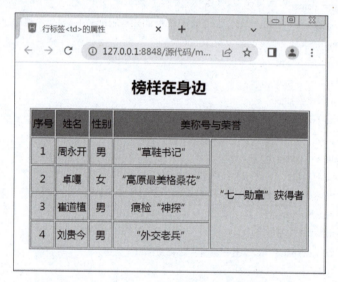

图 6-10 合并水平方向和竖列方向单元格的效果

在使用<td>标签的属性时需注意以下两点要求：

（1）重点掌握 colspan 和 rowspan 两个属性，其他的属性不建议使用，均可用 CSS 样式属性替代。

（2）当对某一个<td>标签应用 width 属性设置宽度时，该列中的所有单元格均会以设置的宽度显示；应用 height 属性设置高度时，该行中的所有单元格均会以设置的高度显示。

6.1.5 <th>标签及其属性

经常需要为表格设置表头，以使表格的格式更加清晰。表头一般位于表格的第一行或第一列，其文本加粗居中，只需用表头标签<th>替代相应的单元格标签<td>即可，<th>标签与<td>标签的属性、用法完全相同，代码如例 6-4 所示。

例 6-4：

```
<!DOCTYPE html>
<html>
```

```
<head>
    <meta charset="utf-8">
    <title>表头标签<th>的属性</title>
</head>
<body>
    <h2 align="center">榜样在身边</h2>
    <table border="1" width="450" height="220" align="center">
        <tr align="center">
            <th>序号</th>
            <th>姓名</th>
            <th>性别</th>
            <th colspan="2">美称号与荣誉</th>
        </tr>
        <tr align="center">
            <td>1</td>
            <td>周永开</td>
            <td>男</td>
            <td>"草鞋书记"</td>
            <td rowspan="4">"七一勋章"获得者</td>

        </tr>
        <tr align="center">
            <td>2</td>
            <td>卓嘎</td>
            <td>女</td>
            <td>"高原最美格桑花"</td>
        </tr>
        <tr align="center">

            <td>3</td>
            <td>崔道植</td>
            <td>男</td>
            <td>痕检"神探"</td>
        </tr>
        <tr align="center">
            <td>4</td>
            <td>刘贵今</td>
            <td>男</td>
            <td>"外交老兵"</td>
        </tr>
    </table>
</body>
</html>
```

在例6-4的代码中，只需将第一行中所有的单元格标签<td>换成表头标签<th>即可，运行例6-4，效果如图6-11所示。

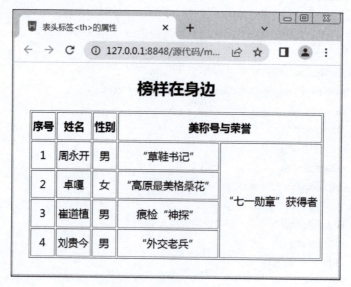

图6-11 设置了表头的表格

6.1.6 表格的结构

实际上网页也可以使用表格进行布局。根据布局划分表格结构的标签如下：

<thead>标签：用于定义表格的头部，必须位于<table>标签中，一般包含网页的 Logo 和导航等头部信息。

<tfoot>标签：用于定义表格的底行，位于<table>标签中<thead></thead>标签之后，一般包含底部的版权、单位信息等。

<tbody>标签：用于定义表格的主体，位于<table>标签中<tfoot>标签之后，一般包含网页中除头部和底部之外的其他内容。

下面通过表格的结构来布局一张简单的网页，代码如例6-5所示。

例6-5：

```
<!DOCTYPE html>
<html>
    <head>
        <meta charset="utf-8">
        <title>划分表格的结构</title>
    </head>
    <body>
        <table width="600" border="1" cellspacing="0" align="center">
            <thead><!--thead定义表格的头部-->
                <tr height="50">
                    <td colspan="3">网站 Logo 和网站名称</td>
                </tr>
```

```
            <tr height="50">
                <td colspan="3">网站 banner 图</td>
            </tr>
            <tr height="30">
                <th colspan="3">网站导航</th>
            </tr>
        </thead>
        <tfoot><!--tfoot 定义表格的底部-->
            <tr height="50">
                <td colspan="3"align="center">底部信息 &copy;【版权信息】</td>
            </tr>
        </tfoot>
        <tbody><!--tbody 定义表格的主体-->
        <tr height="150" align="center">
            <td>主体的左栏</td>
            <td>主体的中间</td>
            <td>主体的右侧</td>
        </tr>
        </tbody>
    </table>
    </body>
</html>
```

运行例 6-5，效果如图 6-12 所示。

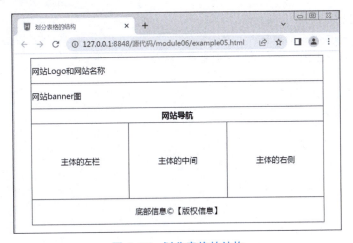

图 6-12　划分表格的结构

　　在使用表格布局网页时，一个表格只能定义一对<thead>标签、一对<tfoot>标签，但可以定义多对<tbody>标签，它们必须按<thead>标签、<tfoot>标签和<tbody>标签的顺序使用。把<tfoot>标签置于<tbody>标签前面，是为了使浏览器在收到全部数据之前即可显示页脚。

6.2 CSS 控制表格样式

除了可以使用 HTML 属性控制表格、行和单元格，还可以使用 CSS 来进行控制。

6.2.1 CSS 控制表格边框

使用<table>标签的 border 属性可以为表格设置边框，但不能改变边框颜色。而使用 CSS 边框样式属性 border 可以方便地控制表格边框各种属性。

下面通过一个案例对利用 CSS 样式属性设置表格边框进行演示与讲解，代码如例 6-6 所示。

例 6-6:

```
<!DOCTYPE html>
<html>
    <head>
        <meta charset="utf-8">
        <title>CSS 控制表格边框</title>
        <style type="text/css">
            table{
                width:320px;            /*设置表格高度 */
                height:200px;           /*设置表格高度 */
                border:1px solid red;   /*设置表格边框 */
                margin: 10px auto;      /*设置表格水平对齐方式 */
            }
            th,td{
                border:1px solid red;   /*设置单元格边框*/
                text-align: center;     /*设置单元格文本水平居中*/
            }
        </style>
    </head>
    <body>
        <table>
            <tr >
                <th>序号</th>
                <th>姓名</th>
                <th>荣誉</th>
            </tr>
            <tr>
                <td>1</td>
                <td>袁隆平</td>
                <td>"共和国勋章"获得者</td>
            </tr>
            <tr>
```

```
            <td>2</td>
            <td>钟南山</td>
            <td>"共和国勋章"获得者</td>
        </tr>
        <tr>
            <td>3</td>
            <td>张富清</td>
            <td>"共和国勋章"获得者</td>
        </tr>
        <tr>
            <td>4</td>
            <td>申纪兰</td>
            <td>"共和国勋章"获得者</td>
        </tr>
    </table>
    </body>
</html>
```

在例 6-6 中，定义了一个 5 行 3 列的表格，然后使用内嵌式 CSS 样式表为表格标签 `<table>` 定义宽、高、边框和水平居中对齐样式，并为单元格设置边框和内容对齐样式。如果只设置 `<table>` 样式，效果图只显示外边框的样式，内部不显示边框。

运行例 6-6，效果如图 6-13 所示。

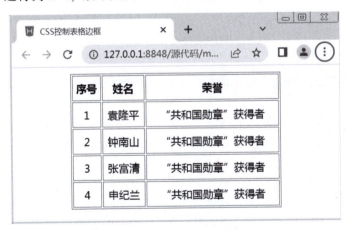

图 6-13　CSS 控制表格边框

CSS 控制表格样式

通过图 6-13 可以发现，单元格与单元格的边框之间存在一定的空间。如果要去掉单元格之间的空间，得到常见的细线边框效果，就需要给表格添加 border-collapse 属性。具体 CSS 样式代码如下所示：

```
table{
        width:320px;            /*设置表格宽度 */
        height:200px;           /*设置表格高度 */
        border:1px solid red;   /*设置表格边框 */
```

```
            margin: 10px auto;              /*设置表格水平对齐方式 */
            border-collapse: collapse;      /*单元格边框合并 */
        }
```

应用后效果如图 6-14 所示。

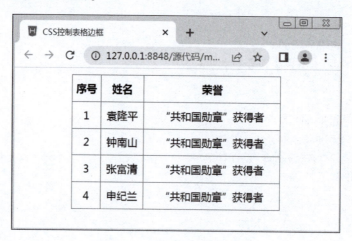

图 6-14　表格的边框合并效果

在使用 border-collapse 时应该注意以下三点要求：

（1）border-collapse 属性除了具有 collapse（合并）属性值外，还具有 separate（分离）属性值，表格中的边框默认为分离。

（2）当表格的 border-collapse 属性值为 collapse 时，HTML 中设置的 cellspacing 属性值无效。

（3）行标签<tr>无 border 样式属性。

6.2.2　CSS 控制单元格边距

<table>标签可以通过 cellpadding 控制单元格内容与边框之间的距离，通过 cellspacing 属性控制相邻单元格边框之间的距离。也可以对单元格设置内边距 padding 属性实现内容与边框之间的距离，代码如例 6-7 所示。

例 6-7：

```
<!DOCTYPE html>
<html>
    <head>
        <meta charset="utf-8">
        <title>CSS 控制表格 padding 属性</title>
        <style type="text/css">
            table{
                border:1px solid red;       /*设置表格边框 */
                margin: 10px auto;          /*设置表格水平对齐方式 */
                border-collapse: collapse;/*单元格边框合并 */
            }
```

```
        th,td{
            border:1px solid red;      /*设置单元格边框*/
            text-align: center;        /*设置单元格文本水平居中*/
            padding:20px;              /*设置单元格内边距属性 */
        }
    </style>
</head>
<body>
    <table>
        <tr >
            <th>序号</th>
            <th>姓名</th>
            <th>荣誉</th>
        </tr>
        <tr>
            <td>1</td>
            <td>袁隆平</td>
            <td>"共和国勋章"获得者</td>
        </tr>
        <tr>
            <td>2</td>
            <td>钟南山</td>
            <td>"共和国勋章"获得者</td>
        </tr>
        <tr>
            <td>3</td>
            <td>张富清</td>
            <td>"共和国勋章"获得者</td>
        </tr>
        <tr>
            <td>4</td>
            <td>申纪兰</td>
            <td>"共和国勋章"获得者</td>
        </tr>
    </table>
</body>
</html>
```

运行例 6-7，效果如图 6-15 所示。

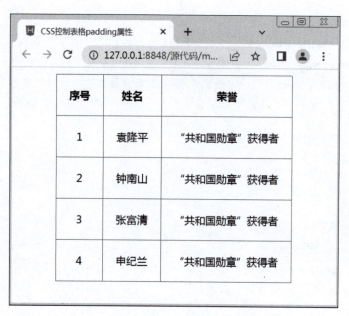

图 6-15　CSS 控制单元格内边距

从图 6-15 可以看出，单元格内容与边框之间拉开了一定的距离。

使用 CSS 样式设置单元格属性时，需注意以下两点要求：

（1）padding 属性对单元格有效，而 margin 属性对单元格无效。要想设置相邻单元格边框之间的距离，只能对<table>标签应用 HTML 标签属性 cellspacing。

（2）行标签<tr>无内边距属性 padding 和外边距属性 margin。

6.2.3　CSS 控制单元格的宽、高

使用 CSS 中的 width 和 height 属性可以控制单元格的宽、高，代码如例 6-8 所示。

例 6-8：

```
<!DOCTYPE html>
<html>
    <head>
        <meta charset="utf-8">
        <title></title>
        <style type="text/css">
            table{
                border:1px solid  #000;  /*设置表格的边框 */
                border-collapse: collapse;
                margin: 10px auto;
            }
            th,td{
                border:1px solid;        /*设置单元格的边框*/
                text-align: center;
            }
```

```
            </style>
        </head>
        <body>
            <table>
                <tr>
                    <td style="width: 100px;height: 60px;">单元格 1</td>
                    <td style="width: 80px;height: 30px;">单元格 2</td>
                </tr>
                <tr>
                    <td style="width: 150px;height:40px;">单元格 3</td>
                    <td>单元格 4</td>
                </tr>
            </table>
        </body>
    </html>
```

在例 6-8 中，定义了一个 2 行 2 列的简单表格，将"单元格 1"的宽度和高度分别设置为 100px 和 60px，同时将"单元格 2"的宽度和高度分别设置为 80px 和 30px，"单元格 3"的宽度和高度分别设置为 150px 和 40px。

运行例 6-8，效果如图 6-16 所示。

通过图 6-16 可以看出，"单元格 1"和"单元格 3"的宽度均为 150px，而"单元格 1"和"单元格 2"的高度均为 60px。可见对同一列中的单元格定义不同的宽度，或对同一行中的单元格定义不同的高度时，最终的宽度或高度分别将取其中的较大者。

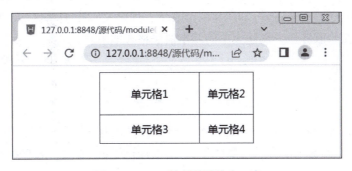

图 6-16　CSS 控制单元格宽、高

6.3　表　　单

表单使网页从单向的信息展示扩展到与用户的互动交流，实现了网上注册、登录和交易等多种功能。表单可通过网络接收用户数据的元素，比如网上订购。通过表单，用户可以向网页提交信息，这些信息随后被传递到后台服务器，实现网页与用户之间的互动和数据交换。

6.3.1　表单的构成

在 HTML 中，一个完整的表单通常由表单控件、提示信息和表单域三个部分构成，这里以网易中免费注册邮箱页面为例，如图 6-17 所示。

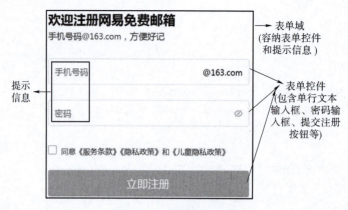

图 6-17　表单的构成

对表单构成中的表单控件、提示信息和表单域的具体解释如下：

表单控件：包含具体的表单功能项，如单行文本输入框、密码输入框、复选框、提交按钮、搜索框等。

提示信息：一些说明性的文字，提示用户进行填写和操作。

表单域：相当于一个容器，用来容纳所有的表单控件和提示信息，可以通过它处理表单数据所用程序的 url 地址，定义数据提交到服务器的方法。如果不定义表单域，表单中的数据就无法传送到后台服务器。

6.3.2　创建表单

在 HTML5 中，使用<form>标签创建一个表单，即定义一个表单区域，用于收集和传递用户信息，并提交给服务器。创建表单的基本语法格式如下：

```
<form action="url 地址" method="提交方式" name="表单名称">
      各种表单控件
</form>
```

在上面的语法中，<form>标签之间的表单控件是由用户自定义的，action、method 和 name 为表单标签<form>标签的常用属性，分别用于定义 url 地址、表单提交方式及表单名称，具体介绍如下：

1. action 属性

在表单收集到信息后，需要将信息传递给服务器进行处理，action 属性用于指定接收并处理表单数据的服务器程序的 url 地址。例如：

```
<form action="insert. php">
```

表示当提交表单时，表单数据会传送到名为 insert. php 的页面去处理。

action 的属性值可以是相对路径或绝对路径，还可以为接收数据的 E-mail 邮箱地址。例如：

```
<form action="mailto:wangyesheji@qq. com">
```

表示当提交表单时，表单数据会以电子邮件的形式传递出去。

2. method 属性

method 属性用于设置表单数据的提交方式，其取值为 get 或 post。在 HTML 中，可以通过<form>标签的 method 属性指明表单处理服务器数据的方法。示例代码如下：

```
<form action="insert. php" method="get">
```

在上面的代码中，method 属性的默认值是 get。使用 get 方法时，浏览器会与表单处理服务器建立连接，并在一个传输步骤中发送所有表单数据。

如果使用 post 方法，浏览器会按以下两步发送数据：首先，浏览器与 action 属性中指定的服务器建立联系；其次，浏览器按分段传输的方法将数据发送给服务器。此外，使用 get 方法提交的数据会显示在浏览器的地址栏中，保密性较差且有数据量限制；而 post 方法的保密性较好且没有数据量限制，因此使用 method="post" 可以提交大量数据。

3. name 属性

表单中的 name 属性用于指定表单的名称，而表单控件的 name 属性用于指定表单控件的名称，表单控件会将用户填写的内容提交给服务器。创建表单的示例 6-9 的代码如下：

例 6-9：

```
<!DOCTYPE html>
<html>
    <head>
        <meta charset="utf-8">
        <title>表单</title>
    </head>
    <body>
        <form action="insert. php" method="post" name="loginform">
            账号:<input type="text"   />
            密码:<input type="password" />
            <input type="submit" value="登录"/>
        </form>
    </body>
</html>
```

运行例 6-9，效果如图 6-18 所示。

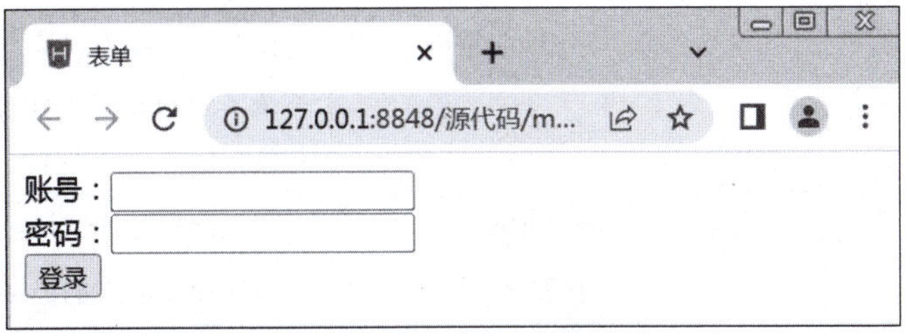

图 6-18　表单运行效果

6.4 表单控件

表单的核心在于表单控件。HTML 语言提供了多种表单控件，用于实现不同的表单功能，如密码输入框、文本域、下拉列表、单选按钮等。

6.4.1 input 控件

浏览网页时经常会看到单行文本输入框、单选按钮、复选框、提交按钮、重置按钮等，要想定义这些元素就需要使用 input 控件，其基本语法格式如下：

```
<input type="控件类型"/>
```

在上面的语法中，<input />标签为单标签，type 属性为其最基本的属性，其取值有多种，用于指定不同的控件类型。除了 type 属性之外，<input />标签还可以定义很多其他属性，其常用属性如表 6-4 所示。

表 6-4   <input />标签的常用属性

属性	属性值	描述
type	text	单行文本输入框
	password	密码输入框
	radio	单选按钮
	checkbox	复选框
	button	普通按钮
	submit	提交按钮
	reset	重置按钮
	image	图像形式的提交按钮
	hidden	隐藏域
	file	文件域
name	由用户自定义	控件的名称
value	由用户自定义	input 控件中的默认文本值
size	正整数	input 控件在页面中的显示宽度
readonly	readonly	该控件内容为只读（不能编辑修改）
disabled	disabled	第一次加载页面时禁用该控件（显示为灰色）
checked	checked	定义选择控件默认被选中的项
maxlength	正整数	控件允许输入的最多字符数

表 6-4 中列出了 input 控件的常用属性，为了使初学者更好地理解和应用这些属性，接下通过一个案例来演示它们的用法和效果，代码如例 6-10 所示。

例 6-10：

```
<!DOCTYPE html>
<html>
    <head>
        <meta charset="utf-8">
        <title>input 控件</title>
        <style type="text/css">
            table{
                border: 1px solid #000;
                border-collapse: collapse;
                margin: 10px auto;
            }
            td,th{
                border: 1px solid #000;
                padding: 5px 10px;
            }
        </style>
    </head>
    <body>
        <table>
            <form action="#" method="post">
                <tr>
                    <th colspan="2" align="center">用户注册</th>
                </tr>
                <tr>
                    <td>用户名:</td> <!--text 单行文本输入框-->
                    <td><input type="text" value="小明" maxlength="6" id="username" /></td>
                </tr>
                <tr>
                    <td>密 码:</td> <!--password 密码输入框-->
                    <td><input type="password" size="20"/></td>
                </tr>
                <tr>
                    <td>性 别:</td><!--radio 单选按钮-->
                    <td>
                        <input type="radio" name="sex" checked="checked" value="男"/>男
                        <input type="radio" name="sex" value="女"/>女
                    </td>
                </tr>
                <tr>
                    <td>兴 趣:</td><!--checkbox 复选框-->
                    <td>
                        <input type="checkbox" />唱歌
```

```
                    <input type="checkbox"/>跳舞
                    <input type="checkbox"/>爬山
                    <input type="checkbox" />篮球
                    <input type="checkbox"/>游泳
                </td>
            </tr>
            <tr>
                <td>个人相片:</td>
                <td><input type="file" /></td><!--file 文件域-->
            </tr>
            <tr>
                <td colspan="2" align="center">
                    <input type="submit" /> <!--submit 提交按钮-->
                    <input type="reset" /><!--reset 重置按钮-->

                    <input type="button" value="注册"/><!--button 普通按钮-->
                    <input type="hidden" /><!--hidden 隐藏域-->
                    <input type="image" src="images/login.jpg" width="80" height="30"><!-- image
图像域 -->
                </td>
            </tr>
        </form>
    </table>
  </body>
</html>
```

在例 6-10 中，通过对<input />标签应用不同的 type 属性值，来定义不同类型的 input 控件，并对其中的一些控件应用<input />标签的其他可选属性。同时使用表格和 CSS 控制表格与单元格样式完成。

运行例 6-10，效果如图 6-19 所示。

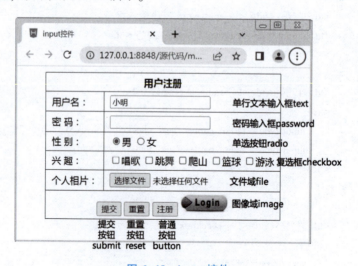

图 6-19　input 控件

在图 6-19 中，不同类型的 input 控件外观不同，当对它们进行具体的操作时，如输入用户名和密码，选择性别和兴趣等，显示的效果也不一样。例如，在密码输入框中输入内容时不会像用户名中的内容一样显示为明文（指没有加密的文本），如图 6-20 所示。

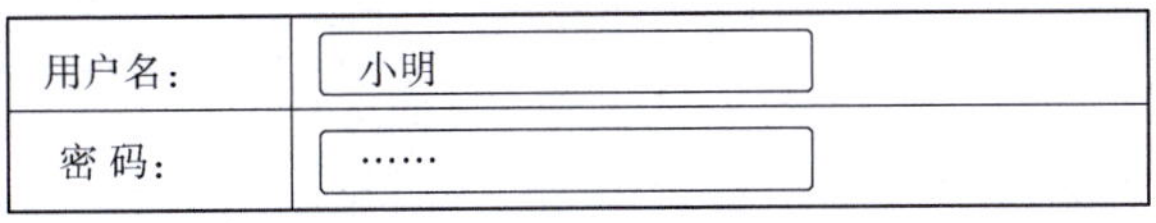

| 用户名： | 小明 |
| 密码： | ...... |

图 6-20　密码框输入效果

下面是一些常用的 input 控件类型：

（1）单行文本输入框<input type="text"/>。

单行文本输入框常用来输入简短的信息，如用户名、账号、证件号码等，常用的属性有 name、value、maxlength。

（2）密码输入框<input type="password" />。

密码输入框用来输入密码，其内容将以圆点的形式显示。

（3）单选按钮<input type="radio" />。

单选按钮用于单项选择，如选择性别、是否操作等。需要注意的是，在定义单选按钮时，必须为同一组中的选项指定相同的 name 值，"单选"才会生效。此外，可以对单选按钮应用 checked 属性，指定默认选中项。

（4）复选框<input type="checkbox" />。

复选框常用于多项选择，如选择兴趣、爱好等，可对其应用 checked 属性，指定默认选中项。

（5）普通按钮<input type="button" />。

普通按钮常常配合 JavaScript 脚本语言使用。

（6）提交按钮<input type="submit" />。

提交按钮是表单中的核心控件，用户完成信息的输入后，一般都需要单击提交按钮才能完成表单数据的提交。可以对其应用 value 属性，改变提交按钮上的默认文本。

（7）重置按钮<input type="reset" />。

当用户输入的信息有误时，可单击重置按钮取消已输入的所有表单信息。可以对其应用 value 属性，改变重置按钮上的默认文本。

（8）图像形式的提交按钮<input type="image"/>。

图像形式的提交按钮与普通的提交按钮在功能上基本相同，只是用图像替代了默认的按钮，外观上更加美观。需要注意的是，必须为其定义 src 属性指定图像的 url 地址，同时也可以指定 width 和 height 属性。

（9）隐藏域<input type="hidden" />。

隐藏域对于用户是不可见的，通常用于后台编写程序使用。

（10）文件域<input type="file" />。

当定义文件域时，页面中将出现一个文本框和一个"浏览…"按钮，用户可以通过填写文件路径或直接选择文件的方式，将文件提交给后台服务器。

在实际使用表单控件制作网页时，常将<input />控件结合<label>标签一起使用，以扩大控件的选择范围。

下面通过一个案例对<label>标签的使用进行演示与讲解，代码如例 6-11 所示。

例 6-11：

```html
<!DOCTYPE html>
<html>
    <head>
        <meta charset="utf-8">
        <title>label 标签的使用</title>
        <style type="text/css">
            table{
                border: 1px solid #000;

                border-collapse: collapse;
                margin: 10px auto;
            }
            td,th{
                border: 1px solid #000;
                padding: 5px 10px;
            }
        </style>
    </head>
    <body>
        <table>
            <form action="#" method="post">
                <tr>
                    <th colspan="2" align="center">用户登录</th>
                </tr>
                <tr>
                    <td><label for="username">用户名:</label></td>
                    <td><input type="text" maxlength="6" id="username" /></td>
                </tr>
                <tr>
                    <td>密  码:</td>
                    <td><input type="password" size="20"/></td>
                </tr>
                    <td colspan="2" align="center">
                        <input type="submit" value="登录" /> <!--submit 提交按钮-->
                        <input type="reset" /><!--reset 重置按钮-->
                    </td>
                </tr>
            </form>
        </table>
    </body>
</html>
```

运行例 6-11，如图 6-21 所示。

在例 6-11 中，使用 label 标签包含表单中的提示信息，并且将 for 属性的值设置为相应表单控件的 id 名称，这样 label 标签标注的内容就绑定到了指定的 id 表单控件上，当单击label 标签中的内容时，相应的表单控件就会处于选中状态。

在例 6-11 中，当单击"用户名"区域时，用户名控件将被激活，光标将会定位到用户名控件中。

图 6-21　使用 label 标签

6.4.2　textarea 控件

当要输入一行文本时，可用单行文本输入框，要输入大量的多行文本信息时，可使用<textarea></textarea>标签。其基本语法格式如下：

```
<textarea cols="每行中的字符数" rows="显示的行数">
    文本内容
</textarea>
```

在上述代码中，cols 和 rows 为<textarea>标签的必备属性，其中 cols 用来定义每行的字符数，rows 用来定义多行文本输入框显示的行数，它们的取值均为正整数。

除了 cols 和 rows 属性外，<textarea>标签还有几个可选属性，如表 6-5 所示。

表 6-5　textarea 可选属性

属性	属性值	描述
name	由用户自定义	控件的名称
readonly	readonly	该控件内容为只读（不能编辑修改）
disabled	disabled	第一次加载页面时禁用该控件（显示为灰色）

了解了<textarea>标签的语法格式和属性后，下面通过一个案例来演示其具体用法，代码如例 6-12 所示。

例 6-12：

```
<!DOCTYPE html>
<html>
    <head>
```

```
            <meta charset="utf-8">
            <title>textarea 控件</title>
        </head>
        <body>
            <form action="#" method="post">

                留言板:<br />
                <textarea cols="50" rows="10" >请输入您的留言
                </textarea><br />
                <input type="submit" />
            </form>
        </body>
    </html>
```

在例 6-12 中，通过 <textarea></textarea> 标签定义一个多行文本输入框，并对其应用 cols 和 rows 属性来设置多行文本输入框每行中的字符数和显示的行数。

运行例 6-12，效果如图 6-22 所示。

在图 6-22 所示的多行文本输入框中，用户可以对其中的内容进行编辑修改。

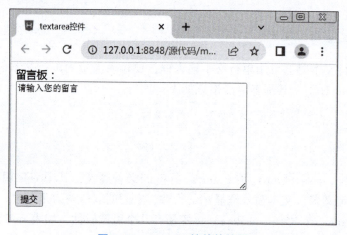

图 6-22　textarea 控件的使用

在实际使用 textarea 时，因 cols 和 rows 属性在各浏览器中的显示效果可能会有差异，因此常使用 CSS 的 width 和 height 属性来定义多行文本输入框的宽、高。

6.4.3　select 控件

select 控件可用于制作下拉菜单，其基本语法格式如下：

```
<select>
    <option>选项 1</option>
    <option>选项 2</option>
    <option>选项 3</option>
    …
</select>
```

在上面的语法中，<select>标签用于在表单中添加一个下拉菜单，<option>标签嵌套在<select>标签中，用于定义下拉菜单中的具体选项，每对<select>标签中至少应包含一对<option>标签。

在 HTML5 中，可以为<select>标签和<option>标签定义属性，以改变下拉菜单的外观显示效果，具体属性如表 6-6 所示。

表 6-6　<select>标签和<option>标签的常用属性

标签名	常用属性	描述
<select>	size	指定下拉菜单的可见选项数（取值为正整数）
	multiple	定义 multiple="multiple"时，下拉菜单将将具有多项选择的功能，方法为按住 Ctrl 键的同时选择多项
<option>	selected	定义 selected="selected"时，当前项即为默认选中项

下面通过例 6-13 来演示几种下拉菜单效果，代码如下。

例 6-13:

```
<!DOCTYPE html>
<html>
    <head>
        <meta charset="utf-8">
        <title>select 控件</title>
    </head>
    <body>
        <form action="#" method="post">
            所在地市:<br />
            <select><!--最基本的下拉菜单-->
                <option>-请选择-</option>
                <option>南昌</option>
                <option>赣州</option>
                <option>上饶</option>
                <option>吉安</option>
                <option>宜春</option>
            </select><br /><br />
            喜欢的栏目:<br />
            <select><!--设置默认选中项-->
                <option>党史百科</option>
                <option>百年影像</option>
                <option selected="selected">红色展馆</option>
            </select><br /><br />
            兴趣(多选)<br />
            <select multiple="multiple" size="4">:
                <option>跑步</option>
                <option selected="selected">编程</option>
```

```
            <option>篮球</option>
            <option selected="selected">看书</option>
            <option>足球</option>

        </select><br /><br />
        <input type="submit" />
    </form>
  </body>
</html>
```

在例 6-13 中，通过<select>、<option>标签及相关属性创建了三个不同的下拉菜单，其中第一个为最简单的下拉菜单，第二个为设置了默认选项的单选下拉菜单，第三个为设置了两个默认选项的多选下拉菜单。

运行例 6-12，效果如图 6-23 所示。

图 6-23　select 控件

图 6-23 实现了不同的下拉菜单效果，但是，在实际网页制作过程中，有时候需要对下拉菜单中的选项进行分组，这样当存在很多选项时，要想找到某个选项就会更加容易。

要想实现这个效果，可以在下拉菜单中使用<optgroup>标签。下面通过一个案例对<optgroup>标签的使用进行演示与讲解，代码如例 6-14 所示。

例 6-14：

```
<!DOCTYPE html>
<html>
  <head>
    <meta charset="utf-8">
    <title>optgroup 标签</title>
  </head>
  <body>
    <form action="#" method="post">
```

```
            所在地市:<br />
            <select>
                <optgroup label="南昌">
                    <option>东湖区</option>
                    <option>西湖区</option>
                    <option>青云谱区</option>
                    <option>青山湖区</option>
                    <option>新建区</option>
                    <option>红谷滩区</option>
                </optgroup>
                <optgroup label="上饶">
                    <option>信州区</option>
                    <option>广信区</option>
                    <option>广丰区</option>
                </optgroup>
            </select>
        </form>
    </body>
</html>
```

在例 6-14 中，<optgroup>标签用于定义选项组，必须嵌套在<select>标签中，一对<select>标签中通常包含多对<optgroup>标签。在<optgroup>与</optgroup>之间为<option>标签定义的具体项。同时<optgroup>标签有一个必需属性 label，用于定义具体的组名。

运行例 6-14，效果如图 6-24 所示，下拉菜单中的选项被清晰地分组了。

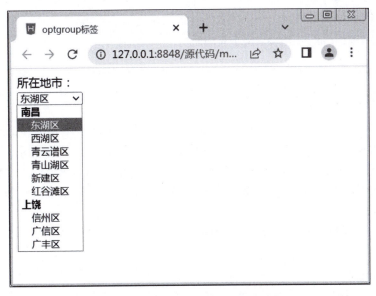

图 6-24　为下拉菜单中的选项分组

6.5　HTML5 表单新属性

HTML5 引入了许多新的表单功能，例如 form 属性、新的表单控件、新的 input 控件类型和 input 属性等，这些新增内容使设计人员能够更高效地创建标准的 Web 表单。

6.5.1　全新的 form 属性

在 HTML5 中新增了两个 form 属性，分别为 autocomplete 属性和 novalidate 属性。

1. autocomplete 属性

autocomplete 属性用于指定表单是否有自动完成功能。所谓 "自动完成" 是指将表单控件输入的内容记录下来，当再次输入时，会将输入的历史记录显示在一个下拉列表里，以实现自动完成输入。

autocomplete 属性有两个值，作用如下：

on：表单有自动完成功能。

off：表单无自动完成功能。

autocomplete 属性示例代码如下：

```
<form id="register" autocomplete="on">
```

需要注意的是 autocomplete 属性不仅可以用于<form>标签，还可以用于所有输入类型的<input />标签。

2. novalidate 属性

novalidate 属性用于指定在提交表单时取消对表单进行有效的检查。为表单设置该属性时，可以关闭整个表单的验证，这样可以使<form>标签内的所有表单控件不被验证，novalidate 属性的取值为它自身，示例代码如下：

```
<form action="insert. php" method="post" novalidate="novalidate">
```

上述示例代码对 form 标签应用 novalidate="novalidate" 属性，来取消表单验证。

6.5.2　全新的表单控件

HTML5 引入了一些新的控件，如 datalist 和 keygen，这些元素增强了表单的功能性。

其中，datalist 控件用于定义输入框的选项列表，在网页中被广泛使用。用户可以从列表中选择一个选项，或者自行输入其他内容。通常，datalist 与 input 控件配合使用，通过为 datalist 指定一个唯一的 id 属性，并将该 id 属性值作为 input 控件的 list 属性值，以定义输入框的可选值列表。

下面通过一个案例对 datalist 元素的使用进行演示与讲解，代码如例 6-15 所示。

例 6-15：

```
<!DOCTYPE html>
<html>
    <head>
        <meta charset="utf-8">
        <title>datalist 元素</title>
```

```
        </head>
        <body>
            <form action="#" method="post">
                中国精神：
                <input type="text" list="spirit"/>
                <datalist id="spirit">
                    <option>井冈山精神</option>
                    <option>长征精神</option>
                    <option>延安精神</option>
                    <option>西柏坡精神</option>
                </datalist>
                <input type="submit" />
            </form>
        </body>
    </html>
```

在例 6-15 中，首先向表单中添加一个 input 控件，并将其 list 属性值设置为 spirit，然后添加 id 名为 spirit 的 dalalist 控件，并通过 datalist 内的 option 创建列表。

运行例 6-15，效果如图 6-25 所示。

图 6-25　datalist 元素

6.5.3　新增的 input 控件类型

在 HTML5 中，增加了一些新的 input 控件类型，通过这些新的控件，可以更好地实现表单的控制和验证功能。

（1）email 类型<input type="email"/>。

email 类型的 input 控件是一种专门用于输入 E-mail 地址的文本输入框，用来验证 email 输入框的内容是否符合 E-mail 邮件地址格式；如果不符合，将提示相应的错误信息。

（2）url 类型<input type="url"/>。

url 类型的 input 控件是一种用于输入 URL 地址的文本框。如果所输入的内容是 URL 地址格式的文本，则会提交数据到服务器；如果输入的值不符合 URL 地址格式，则不允许提交，并且会有提示信息。

（3）tel 类型<input type="tel"/>。

tel 类型用于提供输入电话号码的文本框，由于电话号码的格式千差万别，很难实现一个通用的格式，因此 tel 类型通常会和正则表达式配合使用。

（4）search 类型<input type="search"/>。

search 类型是一种专门用于输入搜索关键词的文本框，它能自动记录一些搜索字符。在用户输入内容后，其右侧会附带一个删除图标，单击这个图标可以快速清除内容。

（5）color 类型<input type="color"/>。

color 类型用于提供设置颜色的文本框，用于实现一个 RGB 颜色输入。其基本形式是 #RRGGBB，默认值为#000000，通过 value 属性值可以更改默认颜色。单击 color 类型文本框可以快速打开取色器面板，方便用户可视化选取颜色。

下面通过一个案例对新增 input 控件的用法进行演示与讲解，代码如例 6-16 所示。

例 6-16：

```
<!DOCTYPE html>
<html>
    <head>
        <meta charset="utf-8">
        <title>新增的表单控件</title>
    </head>
    <body>
        <form action="#" method="get">
            请输入邮箱:<input type="email" name="com_email"/><br/>
            请输入网址:<input type="url" name="com_url" /><br/>
            请输入手机号:<input type="tel" name="com_tel" pattern="^\d{11} $ "  /><br/>
            输入搜索关键词:<input type="search" name="search_info" /><br/>
            请选取颜色:<input type="color" name="like_color" />
            <input type="submit"/>
        </form>
    </body>
</html>
```

运行例 6-16，效果如图 6-26 所示。

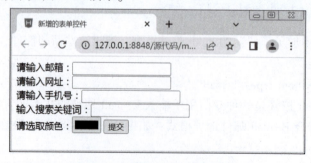

图 6-26 新增 input 控件效果

在图 6-16 中，因 <form> 标签内没有加 novalidate = "novalidate" 属性，所以表单内所有控件将被验证。分别在邮箱、网址、手机号三个文本框中输入不符合格式要求的内容，依次单击"提交"按钮，效果分别如图 6-27~图 6-29 所示。

图 6-27　email 类型验证提示效果

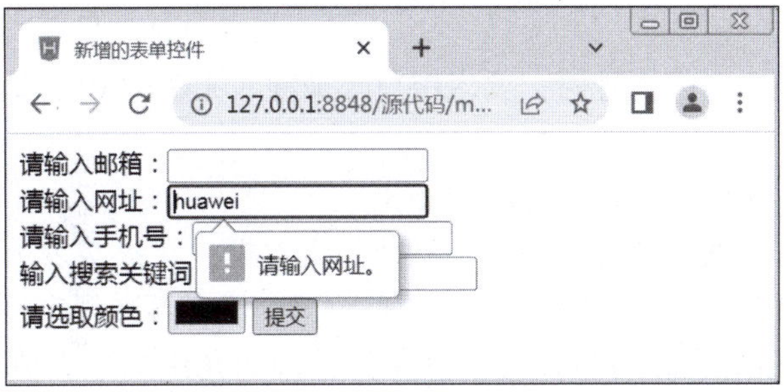

图 6-28　url 类型验证提示效果

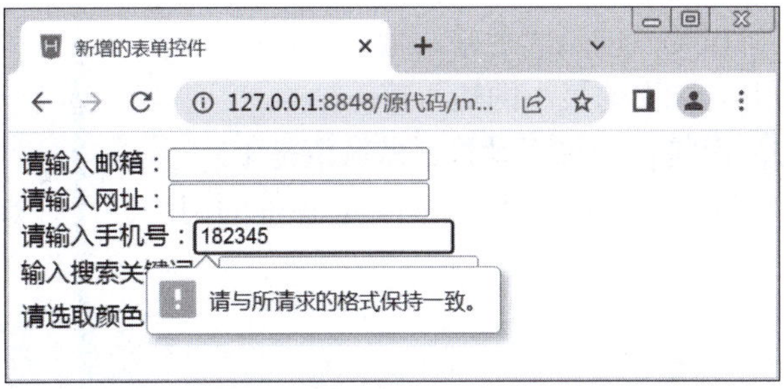

图 6-29　tel 类型验证效果

在搜索关键词文本框中输入搜索关键词，搜索框右侧会出现一个"×"按钮，如图 6-30 所示。单击这个按钮，可以清除已经输入的内容。

图 6-30　输入搜索关键词效果

单击"选取颜色"后的颜色文本框时，会弹出如图 6-31 所示的颜色选取器，用户选择合适的颜色即可。

图 6-31　颜色选取器

在 url 类型文本框中输入网址时，要求用户必须输入完整的 URL 地址，并且允许地址前有空格的存在。

（6）number 类型 <input type="number" />。

number 类型的 input 控件用于提供输入数值的文本框。在提交表单时，会自动验证该输入框中的内容是否为数字。如果输入的内容不是数字，或者不在规定的范围内，将会显示错误提示。number 类型的输入框可以设置限制条件，例如允许的最大值和最小值、合法的数字间隔，以及默认值等。具体属性说明如下：

value：指定输入框的默认值。

max：指定输入框可以接受的最大的输入值。

min：指定输入框可以接受的最小的输入值。

step：输入域合法的间隔，如果不设置，默认值是 1。

下面通过一个案例来演示 number 类型的 input 控件的用法，代码如例 6-17 所示。

例 6-17：

```html
<!DOCTYPE html>
<html>
    <head>
        <meta charset="utf-8">
        <title>number 类型的 input 控件</title>
    </head>
    <body>
        <form action="#" method="get">
            请输入数字：<input type="number" name="numerical" value="1" step="2" min="1" max="30"/>
        </form>
    </body>
</html>
```

运行例 6-17，效果如图 6-32 所示。

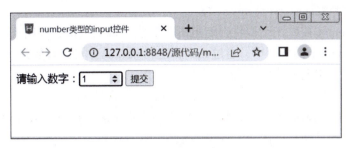

图 6-32　number 类型效果

通过图 6-32 可以看出，number 类型文本框中的默认值为 1；读者可以手动在输入框中输入数值或者通过单击输入框的控制按钮来控制数据。例如，当单击输入框中向上的小三角时，输入框中的值从 1 变成了 3，这是因为设置 step 的属性值为 2，效果如图 6-33 所示。

图 6-33　number 类型的 step 属性值效果

当在文本框中输入 32，单击"提交"按钮，会显示提示信息，这是因为 max 属性值为 30，效果如图 6-34 所示。如果输入非数字格式的内容，单击"提交"按钮，会显示验证提示信息，如图 6-35 所示。

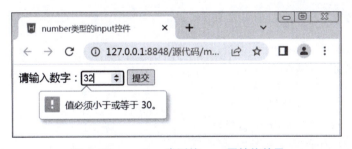

图 6-34　number 类型的 max 属性值效果

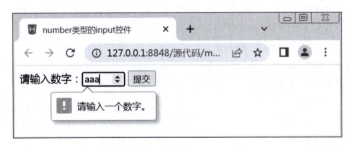

图 6-35　非数字格式验证效果

（7）range 类型<input type="range"/>。

range 类型的 input 控件用于提供一定范围内数值的输入范围，在网页中显示为滑动条。它的常用属性与 number 类型一样，通过 min 属性和 max 属性可以设置最小值与最大值，通过 step 属性指定每次滑动的步幅。

（8）date picker 类型<input type="date,month,week..."/>。

date picker 类型是指时间日期类型，HTML5 中提供了多个可供选取日期和时间的输入类型，用于验证输入的日期，具体如表 6-7 所示。

表 6-7　时间和日期类型

时间和日期类型	说明
date	选取日、月、年
month	选取月、年
week	选取周和年
time	选取时间（小时和分钟）
datetime	选取时间、日、月、年（UTC 时间）
datetime-local	选取时间、日、月、年（本地时间）

在表 6-7 中，UTC 是 Universal Time Coordinated 的英文缩写，即协调世界时，又称世界标准时间。UTC 时间就是 0 时区的时间，UTC 和北京的时差为 8。

下面通过例 6-18 对时间日期类型进行演示和讲解，代码如下。

例 6-18：

```
<!DOCTYPE html>
<html>
    <head>
        <meta charset="utf-8">
        <title>时间日期类型 input 控件</title>
    </head>
    <body>
        <form action="#" method="get">
            <input type="date"/><br />
            <input type="month"/><br />
            <input type="week"/><br />
            <input type="time"/><br />
            <input type="datetime"/><br />
            <input type="datetime-local"/><br />
            <input type="submit">
        </form>
    </body>
</html>
```

运行例 6-18，效果如图 6-36 所示。

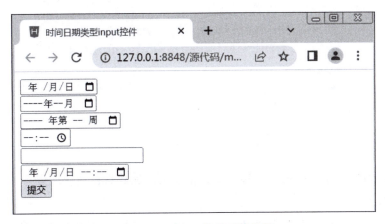

图 6-36   时间日期类型的使用

用户可以直接向输入框中输入内容，也可以单击输入框之后的按钮进行选择。如果有浏览器不支持的 input 控件，将会在网页中显示为一个普通输入框。

6.5.4   新增的 input 属性

在 HTML5 中，还增加了一些新的 input 控件属性，用于指定输入类型的行为和限制，例如 autofocus、min、max、pattern 等。

1. autofocus 属性

在 HTML5 中，autofocus 属性用于指定页面加载后是否自动获取焦点，将标签的属性值指定为 true 时，表示页面加载完毕后会自动获取该焦点。

下面通过一个案例来演示 autofocus 属性的使用，代码如例 6-19 所示。

例 6-19：

```
<!DOCTYPE html>
<html>
    <head>
        <meta charset="utf-8">
        <title></title>
    </head>
    <body>
        <form action="#" method="get">
            请输入用户名:<input type="text" name="user_name"    autofocus="true"/>
            <br/>
            <input type="submit"/>
        </form>
    </body>
</html>
```

在例 6-19 中，向表单中添加一个<input/>标签，并设置 autofocus 的属性值为 true，指定在页面加载完毕后会自动获取焦点。

运行例 6-19，效果如图 6-37 所示。

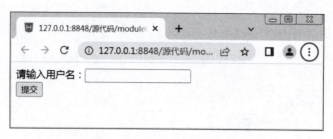

图 6-37　autofocus 属性的使用

从图 6-37 可以看出，<input /> 标签输入框在页面加载后自动获取焦点。

2. form 属性

在 HTML5 之前，提交一个表单时，只有在 <form> 标签内部的控件元素才会被处理，否则会被忽略处理。

而 HTML5 引入了 form 属性后，允许开发者将表单内的控件元素放置在页面的任意位置。只需为控件元素添加 form 属性，并将其属性值设置为目标表单的 id 即可。这使控件可以不必局限于表单的直接子元素位置，而是能够跨越整个文档结构。此外，form 属性还支持一个控件同时从属于多个表单，提供了更灵活的表单组织和控件管理方式。

下面通过一个案例来演示 form 属性的使用，代码如例 6-20 所示。

例 6-20：

```
<!DOCTYPE html>
<html>
    <head>
        <meta charset="utf-8">
        <title>form 属性的使用</title>
    </head>
    <body>
        <form action="#" method="get" id="form1">
            请输入姓名:<input type="text" name="fullname"/>
            <input type="submit" value="提交"/>
        </form>
            请输入荣誉:<input type="text" name="honor" form="form1"/>
    </body>
</html>
```

在例 6-20 中，分别添加两个 <input/> 标签，并且第二个 <input /> 标签不在 <form> 标签中。另外，指定第二个 <input /> 标签的 form 属性值为该表单的 id 名。运行效果如图 6-38 所示。

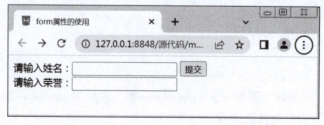

图 6-38　表单外控件传输

此时，在输入框中输入内容后，单击"提交"按钮，在浏览器的地址栏中可以看到对应的数据，说明表单可以接收之外设置 form 属性的控件元素数据，如图 6-39 所示。

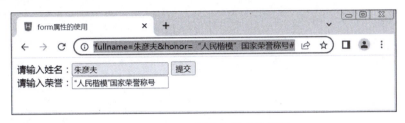

图 6-39　同一表单中提交的数据

在使用 form 属性时，需要注意以下两个要求：

（1）form 属性适用于所有的 input 输入类型。

（2）在使用时，只需引用所属表单的 id 即可。

3. list 属性

在之前的内容中已经学习了如何通过 datalist 元素实现数据列表的下拉效果。而 list 属性用于指定输入框所绑定的 datalist 元素，其值是某个 datalist 元素的 id。

4. multiple 属性

multiple 属性指定输入框可以选择多个值。multiple 属性用于 file 类型的 input 元素时，表示可以选择多个文件。

下面通过一个案例来进一步演示 multiple 属性的使用，代码如例 6-21 所示。

例 6-21：

```
<!DOCTYPE html>
<html>
    <head>
        <meta charset="utf-8">
        <title>multiple 属性的使用</title>
    </head>
    <body>
        <form action="#" method="get">
            上传文件：<input type="file" multiple /><br/>
            <input type="submit"/>
        </form>
    </body>
</html>
```

在例 6-21 中，向 file 类型的 input 元素中使用 multiple 属性指定输入框可以选择多个值。运行例 6-21，效果如图 6-40 所示。

在图 6-40 中，可以选择多个文件。如果想要选择多个文件，可以按住 Ctrl 键选择多个文件。如果没有使用 multiple 属性，那只能选择一个元素。

可以使用以下三种形式应用 multiple 属性：

直接在 input 控件中加入 multiple。

在 input 控件中加入 multiple = " true "。

在 input 控件中加入 multiple = " multiple " , 在前面介绍 select 标签属性时已使用该属性。

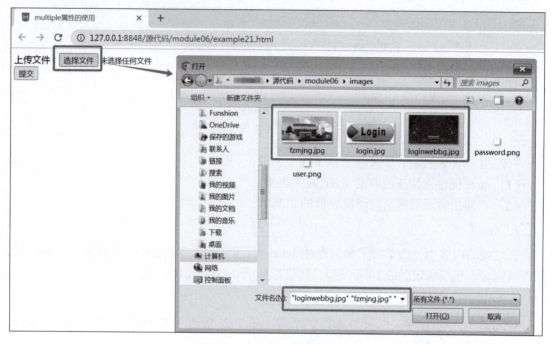

图 6-40　multiple 属性的使用

5. min、max 和 step 属性

HTML5 中的 min、max 和 step 属性用于为包含数字或日期的 input 输入类型规定限值, 也就是给这些类型的输入框加一个数值的约束, 适用于 date picker、number 和 range 标签。具体属性说明如下:

max:规定输入框所允许的最大输入值。

min:规定输入框所允许的最小输入值。

step:为输入框规定合法的数字间隔, 如果不设置, 默认值是 1。

6. pattern 属性

pattern 属性用于验证 input 类型输入框中, 用户输入的内容是否与所定义的正则表达式相匹配 (可以简单理解为表单验证)。pattern 属性适用的类型是 text、search、url、tel、email 和 password 的 <input /> 标签。常用的正则表达式和说明如表 6-8 所示。

表 6-8　常用的正则表达式和说明

正则表达式	说明
^[0-9]*$	数字
^\d{n}$	n 位的数字
^\d{n,}$	至少 n 位的数字
^\d{m,n}$	$m\sim n$ 位的数字
^(0[1-9][0-9]*)$	零和非零开头的数字

续表

正则表达式	说明
^([1-9][0-9]*)+(.[0-9]{1,2})?$	非零开头的最多带两位小数的数字
^(\-|\+)?\d+(\,\d+)?$	正数、负数和小数
^\d+$ 或 ^[1-9]\d*|0$	非负整数
^-[1-9]\d*|0$ 或^((-\d+)|(0+))$	非正整数
^[\u4e00-\u9fa5]{0,}$	汉字
^[A-Za-z0-9]+S 或^[A-Za-z0-9]{4,40}$	英文和数字
^[A-Za-z]+$	由 26 个英文字母组成的字符串
^[A-Za-z0-9]+$	由数字和 26 个英文字母组成的字符串
^\w+$ 或 ^\w{3,20}$	由数字、26 个英文字母或者下划线组成的字符串
^[\u4E00-\u9FA5A-Za-z0-9_]+$	中文、英文、数字，包括下划线
^w+([-+.]\w+)*@\w+([-.]\w+)*\.\w+([-.]\w+)*$	E-mail 地址
[a-zA-z]+://[^s]* 或 ^http://([w-]+\.)+[\w-]+(/[\w-./?%&=]*)?$	URL 地址
^\d{15}|\d{18}$	身份证号（15 位、18 位数字）
^([0-9]){7,18}(x|X)?$ 或^\d{8,18}|[0-9x]{8,18}|[0-9X]{8,18}?$	以数字、字母 x 或 X 结尾的短身份证号码
^[a-zA-Z][a-zA-Z0-9_]{4,15}$	账号是否合法（字母开头，允许 5~16 字节，允许字母、数字、下划线）
^[a-zA-Z]\w{5,17}$	密码（以字母开头，长度为 6~18，只能包含字母、数字和下划线）

　　下面通过一个案例对 pattern 属性以及常用的正则表达式进行演示与讲解，代码如例 6-22 所示。

　　例 6-22：

```
<!DOCTYPE html>
<html>
    <head>
        <meta charset="utf-8">
        <title>pattern 属性</title>
    </head>
    <body>
        <form action="#" method="get">
        账　号：<input type="text"name="username" pattern="^[a-zA-z][a-z
A-Z0-9_]{3,19}$"/>(以字母开头，允许 4~20 字节，允许字母数字下划线)<br/>
        密　码：<input type="password" name="pwd" pattern="^[a-zA-Z]\w{5,17}$"/>(以字母开头，长
度为 6~18，只能包含字母、数字和下划线)<br/>
        身份证号：<input type="text" name="idnum" pattern="^\d{15}\|\d{18}$"/>
```

```
（15 位或 18 位数字）<br/>
        Email 地址：<input type="email" name="useremail" pattern="^\w+([-+. ]\w+)
    * @ \w+([-. ]\w+)*  \. \w+([-. ]\w+)*  $ "/>
        <input type="submit"/>
    </form>
    </body>
</html>
```

运行例 6-22，效果如图 6-41 所示。

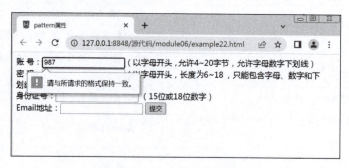

图 6-41　pattern 属性的应用

当输入的内容与所定义的正则表达式格式不相匹配时，单击"提交"按钮，会弹出验证信息提示内容。

7. placeholder 属性

placeholder 属性用于为 input 类型的输入框提供相关提示信息，以描述输入框要输入何种内容。在输入框为空时显式提示信息，而当输入框获得焦点并输入信息时，提示信息消失。下面通过一个案例来演示 placeholder 属性的使用，代码如例 6-23 所示。

例 6-23：

```
<!DOCTYPE html>
<html>
    <head>
        <meta charset="utf-8">
        <title>placeholder 属性</title>
    </head>
    <body>
        <form action="#" method="get">
        账号：<input type="text"name="username" pattern="^[a-zA-Z][a-zA-Z
0-9_]{3,19} $ " placeholder="以字母开头，允许 4~20 字节"/><br/>
        密码：<input type="password" name="pwd" pattern="^[a-zA-Z0-9_]\w{5,
17} $ "/>（以字母开头，长度为 6~18，只能包含字母、数字和下划线）<br/>
        <input type="submit"/>
    </form>
    </body>
</html>
```

在例 6-23 中，使用 pattern 属性来提示输入账号的要求。运行例 6-23，效果如图 6-42 所示。没有在输入账号时，提示信息一直在文本框中显示，而当输入框获得焦点并输入信息时，提示信息消失。

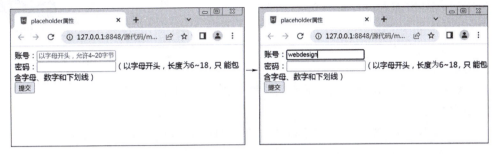

图 6-42　placeholder 属性的应用

placeholder 属性适用于 type 属性值为 text、search、url、tel、email 以及 password 的 <input/>标签。

8. required 属性

required 属性用于判断用户是否在表单输入框中输入内容，当输入框内容为空时，则不允许用户提交表单。下面通过一个案例来演示 required 属性的使用，代码如例 6-24 所示。

例 6-24：

```
<!DOCTYPE html>
<html>
    <head>
        <meta charset="utf-8">
        <title>required 属性</title>
    </head>
    <body>
        <form action="#" method="get">
        账号:<input type="text" name="user_name" required/>
        <input type="submit" value="提交"/>
        </form>
    </body>
</html>
```

运行例 6-24，效果如图 6-43 所示。在没有输入账号单击"提交"按钮时，会出现提示信息。

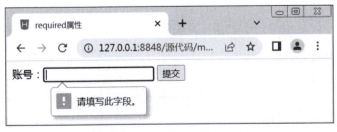

图 6-43　required 属性的应用

可以使用以下三种形式应用 required 属性：

直接在 input 控件中加入 required。

在 input 控件中加入 required = "true"。

在 input 控件中加入 required = "required"。

CSS 控制表单样式

【操作准备】

1. 启动 HBuilderX。

通过 Windows 的"开始"菜单或桌面快捷方式启动 HBuilderX。

2. 创建本地站点。

在 HBuilderX 中创建一个名为"module06"的本地站点，站点定位到 module06 文件夹中。

3. 把相应的图片素材放在文件夹 module06 子文件夹 images 中。

4. 在本地站点下新建 userReg. html 页面，放在文件夹 module06 根目录下；新建 user-Reg. css 样式文件，放在文件夹 module06 子文件夹 style 中。

5. userReg. html 页面中，通过<link href = "style/userReg. css" type = "text/css" rel = "stylesheet">代码将 userReg. css 样式文件进行链接。

【任务介绍】

为了使初学者熟练地运用表格标签、表单标签组织页面，利用相应的 CSS 样式控制表格和表单样式，本任务运用表格、表单及 CSS 相关知识制作一个网站中常见的在线注册页面，其效果如图 6-44 所示。

下面就开始在线注册吧（以下信息是注册的重要依据，请认真填写）

姓 名*	👤 注册的重要依据，请认真填写
手 机*	📞 注册的重要依据，请认真填写
性 别*	○男 ○女
邮 箱*	✉
学习资料*	百年影像 ▽
了解红色文化的渠道	☐红色影像 ☐红色基地 ☐红色展馆 ☐先锋模范 ☐典型故事 ☐其他
留 言	请输入留言内容
	提交

图 6-44   注册页面效果

【引导训练】

【任务 6-1】分析效果图

【任务 6-1-1】代码结构分析

通过观察效果图 6-44，可以清晰地看到整个注册页面大致分为上方的标题和下方的表单两部分。表单部分排列整齐，由左右两部分组成，左侧是提示信息，右侧是具体的表单控件，可以使用表格进行布局。此外，还需要在标题部分和表单部分外面定义一个盒子，用于整体控制注册界面。效果图 6-44 对应的页面结构如图 6-45 所示。

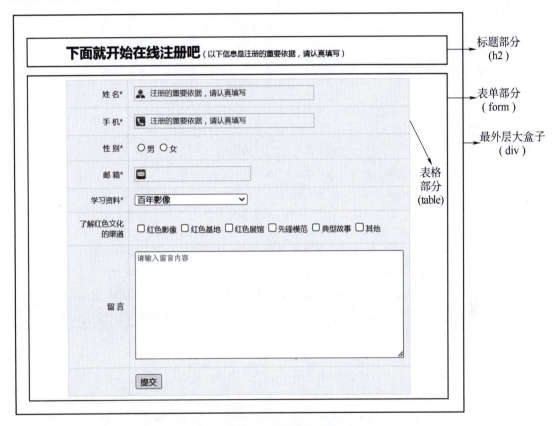

图 6-45   页面代码结构

【任务 6-1-2】样式分析

控制页面代码结构图 6-45 的样式主要分为以下几个部分：

（1）定义公共基础样式。

（2）通过最外层的大盒子实现对页面的整体控制，需要对其设置宽、高、内外边距及水平居中显示（外边距）样式。

（3）标题的文本和下边距样式。

（4）控制整个表格样式和单元格样式。

（5）提示信息的对齐和文本样式。

（6）表单控件的宽度、高度、边框、边距、背景和文本等样式。

【任务 6-2】制作页面结构

根据任务 6-1 的分析，使用相应的 HTML 标签搭建网页结构，userReg. html 网页结构代码如下所示。

```html
<!DOCTYPE html>
<html>
<head>
<metacharset="utf-8">
<title>用户在线注册</title>
</head>
<body>
<div class="box">
    <h2 class="header">下面就开始在线注册吧<span>(以下信息是注册的重要依据,请认真填写)</span></h2>
        <form action="#" method="post">
        <table class="content">
            <tr>
                <td class="left">姓 名<span class="red">* </span></td>
                <td><input type="text" placeholder="注册的重要依据,请认真填写" class="txt01" required/></td>
            </tr>
            <tr>
                <td class="left">手 机<span class="red">* </span></td>
                <td><input type="text" placeholder="注册的重要依据,请认真填写" class="txt02" required/></td>
            </tr>
            <tr>
                <td class="left">性 别<span class="red">* </span></td>
                <td>
                <label for="male"><input type="radio" name="sex" id="boy" required />男</label>
                    <label for="female"><input type="radio" name="sex" id="girl" required />女</label>
                </td>
            </tr>
            <tr>
                <td class="left">邮 箱<span class="red">* </span></td>
                <td><input type="email" class="txt03" required/></td>
            </tr>
            <tr>
                <td class="left">学习资料<span class="red">* </span></td>
                    <td>
```

```
                <select class="learn">
                    <option>党史百科</option>
                    <option selected="selected">百年影像</option>
                        <option>红色展馆</option>
                    </select>
                </td>
        </tr>
        <tr>
        <td class="left">了解红色文化的渠道</td>
            <td>
            <label for="rmovie"><input type="checkbox" id="rmovie" />红色影像</label>
                <label for="rbase"><input type="checkbox" id="rbase" />红色基地</label>
                <label for="rshop"><input type="checkbox" id="rshop" />红色展馆</label>
                <label for="rmodel"><input type="checkbox" id="rmodel" />先锋模范</label>
                <label for="rstory"><input type="checkbox" id="rstory" />典型故事</label>
                <label for="other"><input type="checkbox" id="other" />其他</label>
            </td>
        </tr>
        <tr>
        <td class="left">留 言</td>
            <td><textarea cols="50" rows="5" class="message">请输入留言内容</textarea></td>
        </tr>
        <tr>
        <td> </td>
            <td><input type="submit" value="提交"/></td>
        </tr>
    </table>
    </form>
</div>
</body>
</html>
```

在 userReg. html 的 HTML 结构代码中，最外层使用类为 box 的 <div> 对注册页面的整体进行控制，使用 <h2> 标签定义标题部分，在 <h2></h2> 中嵌套了一对 <span></span>，用于控制标题中的小号字体。在标题部分之后，创建了一个 8 行 2 列的表格，用于对表单部分进行布局，需要注意的是，第一列的前几个单元格中嵌套了 class 为 red 的 <span>，用于控制提示信息中的"＊"，代表必填信息。

运行例 userReg. html，效果如图 6-46 所示。

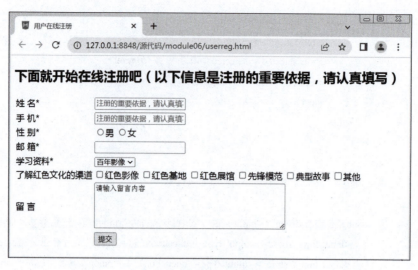

图 6-46　HTML 页面结构效果

【任务 6-3】定义 CSS 样式

搭建完页面的结构后，接下来为页面添加 CSS 样式，样式写在 userReg. css 样式文件中，并将 userReg. css 样式文件链接到 userReg. html 页面中。本任务采用从整体到局部的方式实现图 6-44 所示的效果，具体如下。

【任务 6-3-1】定义公共基础样式

在定义 CSS 样式时，要定义清除浏览器默认样式和全局控制样式，具体 CSS 代码如下：

```
/* 重置浏览器的默认样式*/
body,h2,form,table{
    padding:0;
    margin:0;
    }
/*全局控制*/
body{
    font-size:12px;
    font-family:"微软雅黑";
    color:#515151;
}
```

【任务 6-3-2】整体控制注册页面

制作页面结构时，我们定义了一个类为"box"的<div>用于对注册页面进行整体控制，定义了具体的宽度、高度和内边距。此外为了使页面在浏览器中居中，可以对其使用外边距属性 margin，具体 CSS 代码如下：

```
.box{                        /*控制最外层的大盒子*/
    width:660px;
    height:600px;
```

```
        padding:20px;
        margin:10px auto;
   }
```

【任务 6-3-3】 制作标题部分

对于效果图中的标题部分，需要单独控制其字号和文本颜色，为了使标题和下面的表单内容之间有一定的距离，可以对标题设置外边距，对于标题中的小号字体，可以单独控制，具体 CSS 代码如下：

```
. header{                          /*控制标题*/
        font-size:22px;
        color:#0b0b0b;
        margin-bottom:30px;
   }
. header span{                     /*控制标题中的小号字体*/
        font-size:12px;
        font-weight:normal;
   }
```

【任务 6-3-4】 整体控制表格和单元格部分

观察效果图中的表格部分，可以发现，表格和单元格都具有灰色的细边框，单元格中的内容与边框间都有一定的距离，因此可以给单元格<td>应用内边距属性 padding，具体 CSS 代码如下：

```
. content{
        border:1px solid #ebebeb;
        border-collapse: collapse;
        background-color: #edfff0;
   }
   td{
        border:1px solid #ebebeb;
        padding: 10px;
   }
```

【任务 6-3-5】 控制表单中的提示信息

观察表单左侧的提示信息，可以发现，它们均居右对齐，且其中的 "＊" 颜色为红色，需要单独控制，具体 CSS 代码如下：

```
   td. left{
        width:82px;
        text-align:right;           /*使提示信息居右对齐*/
   }
   . red{                           /*控制提示信息中星号为红色*/
        color:#F00;
   }
```

【任务 6-3-6】控制三个单行文本输入框

对于姓名、手机和邮箱三个单行文本输入框，需要定义它们的宽度、高度、边框、内边距、字号大小、文本颜色和背景图像，具体 CSS 代码如下：

```
. txt01,. txt02,. txt03 {          /*定义前两个单行文本输入框相同的样式*/
    width:264px;
    height:16px;
    border:1px solid #CCC;
    padding:3px 3px 3px 26px;
    font-size:12px;
    color:#949494;
}
. txt01 {                          /*定义第一个单行文本输入框的背景图像*/
    background:url(. . /images/name. png) no-repeat 2px center;
}
. txt02 {                          /*定义第二个单行文本输入框的背景图像*/
    background:url(. . /images/phone. png) no-repeat 2px center;
}
. txt03 {                          /*定义第三个单行文本输入框的样式*/
    width:160px;
    background:url(. . /images/email. png) no-repeat 2px center;
}
```

【任务 6-3-7】控制下拉菜单和多行文本输入框

对于"学习资料"部分的下拉菜单，只需设置宽度即可。而"留言"部分的多行文本输入框，需要设置其宽度、高度、字号大小、文本颜色和内边距样式。具体 CSS 代码如下：

```
. learn {
    width:184px;          /*定义下拉菜单的宽度*/
}
. message {               /*定义多行文本输入框的样式*/
    width:432px;
    height:164px;
    font-size:12px;
    color:#949494;
    padding:3px;
}
```

至此，我们已经完成了注册页面 CSS 样式的部分。将这些样式应用于网页后，效果如图 6-44 所示。在本任务中，我们利用了 HTML5 提供的新属性来对表单进行验证，例如姓名、手机、性别、邮箱和学习资料字段内容不能为空。然而，在实际工作中，一些复杂的表单验证通常需要使用 JavaScript 来实现。

【引导训练考核评价】

网站用户注册页面"引导训练"考核评价表

	考核内容	标准分	计分
考核要点	（1）会通过分析效果图搭建页面结构	2	
	（2）会设置标题和标题中的小字体	2	
	（3）会控制整个表格和单元格样式	3	
	（4）会单独设置提示信息的对齐方式和"＊"	2	
	（5）会通过定义背景图像样式设置各个输入框的标识图	3	
	（6）会为多行文本输入框设置样式	2	
	（7）认真完成本页面任务，态度端正、操作规范、时间观念强、有协作精神、学习效果较好	1	
	小计	15	
评价方式	自我评价	小组评价	教师评价
考核得分			
存在的主要问题			

【单元总结】

本单元介绍了 HTML5 中的两个重要元素——表格和表单，内容包括表格相关标签、表单以及表单控件（包括 HTML5 新增控件），以及如何使用 CSS 控制表格和表单的样式。最后，通过表格布局，并使用 CSS 对表格、表单控件进行修饰，制作了一个常见的注册页面。

通过本单元的学习，学习者应能够掌握创建表格和表单的方法，了解表格布局，熟悉常用的表单控件，并能够熟练运用表格和表单来设计与制作页面。

同步训练及考核评价

同步习题

单元 7

制作网站首页 banner 模块

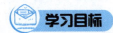

学习目标

掌握元素的浮动和定位属性。

能够清除并列或嵌套关系浮动的影响。

能利用网页布局属性制作网页。

了解网页布局类型和 HTML5 新增结构元素。

能够正确命名网页相应的模块名。

【知识梳理】

7.1 网页布局概述

大家对报纸并不陌生，报纸中的内容经过合理排版，可使内容清晰易读，如图 7-1 所示。同样，网页的"排版"或布局设计也是非常重要的，它不仅关乎页面的美观性，还直接影响用户体验和信息的有效传达。

在网页设计过程中，需要将结构与表现分离，使用 HTML 标签搭建网页结构，使用 CSS 对网页元素进行美化与样式效果的呈现。最典型的是使用 div 标签对内容区域分配。

为了提高网页制作的效率，布局网页时通常需要遵循一定的布局流程，具体如下：

1. 确定页面的版心宽度

版心，也称为布局宽度或内容区域，指的是网页中用于放置主要元素和内容的有效使用面积，需要在浏览器中居中显示。目前个人使用的计算机屏幕分辨率一般为 1 920px×1 080px，因此版心的宽度范围为 1 200px ~ 1 920px，为了使制作出来的网页能够适应大部分显示器，版心的宽度一般设置为 1 200px。图 7-2 所示为中国文化官方网站首页的版心和页面宽度。

2. 分析页面中的模块结构

在制作网页之前，需要对页面进行整体规划（在单元 1 有介绍），包括页面中有哪些模块，以及各模块之间的关系（分为并列关系和包含关系）。例如，图 7-3 所示为红色教育主题网首页的页面布局，该页面主要由头部（header）、内容（content）、底部（footer）三大部分组成，其中头部又包含顶部（owebTop）、Logo（topHeader）、导航（nav）、焦点图（banner）四部分。

图 7-1　报纸排版

图 7-2　中国文化官方网站首页的版心和页面宽度

顶部(owebTop)

Logo模块(topHeader)

头部模块(header)
导航(nav)

焦点图模块(banner)

内容模块(content)

底部模块(footer)

图7-3　红色教育主题网首页的页面布局

3. 控制网页的各个模块

当分析完页面模块结构后，就可以使用 HTML 对网页进行结构搭建，使用 CSS 对网页元素进行设置。学习者在制作网页时，一定要养成分析页面布局的习惯，这样可以提高网页制作的效率。

7.2　网页布局常用属性

7.2.1　标签的浮动属性

网页中的元素默认排版方式是依据元素类型特性从上到下或从左到右一一罗列，也称为标准文档流布局方式。采用标准文档流布局方式制作出来的页面参差不齐。然而大家在浏览网页时，会发现页面中的元素通常按照左、中、右结构有条理地进行布局。

通过这样的布局，页面会变得整齐有序。想要实现这样的效果，就需要为标签设置浮动属性。

1. 认识浮动

浮动是指设置了浮动属性的标签会脱离标准文档流（标准文档流指的是元素会自动从左向右、从上到下进行流式排列）的控制，移动到其父标签中指定位置的过程。在 CSS 中，通过 float 属性来定义浮动，定义浮动的基本语法格式如下：

```
选择器{float:属性值;}
```

在上面的语法中，float 常用的属性值有三个，具体如表 7-1 所示。

表 7-1　float 的常用属性值

属性值	描述
left	标签向左浮动
right	标签向右浮动
none	标签不浮动（默认值）

下面通过一个案例对 float 属性进行演示与讲解，代码如例 7-1 所示。

例 7-1：

```html
<!DOCTYPE html>
<html>
    <head>
        <meta charset="utf-8">
        <title>标签浮动</title>
        <style type="text/css">
            . father {
                background: #ccc;
                border: 1px dashed #999;
            }
            . box01,. box02,. box03 {
                height: 50px;
                border: 1px dashed #999;
                margin: 15px;
                padding: 0px 10px;
            }
```

```
        . box01 {
            background: #f99
        }
        . box02 {
            background: #36d
        }
        . box03 {
            background: #a77
        }
        p{
            background-color: red;
            border: 1px dashed #999;
            margin: 15px;
            padding: 0px 10px;
        }
    </style>
</head>
<body>
    <div class="father">
        <div class="box01">box01</div>
        <div class="box02">box02</div>
        <div class="box03">box03</div>
        <p>长城是中国最具代表性的历史遗迹之一,尤其是北京的八达岭长城最为著名。长城历史
悠久,是中国古代文明的象征。游客可以在这里体验壮丽的历史景观,了解古代中国如何防御外敌。</p>
    </div>
</body>
</html>
```

在例 7-1 中，代码定义了三个盒子 box01、box02、box03，并使用 p 标签设置了一段文本。页面中所有的标签均不应用 float 属性，让这些标签按照默认方式（标准流）进行排序。

运行例 7-1，标签未设置浮动的效果图如图 7-4 所示。

图 7-4　标签未设置浮动的效果

元素的浮动

在图 7-4 中，box01、box02、box03 以及段落文本从上到下一一罗列。可见如果我们不对标签设置浮动，则该标签及其内部的子标签将按照标准文档流的样式显示。

接下来，在例 7-1 中为 box01、box02、box03 三个盒子设置左浮动，具体 CSS 代码如下：

```
.box01,.box02,.box03{        /*定义 box01、box02、box03 左浮动 */
        float:left;
}
```

保存 HTML 文件，刷新页面，设置浮动后的页面效果如图 7-5 所示。

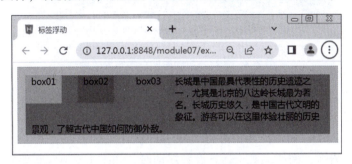

图 7-5　设置左浮动后的页面效果

从图 7-5 可以看出，box01、box02、box03 三个盒子脱离标准文档流，排列在同一行。同时周围的段落文本围绕在三个盒子旁边，出现图文混排的网页效果。

同时，float 还有另一个属性值 right，该属性值在网页布局时也会经常用到，它与 left 属性值的用法相同但浮动方向相反。应用了 "float：right；" 样式的标签将向右侧浮动。

2. 清除浮动

由于浮动标签不再占用原文档流的位置（紧邻该元素且没设置浮动或定位的元素会到该位置中去），所以它会对页面中其他标签的排版产生影响。例如，图 7-5 中的段落文本，受到其周围标签浮动的影响，产生了图文混排的效果。这时，如果要避免浮动对段落文本的影响，就需要对<p>标签清除浮动。在 CSS 中，常用 clear 属性清除浮动。运用 clear 属性清除浮动的基本语法格式如下：

```
选择器{clear:属性值;}
```

上述语法中，clear 属性的常用值有三个，具体如表 7-2 所示。

表 7-2　clear 的常用属性值

属性值	描述
left	不允许左侧有浮动标签（清除左侧浮动的影响）
right	不允许右侧有浮动标签（清除右侧浮动的影响）
both	同时清除左右两侧浮动的影响

对例 7-1 中的<p>标签应用 clear 属性，来清除周围浮动标签对段落文本的影响。在<p>标签中添加如下 CSS 样式代码：

```
clear:left;        /*清除左浮动 */
```

上面的 CSS 代码用于清除左侧浮动对段落文本的影响。添加"clear：left；"样式后，保存 HTML 文件，刷新页面，效果如图 7-6 所示。

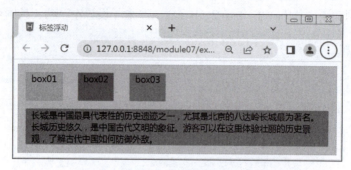

图 7-6 清除左浮动影响后的布局效果

从图 7-6 可以看出，清除段落文本左侧的浮动后，段落文本会独占一行，排列在浮动标签 box01、box02、box03 的下面。

需要注意的是，clear 属性只能清除标签左右两侧浮动的影响，对于父子嵌套元素浮动所产生的影响无法清除。例如，对子标签设置浮动时，如果不对其父标签定义固定高度，则子标签的浮动会对父标签产生影响。

下面通过一个案例对父子嵌套元素浮动所产生的影响进行演示与讲解，代码如例 7-2 所示。

例 7-2：

```
<!DOCTYPE html>
<html>
<head>
<meta charset="utf-8">
<title>清除浮动</title>
<style type="text/css">
. father{                    /*不为父标签定义高度*/
    background:#ccc;
    border:1px dashed #999;
}
. box01,. box02,. box03{
    height:50px;
    line-height:50px;
    background:#a23;
    border:1px dashed #000;
    margin:15px;
    padding:0px 10px;
    float:left;              /*为 box01、box02、box03 三个盒子设置左浮动*/
}
</style>
</head>
```

```
<body>
<div class="father">
    <div class="box01">box01</div>
    <div class="box02">box02</div>
    <div class="box03">box03</div>
</div>
</body>
</html>
```

在例 7-2 中，为 box01、box02、box03 三个子标签定义左浮动，并为父标签添加样式，但是没给父标签设置高度。

运行例 7-2，子标签浮动对父标签的影响效果如图 7-7 所示。

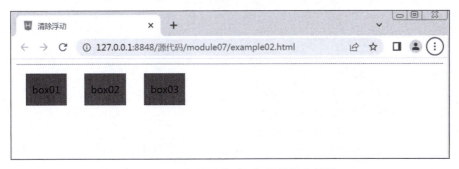

图 7-7　子标签浮动对父标签的影响效果

在图 7-7 中，受到子标签浮动的影响，没有设置高度的父标签变成了一条直线，即父标签不能自适应子标签的高度。由于子标签和父标签为嵌套关系，不存在左右位置，所以使用 clear 属性并不能清除子标签浮动对父标签的影响。那么对于这种情况该如何清除浮动呢？

（1）使用空标签清除浮动。

在浮动标签之后添加空标签，并对该标签应用 clear：both 样式，可清除标签浮动所产生的影响，这个空标签可以是<div>、<p>等块元素标签。接下来，在例 7-2 的基础上，演示使用空标签清除浮动的方法，代码如例 7-3 所示。

例 7-3：

```
<!DOCTYPE html>
<html>
    <head>
        <meta charset="utf-8">
        <title>空标签清除浮动</title>
        <style type="text/css">
            .father {                    /*不为父标签定义高度*/
                background: #ccc;
                border: 1px dashed #999;
            }
```

```
            . box01,. box02,. box03 {
                height: 50px;
                line-height: 50px;
                background: #a23;
                border: 1px dashed #000;
                margin: 15px;
                padding: 0px 10px;
                float: left;    /*为 box01、box02、box03 三个盒子设置左浮动*/
            }
            . box04 {
                clear: both;        /*对空标签应用 clear:both;*/
            }
        </style>
    </head>
    <body>
        <div class="father">
            <div class="box01">box01</div>
            <div class="box02">box02</div>
            <div class="box03">box03</div>
            <div class="box04"></div> <!--在浮动标签后添加空标签-->
        </div>
    </body>
</html>
```

运行例 7-3，效果如图 7-8 所示。

在图 7-8 中，父标签又被子标签撑开，也就是说子标签浮动对父标签的影响已经不存在。需要注意的是，上述方法虽然可以清除浮动，但是增加了毫无意义的结构标签，因此在实际工作中不建议使用。

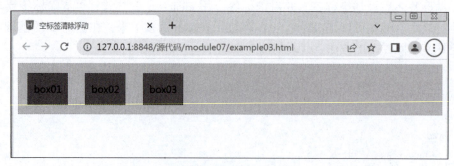

图 7-8　空标签清除浮动

（2）使用"overflow：hidden；"清除浮动。

对父标签应用"overflow：hidden；"样式，也可以清除子元素浮动对父标签的影响，这种方式弥补了空标签清除浮动的不足。接下来，演示使用"overflow：hidden；"清除浮动，代码如例 7-4 所示。

例 7-4:

```html
<!DOCTYPE html>
<html>
    <head>
        <meta charset="utf-8">
        <title>overflow 属性清除浮动</title>
        <style type="text/css">
            .father {                /*没有给父标签定义高度*/
                background: #ccc;
                border: 1px dashed #999;
                overflow: hidden;    /*对父标签应用 overflow:hidden;*/
            }
            .box01,. box02,. box03 {
                height: 50px;
                line-height: 50px;
                background: #a23;
                border: 1px dashed #000;
                margin: 15px;
                padding: 0px 10px;
                float: left;          /*定义 box01、box02、box03 三个盒子左浮动*/
            }
        </style>
    </head>
    <body>
        <div class="father">
            <div class="box01">box01</div>
            <div class="box02">box02</div>
            <div class="box03">box03</div>
        </div>
    </body>
</html>
```

在例 7-4 中，对父标签应用"overflow：hidden；"样式清除子标签浮动对父标签的影响。
运行例 7-4，效果如图 7-9 所示。

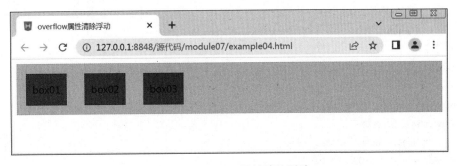

图 7-9　overflow 属性清除浮动

在图 7-9 中，父标签被子标签撑开了，也就是说子标签浮动对父标签的影响已经不存在。需要注意的是，在"overflow: hidden;"样式清除浮动时，一定要将该样式写在被影响的标签中。

（3）使用 after 伪对象清除浮动。

在父元素中添加 after 伪对象也可以清除浮动，但需要注意以下三个要求：

必须在伪对象中设置 content 属性，属性值可以为空，如"content: "";"。

必须使用"display: block;"将其转换为块元素。

必须为需要清除浮动的标签伪对象设置"height:0px;"样式，否则该标签会比其实际高度高出若干像素。

接下来，通过一个案例演示使用 after 伪对象清除浮动，代码如例 7-5 所示。

例 7-5：

```html
<!DOCTYPE html>
<html>
<head>
<meta charset="utf-8">
<title>使用 after 伪对象清除浮动</title>
    <style type="text/css">
        . father{                    /*没有给父标签定义高度*/
            background:#ccc;
            border:1px dashed #999;
        }
        . father:after{              /*对父标签应用 after 伪对象样式*/
            display:block;
            clear:both;
            content:"";
            visibility:hidden;
            height: 0px;
        }
        . box01,. box02,. box03{
            height:50px;
            line-height:50px;
            background:#a23;
            border:1px dashed #000;
            margin:15px;
            padding:0px 10px;
            float:left;            /*定义 box01、box02、box03 三个盒子左浮动*/
        }
    </style>
</head>
<body>
    <div class="father">
        <div class="box01">box01</div>
        <div class="box02">box02</div>
```

```
        <div class="box03">box03</div>
    </div>
</body>
</html>
```

在例 7-5 中，为需要清除浮动的父标签应用 after 伪对象样式。

运行例 7-5，效果如图 7-10 所示。

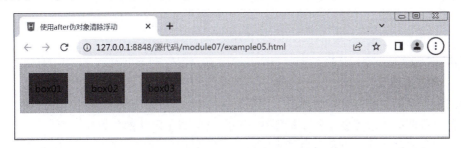

图 7-10　使用 after 伪对象清除浮动

在图 7-10 中，父标签又被子标签撑开了，也就是说子标签浮动对父标签的影响已经不存在。

标签的定位属性

浮动布局虽然灵活，但是却无法对标签的位置进行精确控制。在 CSS 中，通过定位属性（position）可以实现网页标签的精确定位。

1. 认识定位属性

制作网页时，如果希望标签内容出现在某个特定的位置，就需要使用定位属性对标签进行精确定位。标签的定位属性主要包括定位模式和边偏移两部分，对它们的具体介绍如下：

（1）定位模式。

在 CSS 中，position 属性用于定义标签的定位模式，使用 position 属性定位标签的基本语法格式如下：

选择器{position:属性值;}

在上面的语法中，position 属性的常用值有四个，分别表示不同的定位模式，具体如表 7-3 所示。

表 7-3　position 属性的常用值

值	描述
static	自动定位（默认定位方式）
relative	相对定位，相对于其原文档流的位置进行定位
absolute	绝对定位，相对于其上一个已经定位的父标签进行定位
fixed	固定定位，相对于浏览器窗口进行定位

（2）边偏移。

定位模式（position）仅仅用于定义标签以哪种方式定位，并不能确定标签的具体位置。在 CSS 中，通过边偏移属性 top、bottom、left 或 right，可以精确定义定位标签的位置。边偏移属性取值为数值或百分比，对它们的具体解释如表 7-4 所示。

表 7-4　边偏移属性

边偏移属性	描述
top	顶端偏移量，定义标签相对于其父标签上边线的距离
bottom	底部偏移量，定义标签相对于其父标签下边线的距离
left	左侧偏移量，定义标签相对于其父标签左边线的距离
right	右侧偏移量，定义标签相对于其父标签右边线的距离

2. 定位类型

标签的定位类型主要包括静态定位、相对定位、绝对定位和固定定位，对它们具体介绍如下：

（1）静态定位。

静态定位是标签的默认定位方式，当 position 属性的取值为 static 时，可以将标签定位于静态位置。所谓静态位置就是各个标签在 HTML 文档流中默认的位置。

任何标签在默认状态下都会以静态定位来确定自己的位置，所以当没有定义 position 属性时，并不是说明该标签没有自己的位置，它会遵循默认值显示为静态位置。在静态定位状态下，无法通过边偏移属性（top、bottom、left 或 right）来改变标签的位置。

（2）相对定位。

相对定位是将标签相对于它在标准文档流中的位置进行定位，当 position 属性的取值为 relative 时，可以将标签相对定位。对标签设置相对定位后，可以通过边偏移属性改变标签的位置，但是它在文档流中的位置仍然保留。

下面通过一个案例对标签设置相对定位的方法进行演示与讲解，代码如例 7-6 所示。

例 7-6：

```
<!DOCTYPE html>
<html>
    <head>
        <meta charset="utf-8">
        <title>标签的定位</title>
        <style type="text/css">
            body {
                margin: 0px;
                padding: 0px;
                font-size: 18px;
                font-weight: bold;
            }
            .father {
                margin: 10px auto;
                width: 300px;
                height: 300px;
                padding: 10px;
                background-color: #6ca7ff;
                border: 1px solid #000;
            }
```

```
        . child01,. child02,. child03 {
            width: 100px;
            height: 50px;
            line-height: 50px;
            background: #f00;
            border: 1px solid #000;
            margin: 10px 0px;
            text-align: center;
        }
        . child02 {
            position: relative;    /*设置 child02 元素相对定位 */
            left: 160px;              /*距左边线 160px */
            top: 100px;                  /*距离顶部边线 100px */
        }
    </style>
</head>
<body>
    <div class="father">
        <div class="child01">中国文学</div>
        <div class="child02">中国戏剧</div>
        <div class="child03">中医文化</div>
    </div>
</body>
</html>
```

在例 7-6 中，对"中国戏剧"模块设置相对定位模式，并通过边偏移属性 left 和 top 改变"中国戏剧"模块的位置。

运行例 7-6，效果如图 7-11 所示。

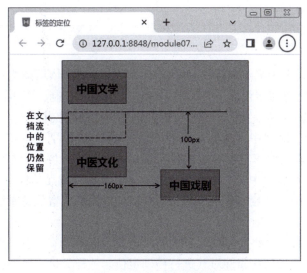

图 7-11　相对定位效果

从图 7-11 可以看出，对"中国戏剧"元素设置相对定位后，"中国戏剧"元素会相对于其自身的默认位置进行偏移，但是它在文档流中的位置仍然保留。

（3）绝对定位。

绝对定位是将标签依据最近的已经定位（绝对、固定或相对定位）的父标签进行定位，若所有父标签都没有定位，设置绝对定位的标签会依据 body 根标签（也可以看作浏览器窗口）进行定位。

在例 7-6 的基础上，将"中国戏剧"元素的定位模式设置为绝对定位，代码更改如下：

```
.child02{
    position: absolute;        /*设置 child02 元素绝对定位 */
    left: 160px;               /*距左边线 160px */
    top: 100px;                /*距离顶部边线 100px */
}
```

保存 HTML 文件，刷新页面，绝对定位效果如图 7-12 所示。

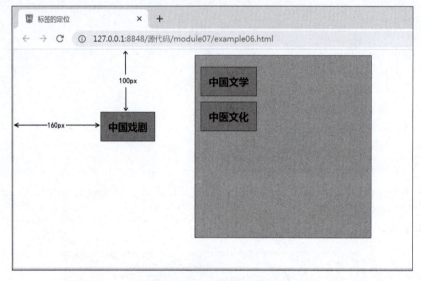

图 7-12　绝对定位效果

在图 7-12 中，设置为绝对定位的"中国戏剧"元素，会依据浏览器窗口进行定位。为"中国戏剧"元素设置绝对定位后，其脱离了标准文档流的控制，不再占据标准文档流中的空间，紧邻的"中医文化"元素会占据"中国戏剧"元素的位置。

在上面的案例中，对"中国戏剧"元素设置了绝对定位后，当浏览器窗口放大或缩小时，"中国戏剧"元素相对于其父标签的位置都将发生变化。图 7-13 所示为缩小浏览器窗口时的页面效果，很明显"中国戏剧"元素相对于其父标签或兄弟标签的位置发生了变化。

然而在网页设计中，一般需要子标签相对于其父标签的位置保持不变，也就是让子标签依据其父标签的位置进行绝对定位，此时如果父标签不需要改变其位置，该怎么办呢？

对于上述情况，可直接将父标签设置为相对定位，但不对其设置偏移量，然后再对子标签应用绝对定位，并通过偏移属性对其进行精确定位。这样父标签既不会失去其空间，同时还能保证子标签依据父标签准确定位。

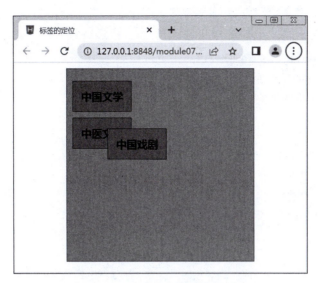

图 7-13　缩小浏览器窗口的页面效果

下面通过一个案例来演示子标签依据其父标签准确定位，代码如例 7-7 所示。

例 7-7：

```
<!DOCTYPE html>
<html>
    <head>
        <meta charset="utf-8">
        <title>子标签相对于直接父标签定位</title>
        <style type="text/css">
            body {
                margin: 0px;
                padding: 0px;
                font-size: 18px;
                font-weight: bold;
            }
            .father {
                margin: 10px auto;
                width: 300px;
                height: 300px;
                padding: 10px;
                background-color: #6ca7ff;
                border: 1px solid #000;
                position: relative;     /*设置相对定位,但不设置偏移量*/
            }
            .child01,.child02,.child03 {
                width: 100px;
                height: 50px;
```

```
                    line-height: 50px;
                    background: #f00;
                    border: 1px solid #000;
                    margin: 10px 0px;
                    text-align: center;
                }
            . child02 {
                    position: absolute;        /*绝对定位*/
                    left: 160px;               /*距左边线 160px*/
                    top: 100px;                /*距顶部边线 100px*/

                }
            </style>
        </head>
        <body>
            <div class="father">
                <div class="child01">中国文学</div>
                <div class="child02">中国戏剧</div>
                <div class="child03">中医文化</div>
            </div>
        </body>
    </html>
```

在例7-7中，对父标签设置相对定位，但不对其设置偏移量，为子元素设置绝对定位做好准备。对子元素"中国戏剧"设置绝对定位，并通过偏移属性对其进行精确定位。

运行例7-7，子标签依据其父标签定位的效果如图7-14所示。

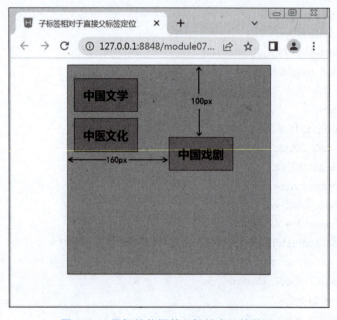

图7-14　子标签依据其父标签定位的效果

在图 7-14 中，子标签相对于父标签进行偏移。无论如何缩放浏览器的窗口，子标签相对于其父标签的位置都将保持不变。

在设置元素定位时，需要注意以下两个要求：

如果仅对标签设置绝对定位，不设置边偏移，则标签的位置不变，但该标签不再占用标准文档流中的空间，会与上移的后续标签重叠。

定义多个边偏移属性时，如果 left 和 right 参数值冲突，以 left 参数值为准；如果 top 和 bottom 参数值冲突，以 top 参数值为准。

（4）固定定位。

固定定位是绝对定位的一种特殊形式，它以浏览器窗口作为参照物来定义网页标签。

当对标签设置固定定位后，该标签将脱离标准文档流的控制，始终依据浏览器窗口来定义自己的显示位置。不管浏览器滚动条如何滚动，也不管浏览器窗口的大小如何变化，该标签都会始终显示在浏览器窗口的固定位置。

7.3　网页布局其他属性

在布局网页时，除了浮动和定位外，还会用到 overflow 和 z-index 属性进行布局。

7.3.1　overflow 属性

当盒子内的标签超出盒子自身的大小时，内容就会溢出，如图 7-15 所示。

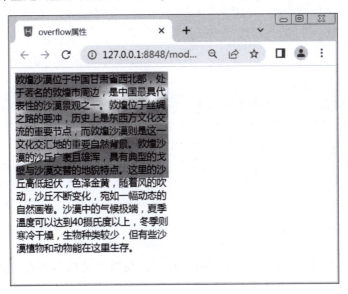

图 7-15　内容溢出

这时如果想要处理溢出内容的显示样式，就需要使用 CSS 的 overflow 属性。overflow 属性用于规定溢出内容的显示状态，其基本语法格式如下：

```
选择器{overflow:属性值;}
```

在上面的语法中，overflow 属性的常用值有 4 个，具体如表 7-5 所示。

表 7-5 overflow 的常用属性值

属性值	描述
visible	内容不会被修剪，会呈现在元素框之外（默认值）
hidden	溢出内容会被修剪，并且修剪的内容是不可见的
auto	在需要时产生滚动条，即自适应所要显示的内容
scroll	溢出内容会被修剪，且标签会始终显示滚动条

下面通过一个案例对 overflow 属性进行演示与讲解，代码如例 7-8 所示。

例 7-8：

```
<!DOCTYPE html>
<html>
    <head>
        <meta charset="utf-8">
        <title>overflow 属性</title>
        <style type="text/css">
            div {
                width: 260px;
                height: 176px;
                background: url(images/yajs.jpg) center center no-repeat;
                overflow: visible;        /*溢出内容呈现在元素框之外 * /}
        </style>
    </head>
    <body>
        <div>
            敦煌沙漠位于中国甘肃省西北部,处于著名的敦煌市周边,是中国最具代表性的沙漠景观之
一。敦煌位于丝绸之路的要冲,历史上是东西方文化交流的重要节点,而敦煌沙漠则是这一文化交汇地的
重要自然背景。敦煌沙漠的沙丘广袤且雄浑,具有典型的戈壁与沙漠交替的地貌特点。这里的沙丘高低
起伏,色泽金黄,随着风的吹动,沙丘不断变化,宛如一幅动态的自然画卷。沙漠中的气候极端,夏季温度
可以达到40摄氏度以上,冬季则寒冷干燥,生物种类较少,但有些沙漠植物和动物能在这里生存。
        </div>
    </body>
</html>
```

在例 7-8 中，通过"overflow：visible；"样式，使溢出的内容不会被修剪，呈现在 div 盒子之外。

运行例 7-8，"overflow：visible；"效果同图 7-15。

在图 7-15 中，溢出的内容不会被修剪，呈现在带有背景的 div 盒子之外。

如果希望溢出的内容被修剪且不可见，可将 overflow 的属性值修改为 hidden。在例 7-8 的基础上将 overflow 的属性值进行修改，具体代码如下：

```
overflow:hidden;   /*溢出内容被修剪,且不可见*/
```

保存 HTML 文件，刷新页面，"overflow：hidden；"效果如图 7-16 所示。

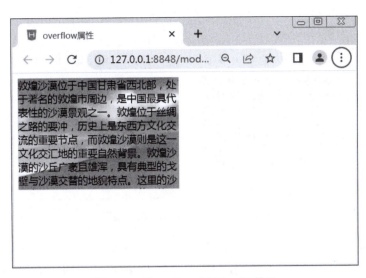

图 7-16 "overflow:hidden;"效果

在图 7-16 中，溢出内容会被修剪，并且被修剪的内容是不可见的。

如果希望标签框能够自适应内容的多少，并且在内容溢出时产生滚动条，未溢出时不产生滚动条，可以将 overflow 的属性值设置为 auto。接下来，继续在例 7-8 的基础上进行演示，将 overflow 属性更改如下：

```
overflow:auto;    /*根据需要产生滚动条 */
```

保存 HTML 文件，刷新页面，"overflow:auto;"效果如图 7-17 所示。

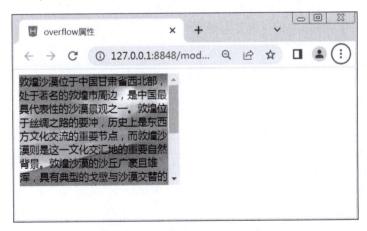

图 7-17 "overflow：auto;"效果

在图 7-17 中，标签框的右侧产生了滚动条，拖动滚动条即可查看溢出的内容。如果将文本内容减少到盒子可全部呈现时，滚动条就会自动消失。

当定义 overflow 的属性值为 scroll 时，标签框中也会始终产生滚动条。在例 7-8 的基础上将 overflow 属性更改如下：

```
overflow:scroll;    /*  始终显示滚动条  */
```

保存 HTML 文件，刷新页面，"overflow:scroll;"效果如图 7-18 所示。

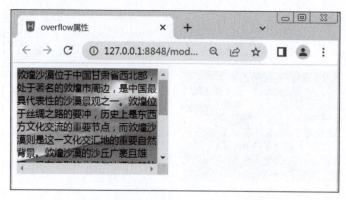

图7-18 "overflow：scroll；"效果

在图7-18中，标签框中出现了水平和竖直方向的滚动条。与"overflow：auto；"不同，当定义"overflow：scroll；"时，不论标签中内容是否溢出，标签框中的水平和竖直方向的滚动条都始终存在。如果只要显示竖直方向上的滚动条，可将代码修改如下：

```
overflow-y:scroll;      /*只显示竖直方向上的滚动条  */
```

7.3.2　z-index 标签层叠

当对多个标签同时设置定位时，定位标签之间有可能会发生重叠。

在 CSS 中，要想调整重叠定位标签的堆叠顺序，可以对定位标签应用 z-index 层叠等级属性。z-index 属性只对定位元素生效，取值可为正整数、负整数和 0，默认状态下 z-index 属性值是 0，并且 z-index 属性取值越大，设置该属性的定位标签在层叠标签中越居上。

下面通过一个案例对 z-index 标签层叠属性进行演示与讲解，代码如例7-9所示。

例7-9：

```html
<!DOCTYPE html>
<html>
    <head>
        <meta charset="utf-8">
        <title>z-index 标签层叠属性</title>
        <style type="text/css">
            body {
                margin: 0px;
                padding: 0px;
                font-size: 18px;
                font-weight: bold;
            }
            .father {
                margin: 10px auto;
                width: 300px;
                height: 300px;
                padding: 10px;
```

```
            background-color: #6ca7ff;
            border: 1px solid #000;
            position: relative;        /*设置相对定位,但不设置偏移量*/
        }
        . child01,. child02,. child03 {
            width: 100px;
            height: 50px;
            line-height: 50px;
            border: 1px solid #000;
            margin: 10px 0px;
            text-align: center;
            position: absolute;
        }
        . child01 {
            background-color: #ff0000;
            left: 100px;
            top: 80px;
        }
        . child02 {
            background-color: #ffaa00;
            left: 140px;
            top: 100px;
        }
        . child03 {
            background-color: #ffff00;
            left: 180px;
            top: 120px;
        }
    </style>
</head>
<body>
    <div class="father">
        <div class="child01">中国文学</div>
        <div class="child02">中国戏剧</div>
        <div class="child03">中医文化</div>
    </div>
</body>
</html>
```

在例 7-9 中，通过设置类 . father 父元素相对定位后，再设置三个子元素绝对定位，改变三个元素的 left 和 top 的值使三个子元素定位堆叠。

运行例 7-9，效果如图 7-19 所示。

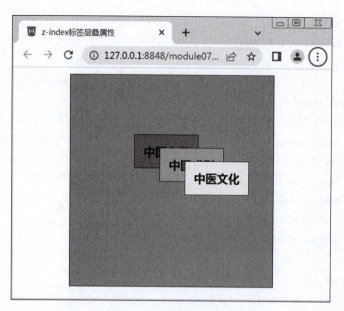

图 7-19　元素堆叠效果

可以为"中国文学"元素设置 z-index 属性的值为 1，使其堆叠居上，效果如图 7-20 所示。

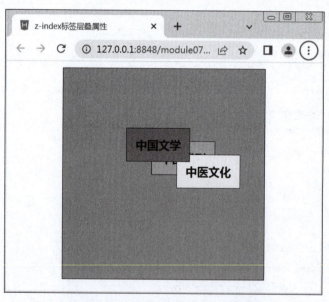

图 7-20　设置"中国文学"元素 z-index 属性值为 1 的效果

z-index 属性具有继承性 inherit，表示子元素会继承父元素的 z-index，即改变了父元素的 z-index 属性值，则子元素的 z-index 属性值和父元素一样，此时子元素之间是可以通过设置 z-index 属性值进行层叠顺序的改变，但不能通过改变父元素和子元素的 z-index 属性值而使父元素置于子元素之上。在例 7-9 的基础上设置父元素"z-index:2;"，设置"中医文化"的"z-index:-2;"，运行代码，效果如图 7-21 所示。

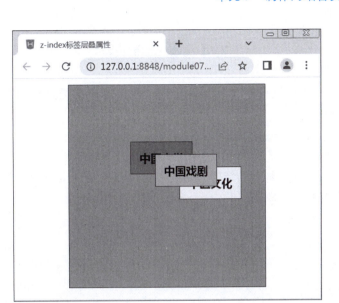

图 7-21　设置父元素"z-index:2;"和"中医文化""z-index:-2;"的效果

在图 7-21 中，虽然"中医文化"元素的 z-index 为"-2"，但还是在父元素上面，三个子元素中，"中医文化"元素在最底层。

如果需要子元素置于父元素之下，只能通过单独改变子元素的 z-index 属性值来实现（父元素不能设置 z-index 属性值）。

在例 7-9 的基础上，不设置父元素的 z-index 属性值，单独设置"中医文化"元素"left:280;"和"z-index:-2;"，运行代码，效果如图 7-22 所示。

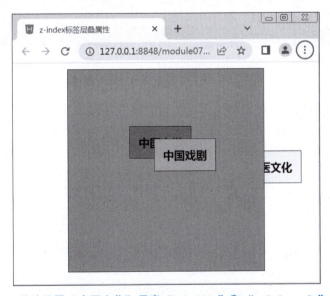

图 7-22　单独设置"中医文化"元素"left:280;"和"z-index:-2;"的效果

在图 7-22 中，父元素的 z-index 不设置，而单独设置"中医文化"元素的 z-index 为"-2"，此时，"中医文化"元素置于父元素之下。

7.4 布局类型

使用 HTML+CSS 可以进行多种类型的布局，常见的布局类型有单列布局、两列布局、三列布局三种类型。

7.4.1 单列布局

单列布局是网页布局最基本的结构，是制作复杂多变结构页面的基础。图 7-23 所示是一个单列布局页面的结构示意图。

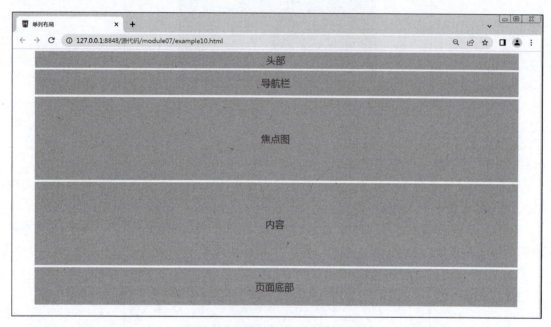

图 7-23 单列布局页面的结构示意图

从图 7-23 可以看出，单列布局页面从上到下分别为头部、导航栏、焦点图、内容和页面底部，每个模块单独占据一行，且宽度与版心相等。

图 7-23 效果图所对应的 HTML 结构代码如例 7-10 所示。

例 7-10：

```
<!DOCTYPE html>
<html>
    <head>
        <meta charset="utf-8">
        <title>单列布局</title>
    </head>
    <body>
        <header>头部</header>
        <nav>导航栏</nav>
        <div class="banner">焦点图</div>
```

```
        <div class="content">内容</div>
        <footer>页面底部</footer>
    </body>
</html>
```

在例 7-10 中，分别通过 header、nav、div、footer 标签控制页面的头部、导航栏、焦点图、内容和页面底部。

搭建完页面结构后，书写相应的 CSS 样式，具体代码如下：

```
<style type="text/css">
        body {
            margin: 0;
            padding: 0;
            font-size: 24px;
            text-align: center;
            color: red;
        }
        header,nav,div,footer {
            width: 1200px;      /*设置所有模块的宽度为1200px并居中显示*/
            margin: 5px auto;
            background-color: #65D0E2;
        }
        header {
            height: 40px;
            line-height: 40px;
        }
        nav {
            height: 60px;
            line-height: 60px;
        }
        . banner {
            height: 200px;
            line-height: 200px;
        }
        . content {
            height: 200px;
            line-height: 200px;
        }
        footer {
            height: 90px;
            line-height: 90px;
        }
</style>
```

在上面的 CSS 代码中，"margin：5px auto;"样式表示盒子在浏览器中水平居中显示，且上下外边距均为 5px。通常给标签定义 id 或者类名时，都会遵循一些常用的命名规范。

7.4.2　两列布局

单列布局统一、有序，也可将网页内容分成左右两部分，即两列布局，通过这样的分割，打破了统一布局的呆板，让页面看起来更加活跃。图 7-24 所示是一个两列布局页面的结构示意图。

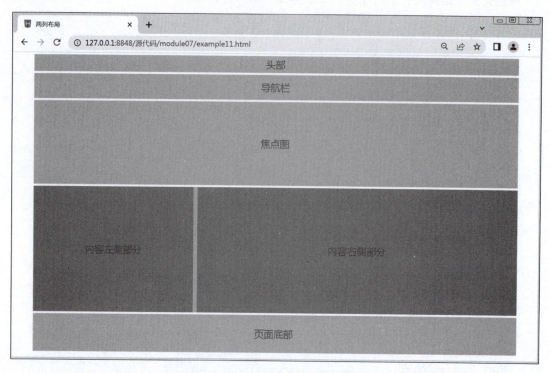

图 7-24　两列布局页面的结构示意图

在图 7-24 中，内容模块被分为左右两部分，实现这一效果的关键是在内容模块所在的大盒子中嵌套两个小盒子，然后对两个小盒子分别设置浮动。

图 7-24 效果图所对应的 HTML 结构代码如例 7-11 所示。

例 7-11：

```
<!DOCTYPE html>
<html>
    <head>
        <meta charset="utf-8">
        <title>两列布局</title>
    </head>
    <body>
        <header>头部</header>
        <nav>导航栏</nav>
        <div id="banner">焦点图</div>
```

```
            <div id="content">
                <div class="content_left">内容左侧部分</div>
                <div class="content_right">内容右侧部分</div>
            </div>
            <footer>页面底部</footer>
        </body>
    </html>
```

例 7-10 与例 7-11 的大部分代码相同，不同之处在于，例 7-11 中主体内容所在的盒子中嵌套了类名为 content_left 和 content_right 的两个小盒子。

搭建完页面结构，接下来书写相应的 CSS 样式。由于网页的内容模块被分为左右两部分，所以，只需在例 7-10 样式的基础上，单独控制 class 为 content_left 和 content_right 两个小盒子的样式即可，具体代码如下：

```
<style type="text/css">
        body {
            margin: 0;
            padding: 0;
            font-size: 24px;
            text-align: center;
            color: red;
        }
        header,nav,div,footer {
            width: 1200px;      /*设置所有模块的宽度为 1200px 并居中显示*/
            margin: 5px auto;
            background-color: #65D0E2;
        }
        header {
            height: 40px;
            line-height: 40px;
        }
        nav {
            height: 60px;
            line-height:60px;
        }
        #banner {
            height: 200px;
            line-height: 200px;
        }
        #content {
            height: 300px;
            line-height: 300px;
        }
        . content_left {
```

```
            width: 400px;
            height: 300px;
            background-color: #149ddd;
            float: left;        /*左侧内容左浮动*/
            margin: 0px;
        }
        .content_right {
            width: 790px;
            height: 300px;
            background-color: #149ddd;
            float: right;     /*右侧内容右浮动*/
            margin: 0px;
        }
        footer {
            height: 90px;
            line-height: 90px;
        }
    </style>
```

在上面的代码中，分别为内容中左侧的盒子和右侧的盒子设置了浮动。

7.4.3 三列布局

对于一些大型网站，由于内容分类较多，通常需要采用三列布局的页面布局方式，这种布局方式是将主体内容分成左、中、右三部分。图 7-25 所示是一个三列布局页面的结构示意图。

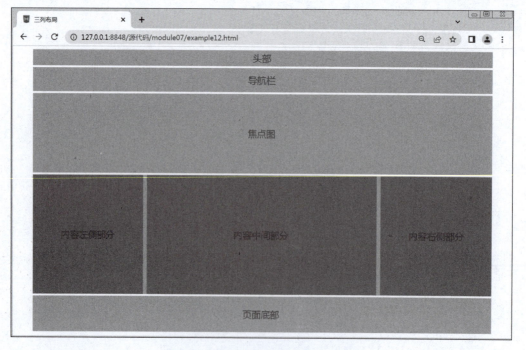

图 7-25 三列布局页面的结构示意图

图 7-25 中，内容模块被分为左、中、右三部分，实现这一效果的关键是在内容模块所在的大盒子中嵌套三个小盒子，然后对三个小盒子分别设置浮动。

　　图 7-25 效果图所对应的 HTML 结构代码如例 7-12 所示。

　　例 7-12：

```
<!DOCTYPE html>
<html>
    <head>
        <meta charset="utf-8">
        <title>三列布局</title>
    </head>
    <body>
        <header>头部</header>
        <nav>导航栏</nav>
        <div class="banner">焦点图</div>
        <div class="content">
            <div class="content_left">内容左侧部分</div>
            <div class="content_middle">内容中间部分</div>
            <div class="content_right">内容右侧部分</div>
        </div>
        <footer>页面底部</footer>
    </body>
</html>
```

　　和例 7-11 对比，本例的不同之处在于主体内容所在的盒子中增加了类名为 content_middle 的小盒子。

　　搭建完页面结构后，接下来书写相应的 CSS 样式。由于内容模块被分为左、中、右三部分，所以只需在例 7-11 样式的基础上，单独控制类名为 content_ middle 的小盒子的样式即可，具体代码如下：

```
<style type="text/css">
    body {
        font-size: 24px;
        text-align: center;
        color: red;
    }
    header,nav,div,footer {
        width: 1200px;        /*设置所有模块的宽度为 1200px 并居中显示*/
        margin: 5px auto;
        background-color: #65d0e2;
    }
    header {
        height: 40px;
        line-height: 40px;
    }
```

```
            nav {
                height: 60px;
                line-height: 60px;
            }
            . banner {
                height: 200px;
                line-height: 200px;
            }
            . content {
                height: 300px;
                line-height:300px;
            }
            . content_left {
                width: 290px;
                height: 300px;
                background-color: #149ddd;
                float: left;      /*左侧部分左浮动*/
                margin: 0px;
            }

            . content_middle {
                width: 600px;
                height: 300px;
                background-color: #149ddd;
                float: left;      /*中间部分左浮动*/
                margin: 0px 10px;
            }
            . content_right {
                width: 290px;
                height: 300px;
                background-color: #149ddd;
                float: left;      /*右侧部分左浮动*/
                margin: 0px;
            }
            footer {
                height: 90px;
                line-height: 90px;
            }
        </style>
```

本例的核心在于如何分配左、中、右三个盒子的位置。在案例中将类名为 content_left、content_middle、content_right 三个子盒子设置为左浮动，通过 margin 属性设置盒子之间的间隙。

值得一提的是，无论布局类型是单列布局、两列布局还是多列布局，为了网站的美观，网页中的一些模块，例如头部、导航栏、焦点图或页面底部的版权等经常需要通栏显示。将模块设置为通栏后，无论页面放大或缩小，该模块都将横铺于浏览器窗口中。图 7-26 所示是一个通栏布局页面的结构示意图。

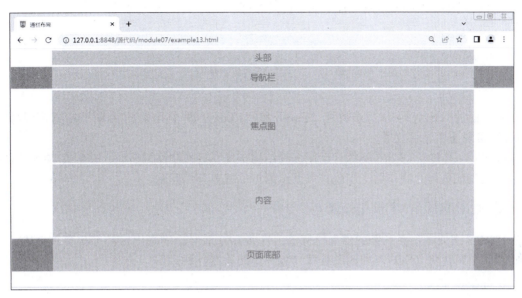

图 7-26　通栏布局页面的结构示意图

在图 7-26 中，导航栏和页面底都为通栏模块，它们将始终横铺于浏览器窗口中。通栏布局的关键是在相应模块的外面添加一层 div，并且将外层 div 的宽度设置为 100%。

图 7-26 效果图所对应的 HTML 结构代码如例 7-13 所示。

例 7-13：

```html
<!DOCTYPE html>
<html>
    <head>
        <meta charset="utf-8">
        <title>通栏布局</title>
    </head>
    <body>
        <header>头部</header>
        <div class="wnav">
            <nav>导航栏</nav>
        </div>
        <div class="banner">焦点图</div>
        <div class="content">内容</div>
        <div class="wfooter">
            <footer>页面底部</footer>
        </div>
    </body>
</html>
```

在例 7-13 中，导航外层加了一个类名为 wnav 的 div 元素，用于设置导航通栏显示。底部加了一个类名为 wfooter 的 div 元素，用于设置底部通栏显示。

搭建完页面结构，接下来书写相应的 CSS 样式，具体代码如下：

在例 7-10 中的 CSS 代码中加上如下代码即可。

```
. wnav,. wfooter{
    width: 100%;
    background-color: #149ddd;
    }
```

在上面的 CSS 代码中，分别将"nav"和"footer"两个元素的父盒子的宽度设置为100%以实现通栏显示效果。

在实际工作中，通常需要综合运用多种结构布局，且在制作网页时，一定要实时测试页面，避免完成页面的制作后，出现难以调试的 bug 或兼容性问题。

7.4.4　全新的 HTML5 结构元素

HTML5 引入了一系列新的语义化标签，这些标签不仅让网页内容的结构更加清晰，也便于搜索引擎优化（SEO）和辅助技术（如屏幕阅读器）的理解。

1. header 标签

header 标签可以包含所有通常放在页面头部的内容，通常用来放置整个页面或页面内的一个内容区块的标题，也可以包含网站 Logo 图片、搜索表单或者其他相关内容。其基本语法格式如下：

```
<header>
    <h1>网页主题</h1>
    ...
</header>
```

在上面的语法格式中，<header></header>的使用方法和<div class=" header"></div>类似，只不过 header 现已是一个标签，不需要单独定义成类或 ID 才能使用。下面通过一个案例对 header 标签的用法进行演示，代码如例 7-14 所示。

例 7-14：

```
<!DOCTYPE html>
<html lang="en">
    <head>
        <meta charset="UTF-8">
        <title>header 标签的使用</title>
    </head>
    <style>
        h1,h3 {
            color: #f00;
        }
    </style>
    <body>
```

```
            <header>
                <h1>故宫博物院</h1>
                <h3>位于北京市的故宫博物院,是中国现存规模最大、保存最完整的古代宫殿建筑群,曾是
明清两代皇帝的宫殿。它不仅是一座宏伟的建筑群,还承载着丰富的历史文化遗产,吸引着成千上万的游
客来参观。</h3>
            </header>
        </body>
    </html>
```

运行例 7-14，效果如图 7-27 所示。

图 7-27　header 标签的使用

在 HTML 网页中，并不限制 header 标签的个数，一个网页中可以使用多个 header 标签，也可以为每一个内容块添加 header 标签。

2. nav 标签

nav 标签用于定义导航链接，是 HTML5 新增的标签。该标签可以将具有导航性质的链接归纳在一个区域中，使页面元素的语义更加明确。nav 标签的使用方法和普通标签类似，例如下面这段示例代码：

```
    <nav>
        <ul>
            <li class="first"><a href="index.html">首 页</a></li>
            <li><a href="#">理论学习</a></li>
            <li><a href="#">学习践行</a></li>
            <li><a href="people.html">时代先锋</a></li>
            <li><a href="#">红色故事</a></li>
            <li><a href="newsList.html">红色文学</a></li>
            <li><a href="#">红色影像</a></li>
        </ul>
    </nav>
```

在上面这段代码中，通过在 nav 标签内部嵌套无序列表 ul 来搭建导航结构。通常一个

HTML 页面中可以包含多对 nav 标签，作为页面整体或不同部分的导航。具体来说，nav 标签可以用于以下几种场合。

主导航条：网页中主要的导航条，其作用是跳转到网站的其他页面。

侧边栏导航栏：网页中侧边栏导航栏的作用是从当前文章或当前商品页面跳转到其他文章或其他商品页面。

页内导航：它的作用是在本页面组成部分之间进行跳转。

分页操作：一般位于网站列表页底部，可以通过单击"上一页"按钮或"下一页"按钮切换，或单击实际的页数跳转到具体某一页。

除以上四种场合外，nav 标签也可以用于其他导航链接组中。需要注意的是，并不是所有的链接组都要放进 nav 标签，只需要将主要的和基本的链接放入 nav 标签即可。

3. footer 标签

footer 标签用于定义一个页面或者区域的底部，它可以包含所有放在页面底部的内容，可以包含友情链接、版权、备案等网站相关信息，其用法与 header 标签相同。

4. article 标签

article 标签用于定义页面中独立的、可复用的内容块。通常有它自己的标题和脚注。例如下面的示例代码。

```html
<article>
        <header>
            <h1>茶卡盐湖</h1>
            <p>茶卡盐湖位于中国青海省西部的柴达木盆地,是中国最大的盐湖之一,素有"天空之镜"之美誉。茶卡盐湖以其广袤的盐面和清澈的湖水著称,湖面覆盖着厚厚的盐层,呈现出银白色的景象,远远望去宛如镜面,天空和湖面完美融合,令人如临仙境。</p>
        </header>
        <footer>
            <p>茶卡盐湖介绍</p>
            <p>声明:资源来自网络,如有侵权,请联系编者删除</p>
        </footer>
</article>
```

一个页面中可以出现多个 article 标签，并且 article 标签可以嵌套使用。

5. section 标签

section 标签用于对页面中独立区域或内容进行分组，一般会带有标题。例如，新闻的详情页有一篇文章，该文章有自己的标题和内容，因此可以使用 article 标签标注，如果该新闻内容太长，分好多段落，每段都有自己的小标题，这时就可以使用 section 标签定义段落。在使用 section 标签时，需要注意以下几点：

section（部分）是一个具有语义的结构标签，如果内容只是为了样式化或者方便脚本使用时，可使用其他标签代替。

如果 article 标签、aside 标签或 nav 标签更符合使用条件，那么不要使用 section 标签。

没有标题的内容模块不要使用 section 标签定义。

下面通过一个案例对 section 标签的用法进行演示，代码如例 7-15 所示。

例 7-15：

```html
<!DOCTYPE html>
<html>
    <head>
        <meta charset="UTF-8">
        <title>section 标签的使用</title>
    </head>
    <style type="text/css">
        .red {color: #f00;}
    </style>
    <body>
        <article>
            <header>
                <h2 class="red">北大荒精神</h2>
            </header>
            <p class="red">"北大荒精神"历经演变,1994 年 12 月,北大荒精神表述为"艰苦奋斗、勇于
开拓、顾全大局、无私奉献"……</p>
            <section>
            <h2>评论</h2>
            <article>
                <h3>评论者:A</h3>
                    <p>在工作中,我们要继承和发扬北大荒人那种不畏艰难、勇于挑战的精神。面
对困难和挑战,不退缩、不气馁,以积极的态度寻找解决问题的办法,用汗水和智慧去克服一切障碍。这种
精神能够激发我们的工作热情和创造力,推动我们在各自的岗位上不断取得新的成绩。</p>
            </article>
            <article>
                <h3>评论者:B</h3>
                    <p>我们一定要将北大荒精神融入自己的工作、学习及生活当中,这是一种崇高的
追求和行动指南,它不仅能够激励我们不断进步,更能为建设社会主义现代化强国贡献不可或缺的力
量。</p>
            </article>
            </section>
        </article>
    </body>
</html>
```

在例 7-15 中，header 标签用来定义文章的标题，section 标签用来定义评论内容，article 标签用来独立划分每个评论者的内容，将其分为两部分。

运行例 7-15，效果如图 7-28 所示。

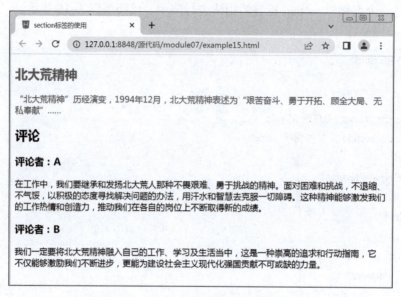

图 7-28　section 标签效果展示

在实际制作网页过程中，article 标签比 section 标签更具有独立性，即 section 标签强调不同部分或章节，而 article 标签强调独立性。如果一块内容相对来说比较独立、完整时，应该使用 article 标签；如果想要将一块内容分成多段时，应该使用 section 标签。

6. aside 标签

aside 标签用来定义当前页面或者文章的附属信息部分，它可以包含与当前页面或主要内容相关的引用、侧边栏、广告、导航条等有别于主要内容的部分。aside 标签的用法主要分为两种：

被包含在 article 标签内作为主要内容的附属信息。

在 article 标签之外使用，作为页面或网站的附属信息部分。最常用的使用形式是侧边栏。

网页模块命名规范

【操作准备】

1. 启动 HBuilderX。

通过 Windows 的"开始"菜单或桌面快捷方式启动 HBuilderX。

2. 创建本地站点。

在 HBuilderX 中创建一个名为"module07"的本地站点，站点定位到 module07 文件夹中。

3. 把相应的图片素材放在文件夹 module07 子文件夹 images 中，把字体放在子文件夹 font 中。

4. 在本地站点下新建 banner. html 页面，放在文件夹 module07 根目录下；新建 banner. css 样式文件，放在文件夹 module07 子文件夹 style 中。

5. 在 banner. html 页面中，通过 <link href="style/banner.css" type="text/css" rel="stylesheet"> 代码将 banner. css 样式文件进行链接。

【任务介绍】

本单元重点讲解了网页布局的概念、常用浮动和定位属性以及布局的类型。为了使学习者更好地运用浮动与定位组织页面元素，本任务将制作一个网页中通栏显示的 banner 模块，效果如图 7-29 所示。

图 7-29　通栏显示 banner 效果图

【引导训练】

【任务 7-1】分析效果图

【任务 7-1-1】代码结构分析

通栏显示的整个 banner 模块可以分为左右两部分，其中左边为红色教育主题，右边为学党史介绍。左边部分由一张背景图片、大小主题文本、切换图标构成，右边部分由标题、学史要求（图片形式）及学习内容概述构成。效果图 7-29 对应的结构如图 7-30 所示。

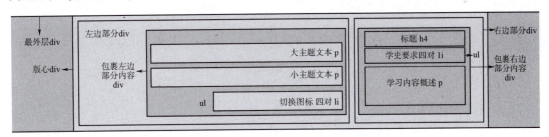

图 7-30　通栏显示 banner 代码结构

【任务 7-1-2】静态样式分析

控制代码结构图 7-30 的样式主要分为以下几个部分：

（1）通过最外层的大盒子实现对 banner 模块的通栏显示，需要对其设置 100% 宽度和背景颜色。

（2）通过第二层的大盒子设置页面的版心以对 banner 模块整体控制，需要对其设置宽、高及外边距样式，使其水平居中显示。

（3）通过对 banner 中左右的两个盒子设置浮动，实现 banner 左右布局的效果。

（4）控制左边的大盒子、包裹左边部分内容的盒子及主题文本、切换图标样式，需在左边大盒子中添加背景图片。

（5）控制右边的大盒子、包裹右边部分内容的盒子及标题、学史要求（图片形式）和学习内容概述样式。

【任务7-2】制作页面结构

根据任务7-1的分析，可以使用相应的HTML标签来搭建网页结构，通栏显示的banner模块结构代码如下所示。

```html
<!DOCTYPE html>
<html>
    <head>
        <meta charset="utf-8">
        <title>通栏 banner 效果</title>
        <link href="style/banner. css" type="text/css" rel="stylesheet">


    </head>
    <body>
            <!-- banner 模块开始 -->
            <div class="bg_banner">
                <div class="banner">
                    <!--left begin-->
                    <div class="left">
                        <div class="leftContent">
                            <p class="big_title">传承红色基因 赓续精神血脉</p>
                            <p class="small_title">不忘初心 牢记使命<br />为实现中国梦传播正能量</p>
                            <ul class="button">
                                <li></li>
                                <li></li>
                                <li></li>
                                <li class="btnlast"></li>
                            </ul>
                        </div>
                    </div>
                    <!--left end-->
                    <!--right begin-->
                    <div class="right">
                        <div class="rightContent">
                            <h4 class="right_title">我们一起学党史</h4>
                            <ul class="icon">
                                <li><a href="#"><img src="images/icon1. png"></a></li>
                                <li><a href="#"><img src="images/icon2. png"></a></li>
                                <li><a href="#"><img src="images/icon3. png"></a></li>
                                <li class="imglast"><a href="#"><img src="images/icon4. png"></a></li>
                            </ul>
```

```
                    <p class="study_content">历史是最好的教科书,历史也是最好的营养剂。党
史记载着我党光辉而又艰辛的革命历程,革命先辈抛头颅洒热血,在民族存亡之际,前赴后继挽大厦之将
倾……
                        </p>
                    </div>
                </div>
                <!--right end-->
            </div>
        </div>
        <!-- banner 模块结束 -->
    </body>
</html>
```

在 banner 模块结构代码中，类名为 bg_banner 的 div 标签设置通栏样式。类名为 banner 的 div 用于设置版心，并整体控制内容部分。分别定义 class 为 left 和 right 的两个 div，来搭建 banner 模块左右两部分的结构。同时，通过 p 标签控制左边盒子中的主题文本及右边盒子中的学习内容概述文本。此外，分别采用无序列表来搭建左侧切换图标和右侧四个学史要求图标的列表结构。

运行 banner. html 页面代码，效果如图 7-31 所示。

图 7-31　banner 模块结构页面效果

【任务 7-3】定义 CSS 样式

搭建完页面的结构后，接下来为页面添加 CSS 样式。本模块采用从整体到局部的方式实现效果图 7-29 所示的效果。

【任务 7-3-1】定义基础样式

在定义 CSS 样式时，首先要清除浏览器默认样式，具体 CSS 代码如下：

```css
*{margin:0px; padding: 0px;}
```

对页面进行全局控制，具体 CSS 代码如下：

```css
body{
    font-size: 14px;
    font-family: "微软雅黑",Arial, Helvetica, sans-serif;
}
```

清除无序列表项目符号，具体 CSS 代码如下：

```css
ul{
    list-style: none;
}
```

定义 banner 模块的字体样式，具体 CSS 代码如下：

```css
@font-face{
    font-family:dn;            /*服务器字体名称*/
    src:url(. . /font/dqc. ttf);     /*服务器字体名称*/
}
```

【任务 7-3-2】控制整体大盒子

制作页面结构时，定义了两个大盒子。第一个大盒子 class 为 bg_banner，用来定义通栏样式，第二个盒子 class 为 banner，来实现对 banner 模块的整体（版心）控制。通过 CSS 样式设置大盒子宽度为 100%显示，背景颜色为深红色，设置第二个盒子的宽度和高度，并水平居中显示，具体 CSS 代码如下：

```css
. bg_banner{
    width: 100%;
    background:#A60000;
}
. banner{
    width: 1200px;
    height: 285px;
    margin: 0px auto;      /*设置版心水平居中显示 */
}
```

【任务 7-3-3】控制左边大盒子

由于 banner 整体上由左、右两部分构成，可以通过浮动实现左、右两个盒子在一行排列显示的效果。接下来控制左边的盒子，确定其宽、高及浮动样式，并添加相应的背景图片。具体 CSS 代码如下：

```
. left{
    width: 954px;
    height: 285px;
    background-image: url(. . /images/bannerleft. jpg);
    float: left;        /*设置左边部分左浮动 */
}
```

【任务 7-3-4】控制左边大盒子里的整体内容样式

对于左边盒子的内容，可以设置包裹左边部分内容的盒子右浮动，并设置相应的上外边距和右外边距。具体的 CSS 代码如下：

```
. leftContent{
    float: right;
    margin-top: 80px;
    margin-right: 40px;
}
```

【任务 7-3-5】分别控制左边大盒子里各内容样式

对于大主题文本和小主题文本、切换图标等各部分内容，主要定义它们的字体、字号、文本颜色、内外边距、背景颜色及浮动样式。具体 CSS 代码如下：

```
. big_title{              /*设置大主题文本样式 */
    font-size: 26px;
    color: #fff;
    font-weight: bold;
    text-align:right;      /*设置段落中的文本内容右对齐 */
    border-right: 5px solid #ffaa00;
    padding-right: 10px;
}
. small_title{            /*设置小主题文本样式 */
    font-family: dn;
    font-size:20px;
    color: #fff;
    font-weight: bold;
    text-align:right;      /*设置段落中的文本内容右对齐 */
    line-height: 26px;
    margin: 20px 0px 30px 0px;
}
. button   li{            /*设置按钮样式 */
    float: right;          /*设置按钮右浮动 */
    width: 50px;
    height: 2px;
```

```
        background-color: rgba(255,255,255,0. 5);
        margin-left: 10px;
        cursor: pointer;                       /*设置鼠标指针在元素上的样式为手型 */
    }
    . button . btnlast{
        background-color: rgba(255,255,255,1);    /*设置第一个切换图标样式*/
    }
```

【任务 7-3-6】控制右边大盒子及整体内容样式

首先，对右边大盒子 right 定义左浮动属性，对其包裹右边部分内容的 rightContent 设置左、右外边距即可。具体 CSS 代码如下：

```
    . right{
        width: 246px;
        height: 285px;
        background-color:rgba(255,255,255,0. 2);
        float: left;    /*设置右边部分左浮动 */
    }
    . rightContent{
        margin-left: 34px;
        margin-right: 20px;
    }
```

【任务 7-3-7】分别控制右边大盒子里各内容样式

接下来需要定义右边大盒子各部分内容的样式。值得注意的是，由于定义子元素 li 的浮动属性，会对其父元素 icon 产生影响，所以需要利用"overflow：hidden；"清除子元素浮动对父元素的影响（即显示父元素的高度）；因子元素 li 是向右浮动，所以最后一个 li 元素在页面中显示出来就是第一个元素。具体 CSS 代码如下：

```
    . right_title{
        color: #FFBF00;
        font-size: 20px;
        margin: 50px 0px 10px 0px;
    }
    . icon{
        width: 192px;
        overflow: hidden;          /*清除子元素浮动对父元素的影响,即显示父元素的高度 */
        margin: 0px auto;          /*设置放置四张图片的大盒子水平居中显示 */
    }
    . icon li{
        float:left;                /*设置按钮左浮动 */
        margin-right: 10px;
    }
    . icon li. imglast{
```

```
        margin-right: 0px;          /*设置最后一张图片没有右外边距*/
    }
    . study_content{
        color: #fff;
        width: 192px;
        margin: 0px auto;           /*设置段落水平居中显示 */
        line-height:24px;
        text-align: justify;        /*设置段落中的内容水平两端对齐 */
        text-indent: 2em;
    }
```

至此，完成了效果图 7-29 所示的通栏 banner 的 CSS 样式部分。

【引导训练考核评价】

网站首页 banner 模块制作 "引导训练" 考核评价表

	考核内容	标准分	计分
考核要点	（1）会通过分析效果图搭建页面结构	2	
	（2）会通过最外层的大盒子实现对 banner 模块的通栏显示，需要对其设置 100% 宽度和背景颜色	2	
	（3）会通过第二层的大盒子设置页面的版心以对 banner 模块整体控制，需要对其设置宽、高及外边距样式，使其水平居中显示	2	
	（4）会对 banner 左、右的两个盒子设置浮动，实现 banner 左右布局的效果	2	
	（5）会控制左边的大盒子、包裹左边部分内容的盒子及主题文本、切换图标样式，并左边大盒子中添加背景图片	3	
	（6）会控制右边的大盒子、包裹右边部分内容的盒子及标题、学史要求（图片形式）和学习内容概述样式	3	
	（7）认真完成本模块任务，态度端正、操作规范、时间观念强、有协作精神、学习效果较好	1	
	小计	15	

评价方式	自我评价	小组评价	教师评价
考核得分			
存在的主要问题			

【单元总结】

本单元首先带领读者认识布局，然后讲解了布局的属性以及布局的类型，最后通过 HTML+CSS 布局，制作出了一个网页中常见的通栏显示的 banner 模块。

通过本单元的学习，学习者应该能够熟练地运用浮动和定位进行网页布局，掌握清除浮动给并列元素或嵌套父元素带来影响的几种常用方法。

同步训练及考核评价　　　　　　同步习题

制作网站音、视频播放页面

 **学习目标**

了解 HTML5 支持的视频和音频格式。

能够在 HTML5 页面中添加音频和视频文件。

能够设置页面中的音频和视频自动播放、循环播放、播放控件显示等相应的属性。

能够控制网页视频窗口大小。

【知识梳理】

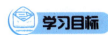 **8.1 视频音频嵌入技术概述**

在全新的视频、音频标签出现之前，W3C 并没有视频和音频嵌入到页面的标准方式，视频和音频内容在大多数情况下都是通过第三方插件或浏览器的应用程序嵌入到页面中。通过插件或浏览器的应用程序嵌入视频和音频，这种方式不仅需要借助第三方插件，而且实现的代码复杂冗长。

在 HTML5 语法中，<video>标签用于为页面添加视频，<audio>标签用于为页面添加音频，<video> 和 <audio> 标签的引入极大地简化了在网页中嵌入视频和音频内容的过程，不再需要依赖第三方插件（如 Flash）来实现这些功能。到目前为止，绝大多数的浏览器已经支持 HTM5 中的<video>标签和<audio>标签。各浏览器的支持情况如表 8-1 所示。

表 8-1 浏览器对<video>标签和<audio>标签的支持情况

浏览器	支持版本
IE	9.0 及以上版本
Firefox（火狐浏览器）	3.5 及以上版本
Opera（欧朋浏览器）	10.5 及以上版本
Chrome（谷歌浏览器）	3.0 及以上版本
Safari（苹果浏览器）	3.2 及以上版本

表 8-1 列举了各主流浏览器对<video>标签和<audio>标签的支持情况。需要注意的是，在不同的浏览器上运用<video>标签和<audio>标签时，浏览器显示音、视频界面样式也略有不同。

在不同的浏览器中，同样的视频文件，其播放控件的显示样式却不同。例如，调整音量的按钮、全屏播放按钮等。控件显示不同样式是因为每个浏览器对内置视频控件样式的定义不同。图 8-1 和图 8-2 所示为视频在 Firefox 浏览器和 Chrome 浏览器中显示的样式。

图 8-1　Firefox 浏览器视频样式

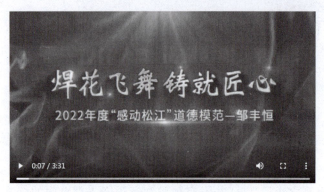

图 8-2　Chrome 浏览器视频样式

视频文件和音频文件的格式

8.2　嵌入视频和音频

接下来讲解应用<video>标签和<audio>标签在网页中嵌入视频和音频文件。

8.2.1　在 HTML5 中嵌入视频

在 HTML5 中，<video>标签用于定义视频文件，它支持三种视频格式，分别为 ogg、webm 和 mpeg4。使用<video>标签嵌入视频的基本语法格式如下：

```
<video src="视频文件路径" controls="controls"></video>
```

在上面的语法格式中，src 属性用于设置视频文件的路径，controls 属性用于控制是否显示播放控件，这两个属性是<video>标签的基本属性。值得一提的是，在<video>和</video>之间还可以插入文字，当浏览器不支持<video>标签时，就会在浏览器中显示该文字。

下面通过一个案例对视频的嵌入进行演示与讲解，代码如例 8-1 所示。

例 8-1：

```
<!DOCTYPE html>
<html>
    <head>
```

```
        <meta charset="utf-8">
        <title>在 HTML5 中嵌入视频</title>
    </head>
    <body>
        <video src="video/ylp.mp4" controls="controls" width="600" autoplay="autoplay" loop="loop"
muted="muted">调用本地视频文件- 杂交水稻之父袁隆平</video>
    </body>
</html>
```

在例 8-1 中，使用<video>标签来插入视频文件。

运行例 8-1，效果如图 8-3 所示。

播放按钮   进度条   声音控制   全屏播   其他功
                        按钮   放按钮   能按钮

图 8-3   在 HTML5 中嵌入视频

图 8-3 显示的是视频未播放的状态，视频界面底部是浏览器默认添加的视频控件，用于控制视频播放的状态，当单击播放按钮时，网页就会播放视频，如图 8-4 所示。

图 8-4   视频播放状态

值得一提的是，在<video>标签中还可以添加其他属性，进一步优化视频的播放效果。<video>标签常见属性如表8-2所示。

表8-2　<video>标签常见属性

属性	值	描述
autoplay	autoplay	当页面载入完成后自动播放视频
loop	loop	视频结束时重新开始播放
preload	auto/meta/none	如果出现该属性，则视频在页面加载时进行加载，并预备播放。如果使用autoplay，则忽略该属性
poster	url	当视频缓冲不足时，该属性值链接一个图像，并将该图像按照一定的比例显示出来

了解了表8-2所示的video视频属性后，下面在例8-1的基础上，对<video>标签应用新属性，进一步优化视频播放效果，修改后的代码如下：

```
<video src="video/ylp. mp4" controls="controls" autoplay="autoplay" loop="loop">浏览器不支持video标签</video>
```

在上面的代码中，为<video>标签增加了autoplay="autoplay"和loop="loop"两个样式。其中autoplay="autoplay"可以让视频自动播放，loop="loop"让视频具有循环播放功能。

但是在2018年1月Chrome浏览器取消了对自动播放功能的支持，也就是说autoplay属性是无效的。如果想要自动播放视频，就需要为<video>标签添加muted="muted"属性，嵌入的视频就会静音自动播放。图8-5所示为插入muted="muted"属性后，浏览页面时视频自动静音播放。

图8-5　视频自动静音播放状态

8.2.2　在 HTML5 中嵌入音频

在HTML5中，<audio>标签用于定义音频文件，它支持三种音频格式，分别为ogg、mp3和wav。使用<audio>标签嵌入音频文件的基本语法格式如下：

```
<audio src="音频文件路径" controls="controls"></audio>
```

从上面的基本语法格式可以看出，<audio>标签的语法格式和<video>标签类似，在<audio>标签的语法中 src 属性用于设置音频文件的路径，controls 属性用于为音频提供播放控件。在<audio>和</audio>之间同样可以插入文字，当浏览器不支持<audio>标签时，就会在浏览器中显示该文字。

下面通过一个案例对音频的嵌入进行演示与讲解，代码如例 8-2 所示。

例 8-2：

```
<!DOCTYPE html>
<html>
    <head>
        <meta charset="utf-8">
        <title>在 HTML5 中嵌入音频</title>
    </head>
    <body>
        <audio src="music/whwdzg. mp3" controls="controls">调用本地音、频文件-我和我的祖国</audio>
    </body>
</html>
```

在例 8-2 中，代码中的<audio>标签用于定义音频文件。

运行例 8-2，效果如图 8-6 所示。

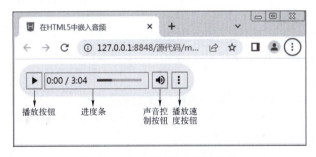

图 8-6　在 HTML5 中嵌入音频

图 8-6 所示为谷歌浏览器中默认的音频控件样式，当单击播放按钮时，就可以在页面中播放音频文件。值得一提的是，在<audio>标签中还可以添加其他属性，来进一步优化音频的播放效果。<audio>标签常见属性如表 8-3 所示。

表 8-3　<audio>标签常见属性

属性	值	描述
autoplay	autoplay	当页面载入完成后自动播放音频
loop	loop	音频结束时重新开始播放
preload	auto/meta/none	如果出现该属性，则音频在页面加载时进行加载，并预备播放。如果使用 autoplay，浏览器会忽略该 preload 属性

表 8-3 列举的<audio>标签的属性和<video>标签是相同的，这些相同的属性在嵌入音、视频时是通用的。

8.2.3 视频音频文件的兼容性问题

虽然 HTML5 支持 ogg、mpeg4 和 webm 的视频格式以及 ogg、mp3 和 wav 的音频格式，但并不是所有的浏览器都支持这些格式，因此在嵌入视频、音频文件格式时，就要考虑浏览器的兼容性问题。除了 mpeg4 和 mp3 格式外，各浏览器都会有一些不兼容的音频，为了保证不同格式的视频、音频能够在各个浏览器中正常播放，在制作网页时，就需要提供多种格式的视频和音频文件供浏览器选择。

在 HTMIL5 中，运用<source>标签可以为<video>标签或<audio>标签提供多个备用文件。运用<source>标签添加音频的基本语法格式如下：

```
<audio controls="controls">
    <source src="音频文件地址" type="媒体文件类型/格式"/>
    <source src="音频文件地址" type="媒体文件类型/格式"/>
    ...
</audio>
```

在上面的语法格式中，可以指定多个<source>标签为浏览器提供备用的音频文件。<source>标签一般设置两个属性，分别为 src 属性和 type 属性。

src：用于指定媒体文件的 URL 地址。

type：指定媒体文件的类型和格式。其中类型可以为"video"或"audio"，格式为视频或音频文件的格式类型。

例如，将 mp3 格式和 wav 格式同时嵌入页面中，示例代码如下。

```
<audio controls="controls">
    <source src="music/whwdzg. mp3" type="audio/mp3"/>
    <source src="music/whwdzg. wav" type="audio/wav"/>
</audio>
```

注："whwdzg. mp3"为"我和我的祖国"音频歌曲。

<source>标签添加视频的方法和添加音频的方法基本相同，只需要把<audio>标签换成<video>标签即可，其语法格式如下：

```
<video controls="controls">
    <source src="视频文件地址" type="媒体文件类型/格式"/>
    <source src="视频文件地址" type="媒体文件类型/格式"/>
    ...
</video>
```

例如，将 mp4 格式和 ogg 格式同时嵌入页面中，可以书写如下示例代码。

```
<video controls="controls">
    <source src="video/ ylp. ogg" type="video/ogg"/>
    <source src="video/ ylp. mp4" type="video/mp4"/>
</video>
```

注："ylp. mp4"为"水稻之父袁隆平"视频。

8.2.4 调用网络音频、视频文件

在为网页嵌入音、视频文件时，我们通常会调用本地的音、视频文件，例如下面的示例代码。

```
<audio src="music/whwdzg.mp3" controls>音频播放标签 audio </audio>
```

在上面的示例代码中，"music/whwdzg.mp3"表示路径为本地 music 文件夹中名称为"whwdzg.mp3"的音频文件。调用本地音、视频文件虽然方便，但需要使用者提前准备好文件（需要下载文件，上传文件等操作），操作十分烦琐。这时为 src 属性设置一个完整的 URL，直接调用网络中的音、视频文件，就可以化繁为简。例如下面的示例代码。

```
src="https://music.163.com/song/media/outer/url？id=5284585.mp3"
```

在上面的示例代码中，"https://music.163.com/song/media/outer/url？id=5284585.mp3"就是调用音频"我的中国心"文件的 URL。

调用网络视频文件的方法和调用音频文件方法类似，也需要获取相关视频文件的 URL地址，然后通过相关代码插入视频文件即可，具体示例代码如例 8-3。

例 8-3：

```
<!DOCTYPE html>
<html>
    <head>
        <meta charset="utf-8">
        <title>感动中国人物-俞鸿儒</title>
    </head>
    <body>
        <video src="https://1254231242.vod2.myqcloud.com/e535695cvodcq1254231242/3c4b2b531253642698197883615/bI9aL7rzMFcA.mp4" width="600" controls="controls">调用网络视频</video>
    </body>
</html>
```

在上面的示例代码中，"https://1254231242.vod2.myqcloud.com/e535695cvodcq1254231242/3c4b2b531253642698197883615/bI9aL7rzMFcA.mp4"即为当前可以访问的互联网视频文件的 URL 地址。

注：视频来源于网络，如有侵权，请联系编者删除。

运行例 8-3，效果如图 8-7 所示。

图 8-7　调用网络视频运行效果

虽然调用网络音、视频文件的方法简单易用，但是当链入的视频和音频文件所在的网站出现问题或音频、视频下线，相应调用的音频和视频也会失效。

8.3 CSS 控制视频的宽、高

为保证页面设计统一布局，避免网页在预览时出现视频大小不一，需要为网页中的视频设置固定大小。在 CSS 中，应用 width 和 height 属性直接为<video>标签设置宽高。

下面通过一个案例对视频大小的设置进行演示与讲解，代码如例 8-4 所示。

例 8-4：

```
<!DOCTYPE html>
<html>
    <head>
        <meta charset="utf-8">
        <title>CSS 控制视频的宽高</title>
        <style type="text/css">
            *   {
                margin: 0;
                padding: 0;
                color: #fff;
            }
            div {
                width: 600px;
                height: 400px;
                border: 3px solid #000;
                margin: 0px auto;
            }
            video {
                width:400px;
                height:400px;
                background-color: #AAA;
                float: left;
            }
            p {
                width: 100px;
                height: 400px;
                background-color: #A23;
                text-align: center;
                float: left;
            }
        </style>
    </head>
    <body>
```

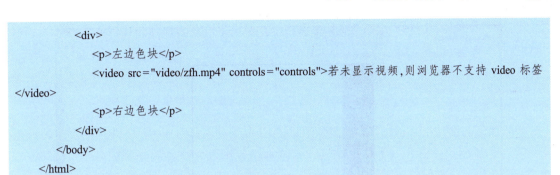

```
        <div>
            <p>左边色块</p>
            <video src="video/zfh.mp4" controls="controls">若未显示视频,则浏览器不支持 video 标签
</video>
            <p>右边色块</p>
        </div>
    </body>
</html>
```

在例 8-4 中，设置大盒子<div>的宽度为 600px，高度为 400px。在大盒子内部嵌套一个
<video>标签和两个<p>标签。<video>标签和<p>标签宽度均为 200px，高度均为 400px，并
运用浮动属性使它们在一排显示。

运行例 8-4，定义视频宽度和高度的效果如图 8-8 所示。

图 8-8　定义视频宽度和高度的效果

从图 8-8 中可以看出，视频和段落文本排成一排，页面布局没有变化。这是因为定义
了视频的宽度和高度，浏览器在加载时会为视频预留合适的空间。更改例 8-4 中的代码，
删除视频的宽度和高度属性，修改后的代码如下：

```
video{
    background:#AAA;
    float:left;
}
```

保存 HTML 文件，刷新页面，未定义视频的宽度和高度的效果如图 8-9 所示。

图8-9　未定义视频的宽度和高度的效果

从图8-9可以看出，视频和其中一个红色文本模块被挤到了大盒子下面。这是因为未定义视频宽度和高度时，视频会按原始大小显示，此时浏览器因为没有办法控制视频尺寸，只能按照视频默认尺寸加载视频，从而导致页面布局混乱。

通过width属性和height属性控制的视频，看起来能与页面其他元素大小协调统一。虽然在页面中看起来其大小改变了，但它的原始大小依然没变，因此在实际工作中要运用视频处理软件对视频进行压缩处理。

【操作准备】

1. 启动HBuilderX。

通过Windows的"开始"菜单或桌面快捷方式启动HBuilderX。

2. 创建本地站点。

在HBuilderX中创建一个名为"module08"的本地站点，站点定位到module08文件夹中。

3. 把相应的视频素材放在文件夹module08子文件夹video中，把音频放在子文件夹music中，把图像放在子文件夹images中。

4. 在本地站点下新建music.html页面，放在文件夹module08根目录下；新建music.css样式文件，放在文件夹module08子文件夹style中。

5. 在music.html页面中，通过<link href="style/music.css" type="text/css" rel="stylesheet">将music.css样式文件进行链接。

【任务介绍】

本单元重点讲解了多媒体的格式、浏览器对HTML5音、视频的支持情况以及在HTML5页面中嵌入音、视频文件的方法。为了巩固学习者对网页多媒体标签的使用，本任务通过制作一个音乐播放界面，让学习者掌握如何在页面中引入并设置音频和视频文件，其效果如图 8-10 所示。

图 8-10　音乐播放界面效果图

【引导训练】

【任务 8-1】分析效果图

【任务 8-1-1】代码结构分析

效果图 8-10 的音乐播放界面整体由背景、左边的唱片以及右边的歌词三部分组成，其中背景部分是插入的视频，可以通过 `<video>` 标签定义，唱片部分由两个盒子嵌套组成，可以通过两个 `<div>` 标签进行定义，而右边的歌词部分可以通过 `<h2>` 标签和 `<p>` 标签定义，歌词下面的音乐播放控件可以使用 `<audio>` 标签定义。效果图 8-10 对应的代码结构如图 8-11 所示。

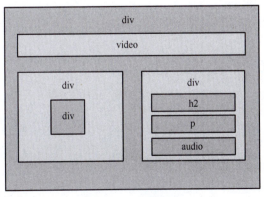

图 8-11　代码结构

【任务 8-1-2】静态样式分析

控制代码结构图 8-11 的样式主要分为以下几个部分：

（1）通过最外层的大盒子对页面进行整体控制，需要对其设置宽度、高度、绝对定位、将溢出内容进行隐藏。

（2）为大盒子添加视频作为页面背景，需要对其设置宽度、高度、绝对定位和外边距，使其始终显示在浏览器居中位置。

（3）为左边唱片的<div>标签添加样式，需要对其设置宽和高、绝对定位、圆角边框、内阴影、背景图片以及动画属性。

（4）为唱片中间的音符<div>标签添加样式，需要对其设置宽和高、圆角边框、绝对定位、背景图片及背景颜色。

（5）为唱片设置 360°旋转动画。

（6）为右边歌词设置绝对定位，为歌词标题<h2>标签设置字体大小、颜色、下外边距属性，为歌词<p>标签设置宽和高、字体、行距、背景、圆角边框以及内外边距样式。

【任务 8-2】制作页面结构

根据任务 8-1 的分析，可以使用相应的 HTML 标签来搭建网页结构，music.html 网页结构代码如下所示。

```
<!DOCTYPE html>
<html>
    <head>
        <meta charset="utf-8">
        <title>音乐播放页面</title>
        <link rel="stylesheet" href="style/music.css" type="text/css" />
    </head>
    <body>
        <div class="box-video">
            <video src="video/tjjsll.mp4" autoplay="autoplay" loop muted>浏览器不支持 video 标签</video>
            <div class="cd">
                <div class="center"></div>
            </div>
            <div class="song">
                <h2>团结就是力量</h2>
                <p>团结就是力量<br />团结就是力量<br />这力量是铁<br />这力量是钢<br />比铁还硬比钢还强<br />向着法西斯蒂开火<br />让一切不民主的制度死亡<br />向着太阳向着自由<br />向着新中国发出万丈光芒
                </p>
                <audio src="music/tjjsll.mp3" controls></audio>
            </div>
        </div>
    </body>
</html>
```

在 music.html 网页结构代码中，最外层的<div>用于对音乐播放页面进行整体控制，应用<video>标签插入背景视频，并设置相应的属性；应用<div>（类名为 cd）标签控制唱片部分，应用<div>（类名为 cd）标签控制唱片部分，应用<div>（类名为 center）标签控制唱片中间的音符；应用<div>（类名为 song）标签控制整个右边歌词部分，应用<h2>标签控制歌词标题，应用<p>标签控制歌词内容，应用<audio>标签插入音频，并设置相应的属性。

运行 music.html 页面代码，效果如图 8-12 所示。

图 8-12　HTML 页面效果图

【任务 8-3】定义 CSS 样式

搭建完页面的结构后，接下来为页面添加 CSS 样式。本页面采用从整体到局部的方式实现图 8-10 所示的效果。

【任务 8-3-1】定义基础样式

在定义 CSS 样式时，首先要清除浏览器默认样式，具体 CSS 代码如下：

```
*{margin:0;padding:0;}
```

【任务 8-3-2】整体控制音乐播放界面

通过一个大的 div 对音乐播放界面进行整体控制，需要将其宽度设置为 100%、高度设置为 100%，使其自适应浏览器大小，具体代码如下：

```
/*整体控制音乐播放界面*/
.box-video {
    width: 100%;
    height: 100%;
    position: absolute;
    overflow: hidden;      /*将溢出内容进行隐藏 */
}
```

在上面控制音乐播放界面的样式代码中，"overflow:hidden;"样式用于隐藏浏览器滚动条，使视频能够固定在浏览器界面中不被拖动。

【任务 8-3-3】设置视频文件样式

运用<video>标签在页面中嵌入视频，具体代码如下：

```
/*插入视频*/
. box-videovideo {
    width: 2000px;
    height: 1000px;
    position: absolute;
    top: 50%;
    left: 50%;
    margin-left: -1000px;        /*左边距为视频宽度的一半 */
    margin-top: -500px;          /*上边距为视频高度的一半 */
}
```

在上面控制视频的样式代码中，通过绝对定位和 margin 属性将视频始终定位在浏览器界面中间位置，无论浏览器界面放大或缩小，视频都将在浏览器界面居中显示。

【任务 8-3-4】设置唱片部分样式

唱片部分，可以将两个圆看作嵌套在一起的父子盒子，其中父盒子需要对其应用圆角边框样式和阴影样式，子盒子需要对其设置绝对定位使其始终显示在父元素中心位置。具体代码如下：

```
/*唱片部分*/
. cd {
    width: 422px;
    height: 422px;
    position: absolute;
    top: 15%;
    left: 10%;
    border-radius: 50%;
    border: 10px solid #FFF;
    box-shadow: 5px 5px 15px #000;
    background: url(. . /images/cd_img. jpg) no-repeat;
    animation: rotate 24s linear infinite;
}
/*唱片中间的音符部分 */
. center {
    width: 100px;
    height: 100px;
    border-radius: 50%;
    border: 5px solid #FFF;
    position: absolute;
```

```
        top: 50%;
        left: 50%;
        margin-left: -50px;
        margin-top: -50px;
        background: url(. . /images/yinfu. gif) no-repeat center center;

        background-color: #000;    /*为了让背景颜色生效,必须放在综合背景 background 后面 */
    }
```

【任务 8-3-5】设置唱片 360°旋转

设置好唱片部分的静态样式后，可以通过动画@ keyframes 规则创建动画，在这里定义动画名为 rorate，唱片在 Z 轴上从 0°旋转到 360°，具体代码如下：

```
/*唱片 360° 循环旋转 */
@keyframes rorate {
    from {
        transform: rotateZ(0deg);
    }
    to {
        transform: rotateZ(360deg);
    }
}
```

【任务 8-3-6】设置歌词部分样式

歌词部分可以看作一个大的 div 内部套一个<h2>标签和一个<p>标签，<p>标签中设置背景颜色为白色，透明度为 0. 6，具体代码如下：

```
/*歌词部分 */
. song {
    position: absolute;
    top: 15%;
    left: 50%;
}
h2 {
    font- size: 40px;
    color: #ffff7f;
    margin- bottom: 10px;
}
p {
    width: 556px;
    height: 280px;
    font-family: "微软雅黑";
    line-height: 30px;
    background-color:rgba(255,255,255,0. 6);
```

```
    border-radius: 10px;
    box-sizing: border-box;    /*border、padding 的参数值被包含在 width 和 height 之内 */
    padding-left: 30px;
    margin-bottom: 10px;
}
```

至此，完成了效果图 8-10 所示音乐播放界面的 CSS 样式部分。

【引导训练考核评价】

网站音、视频播放页面制作"引导训练"考核评价表

	考核内容	标准分	计分
考核要点	（1）会通过分析效果图搭建页面结构	2	
	（2）会通过最外层的大盒子对页面进行整体控制	1	
	（3）会为大盒子添加视频作为页面背景，始终显示在浏览器居中位置	2	
	（4）会为左边唱片部分的<div>标签添加样式	2	
	（5）会为唱片中间的音符<div>标签添加样式	2	
	（6）会为唱片设置360°旋转动画样式	2	
	（7）会设置右边歌词内容及标题样式	3	
	（8）认真完成本模块任务，态度端正、操作规范、时间观念强、有协作精神、学习效果较好	1	
	小计	15	
评价方式	自我评价	小组评价	教师评价
考核得分			
存在的主要问题			

【单元总结】

  本单元首先介绍了网页视频和音频嵌入技术的发展、视频和音频的格式，以及浏览器的支持情况，重点讲解了在页面中插入视频和音频文件的方法，最后综合运用所学知识制作了网站音、视频播放页面。

  通过本单元的学习，学习者应该熟悉常用的多媒体格式，掌握在页面中插入音、视频文件的方法，并应用到网站的制作过程中。

同步训练及考核评价

同步习题

单元 9

制作网站图文展示页面

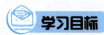

掌握过渡属性的用法，能够控制过渡时间、动画快慢等常见过渡效果。

掌握变形属性的用法，能够制作 2D 变形、3D 变形效果。

掌握动画属性的用法，能熟练制作网页中常见的动画效果。

会利用过渡、变形和动画属性制作"时代先锋"图文展示页面。

【知识梳理】

9.1 过　渡

CSS3 能够制作丰富的动画和特效，其提供的过渡属性，在不需要编写 JavaScript 或 jQuery 程序的情况下，可为元素从一种样式转变为另一种样式时添加效果，如渐显、渐隐、速度的变化等。

9.1.1 transition-property 属性

transition-property 属性设置应用过渡的 CSS 属性，例如，想要设置改变背景颜色的过渡动画。过渡效果通常在用户将鼠标指针移动到元素（:hover）上时发生，当指定的 CSS 属性改变时，过渡效果才开始。其基本语法格式如下：

transition-property: none | all | property;

在上面的语法格式中，transition-property 属性的取值包括 none、all 和 property（代指 CSS 属性名）三个，具体说明如表 9-1 所示。

表 9-1　transition-property 属性的取值

属性值	描述
none	没有属性会获得过渡效果
all	所有属性都将获得过渡效果，默认值
property	定义应用过渡效果的 CSS 属性名称，多个名称之间以英文逗号分隔

下面通过一个案例对 transition-property 属性进行演示与讲解，代码如例 9-1 所示。

例 9-1：

```html
<!DOCTYPE html>
<html>
<head>
<meta charset="utf-8">
<title>transition-property 属性</title>
    <style type="text/css">
        div{
            width:400px;
            height:100px;
            padding: 10px;
            box-sizing: border-box;
            background-color:green;
            font-weight:bold;
            color:#FFF;
        }
        div:hover{                              /*将鼠标指针移动到元素上(:hover) */
            background-color:red;               /*背景颜色为红色 */
            border-radius: 20px;                /*圆角半径为 20 像素 */
            transition-property:background-color;  /*指定动画过渡的 CSS 属性 */
            transition-duration: 5s;            /*过渡效果持续的时间 */
            cursor: pointer;                    /*鼠标指针形状为手形*/
        }
    </style>
</head>
<body>
    <div>使用 transition-property 属性改变元素背景色</div>
</body>
</html>
```

在例 9-1 中，通过 transition-property 属性指定产生过渡效果的 CSS 属性为 background-color，设置了鼠标指针移上 div 元素时背景颜色慢慢地变为红色，而圆角半径因没有设置过渡效果而立刻会变为 20 像素。

运行例 9-1，默认效果如图 9-1 所示。

图 9-1 默认绿色背景且直角效果

当鼠标指针悬停到图 9-1 所示网页中的 div 区域时，背景色由绿色慢慢变为红色，而圆角半径立刻变为 20 像素，如图 9-2 所示。这是因为在设置"过渡"效果时，使用 transition-duration 属性设置过渡时间为 5 秒，否则不会产生过渡效果。

图 9-2　绿色背景慢慢地变为红色背景且变为圆角效果

说明：

为了解决各类浏览器的兼容性问题，可在 CSS 属性前添加-webkit-、-moz-、-ms-、-o-等不同的浏览器前缀兼容代码，具体说明如表 9-2 所示。

表 9-2　主流浏览器的私有前缀

属性值	描述
-webkit-	谷歌浏览器/Safari 浏览器
-moz-	火狐浏览器
-ms-	IE 浏览器
-o-	欧朋浏览器

9.1.2　transition-duration 属性

transition-duration 属性用于定义过渡效果持续的时间，其基本语法格式如下：

```
transition-duration:time;
```

在上面的语法格式中，transition-duration 属性默认值为 0，其取值为时间，常用单位是秒（s）或者毫秒（ms）。

下面通过一个案例对 transition-duration 属性进行演示与讲解，代码如例 9-2 所示。

例 9-2：

```
<!DOCTYPE html>
<html>
<head>
<meta charset="utf-8">
<title>transition-duration 属性</title>
<style type="text/css">
    div{
        width:200px;
        height:200px;
        box-sizing: border-box;
```

```
        margin: 0 auto;
        background-color: yellow;
        border: 2px solid #00F;
        color: #000;
        padding: 10px;
        }
    div: hover {
        background-color: red;
        border-radius: 30px;
        transition-property: border-radius;      /*指定动画过渡的 CSS 属性*/
        transition-duration: 5s;                 /*指定动画过渡的时间*/
        cursor: pointer;
        }
</style>
</head>
<body>
    <div>使用 transition-duration 属性设置过渡时间</div>
</body>
</html>
```

在例 9-2 中，通过 transition-property 属性指定产生过渡效果的 CSS 属性为 border-radius，并设置了鼠标指针移上时圆角半径为 30 像素，同时使用 transition-duration 属性来定义过渡效果完成需要花费 5 s。

运行例 9-2，当鼠标指针悬停到网页中的 div 区域时，div 元素直角逐渐过渡为圆角 30 像素，效果如图 9-3 所示。

图 9-3　直角过渡为圆角 30 像素效果

9.1.3　transition-timing-function 属性

transition-timing-function 属性规定过渡效果的速度曲线，默认值为 ease，其基本语法格式如下：

```
transition-timing-function:linear|ease|ease-in|ease-out|ease-in-out|cubic-bezier(n,n,n,n);
```

从上述语法可以看出，transition-timing-function 属性的取值有很多，常见属性值及说明如表 9-3 所示。

表 9-3　transition-timing-function 属性常见属性值及说明

属性值	描述
linear	指定以相同速度开始至结束的过渡效果，等同于 cubic-bezier(0,0,1,1)
ease	指定以慢速开始，然后加快，最后慢慢结束的过渡效果，等同于 cubic-bezier(0.25,0.1,0.25,1)
ease-in	指定以慢速开始，然后逐渐加快（淡入效果）的过渡效果，等同于 cubic-bezier(0.42,0,1,1)
ease-out	指定以慢速结束（淡出效果）的过渡效果，等同于 cubic-bezier(0,0,0.58,1)
ease-in-out	指定以慢速开始和结束的过渡效果，等同于 cubic-bezier(0.42,0,0.58,1)
cubic-bezier(n,n,n,n)	定义用于加速或者减速的贝塞尔曲线的形状，n 的值为 0~1

在表 9-3 中，最后一个属性值 cubic-bezier(n,n,n,n) 中文译为贝塞尔曲线，使用贝塞尔曲线可以精确控制速度的变化。

下面通过一个案例对 transition-timing-function 属性进行演示与讲解，代码如例 9-3 所示。

例 9-3：

```
<!DOCTYPE html>
<html>
<head>
<meta charset="utf-8">
<title>transition-timing-function 属性</title>
<style type="text/css">
div{
    width:394px;
    height:352px;
    margin:0 auto;
    background: url(' images/sdfm. jpg' ) center center no-repeat;
    border:5px solid red;
    }
div:hover{
    border-radius:50%;
    transition-property: border-radius;            /*指定动画过渡的 CSS 属性*/
    transition-duration: 3s;                       /*指定动画过渡的时间*/
    transition-timing-function: ease;              /*指定以慢速开始,然后加快,最后慢慢结束的过渡效果*/
    cursor: pointer;
    }
</style>
</head>
<body>
        <div></div>
</body>
</html>
```

在例 9-3 中，通过 transition-property 属性指定产生过渡效果的 CSS 属性为 border-radius，并指定过渡动画为元素由方形变为圆形。然后使用 transition-duration 属性定义过渡效果需要花费 3 s 的时间，同时使用 transition-timing-function 属性规定过渡效果以慢速开始，然后加快，最后慢慢结束。

运行例 9-3，当鼠标指针悬停到网页中的 div 区域时，过渡的动作将会被触发，方形将慢速开始变化，然后逐渐加速，随后慢速变为圆形，效果如图 9-4 所示。

  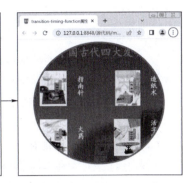

图 9-4　方形逐渐过渡变为圆形的效果

9.1.4　transition-delay 属性

transition-delay 属性规定过渡效果的开始时间，其基本语法格式如下：

```
transition-delay:time;
```

在上面的语法格式中，transition-delay 属性默认值为 0，常用单位是秒（s）或者毫秒（ms）。transition-delay 的属性值可以为正整数、负整数和 0。当设置为负数时，过渡动作会从该时间点开始，之前的动作被截断；设置为正数时，过渡动作会延迟触发。

下面在例 9-3 案例的基础上演示 transition-delay 属性的用法，加上如下代码：

```
transition-delay: 2s;        /*指定动画延迟触发 */
```

上述代码使用 transition-delay 属性指定过渡的动作会延迟 2 秒触发。

保存例 9-3，刷新页面，当鼠标指针悬停到网页中的 div 区域时，经过 2 秒后过渡的动作会被触发，方形慢速开始变化，然后逐渐加速，随后再次慢速变为圆形。

9.1.5　transition 属性

transition 属性是一个复合属性，用于在一个属性中设置 transition-property、transition-duration、transition-timing-function、transition-delay 4 个过渡属性。其基本语法格式如下：

```
transition: property duration timing-function delay;
```

如例 9-3 最终设置的 4 个过渡属性，可以直接通过如下代码实现：

```
transition:border-radius 5s ease 2s;
```

使用 transition 属性设置元素过渡效果时，需注意以下四点。

（1）在使用 transition 复合属性设置多个过渡效果时，它的各个参数不必按照顺序进行定义，不需要的参数可以省略，但过渡时间不能省略；如只指定一个时间参数，则指的是 duration，如指定两个时间参数，前面的时间指的是 duration 属性值，后面的时间指的是 delay 属性值。

（2）无论是单个属性还是复合属性，使用时都可以实现多个过渡效果。如果使用 transition 复合属性设置多种过渡效果，需要为每个过渡属性集中指定所有的值，并且使用英文逗号进行分隔。例如，当鼠标指针指向某个 div 元素时，其圆角和宽度产生不同的过渡效果，具体代码如下：

```
div:hover{
    transition:border-radius 3s ease-in-out 2s,width 2s ease-in-out 1s;
    }
```

（3）元素从隐藏到显示的过渡效果，transition 属性对 display 属性不生效，只能使用 opacity 属性来进行设置。

（4）transition 属性加在当前元素上和加在：hover 伪类上，元素过渡效果不一样。加在当前元素上时，元素在鼠标指针移上和移出都有过渡效果；加在：hover 伪类上时，元素在鼠标指针移上时有过渡效果，移出后没有过渡效果。

9.2 变　形

在 CSS3 中，通过变形可以对元素进行平移、缩放、倾斜和旋转操作。同时变形可以和过渡属性结合，实现一些绚丽网页动画效果。变形通过 transform 属性实现，主要包括 2D 变形和 3D 变形两种。

9.2.1 transform 属性

在 CSS3 中，transform 属性可以实现网页中元素的变形效果。CSS3 变形是一系列效果的集合，如平移、缩放、倾斜和旋转。使用 transform 属性实现的变形效果，无须加载额外文件，可以极大提高网页开发者的工作效率和页面的执行速度。transform 属性的基本语法如下：

```
transform: none | transform-functions;
```

在上面的语法格式中，transform 属性的默认值为 none，适用于所有元素，表示不进行变形。transform-function 用于设置变形，可以是一个或多个变形样式，主要包括 translate()、scale()、skew()和 rotate()等，具体说明如下：

translate()：移动元素对象，即基于 X 坐标和 Y 坐标重新定位元素。

scale()：缩放元素对象，可以使任意元素对象尺寸发生变化，取值包括正数、负数和小数。

skew()：倾斜元素对象，取值为一个度数值。

rotate()：旋转元素对象，取值为一个度数值。

9.2.2 2D 变形

在 CSS3 中，2D 变形主要包括四种变形效果，分别是平移、缩放、倾斜和旋转。我们在使用 2D 变形对元素进行平移、缩放、倾斜以及旋转时，还可以使用 transform 属性改变元素的中心点。

1. 平移

在 CSS3 中，使用 translate( ) 可以实现元素的水平和垂直平移效果，其基本语法格式如下：

```
transform:translate(x-value,y-value);
```

在上述语法中，参数 x-value 和 y-value 分别用于定义水平（X 轴）和垂直（Y 轴）坐标。参数值常用单位为像素和百分比。当参数值为负数时，表示反方向移动元素（默认向右和向下移动，反向即向左和向上移动）。如果省略了第二个参数，则取默认值 0，即在该坐标轴上不移动。

在使用 translate( ) 方法移动元素时，坐标点默认为元素中心点，然后根据指定的 X 坐标和 Y 坐标进行移动。translate( ) 方法平移示意图如图 9-5 所示。

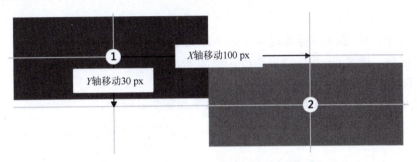

图 9-5　translate( ) 方法平移示意图

在图 9-5 中，①表示平移前的元素，②表示平移后的元素。

下面通过一个案例对 translate( ) 方法进行演示与讲解，代码如例 9-4 所示。

例 9-4：

```
<!DOCTYPE html>
<html>
<head>
<meta charset="utf-8">
<title>translate()方法</title>
<style type="text/css">
    div{
        width:120px;
        height:50px;
    }
    . father{
        position: relative;     /*设置父元素相对定位 */
    }
    . box1,. box2{
        background-color:#0cc;
        border: 1px solid black;
```

```
        position: absolute;
    }
    . box2{
        transform:translate(120px,50px);
    }
    </style>
</head>
<body>
    <div class="father">
        <div class="box1">盒子 1 未平移</div>
        <div class="box2">盒子 2 平移后</div>
    </div>
</body>
</html>
```

在例 9-4 中，使用<div>标签定义了两个样式完全相同的盒子 box1 和 box2 并进行定位完全重叠。然后，通过 translate( )方法将 box2 盒子沿 *X* 坐标向右移动 120 像素，沿 *Y* 坐标向下移动 50 像素。

运行例 9-4，translate( )方法实现平移的效果如图 9-6 所示。

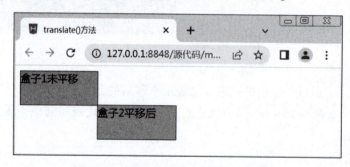

图 9-6　translate( )方法实现平移的效果

注意：translate( )方法中参数值的单位不可以省略，否则平移命令将不起作用。

2. 缩放

在 CSS3 中，使用 scale( )方法可以实现元素缩放效果，其基本语法格式如下：

```
transform:scale(x-value, y-value);
```

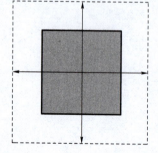

图 9-7　scale( )方法缩放示意图

在上述语法中，参数 x-value 和 y-value 分别用于定义水平（*X* 轴）和垂直（*Y* 轴）的缩放倍数。参数值可以是正数、负数和小数，不需要加单位。其中正数用于放大元素，负数用于翻转并缩放元素，小于 1 的小数用于缩小元素。如果第二个参数省略，则第二个参数默认等于第一个参数值。scale( )方法缩放示意图如图 9-7 所示。

在图 9-7 中，实线表示放大前的元素，虚线表示放大后的元素。

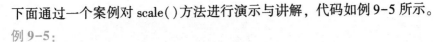

下面通过一个案例对 scale( )方法进行演示与讲解，代码如例 9-5 所示。

例 9-5：

```html
<!DOCTYPE html>
<html>
<head>
<meta charset="utf-8">
<title>scale()方法</title>
<style type="text/css">
    div{
        width:120px;
        height:50px;
    }
    . father{
        margin: 100px auto;
        position: relative;
    }
    . box1,. box2{
        background-color:#ff0;
        border: 1px solid black;
        position: absolute;
    }
    . box2{
        background-color:rgba(255, 255, 0, 0. 1);
        transform:scale(2,3);
    }
</style>
</head>
<body>
    <div class="father">
        <div class="box1">我是原来的元素</div>
        <div class="box2">我是放大后的元素</div>
    </div>
</body>
</html>
```

在例 9-5 中，使用<div>标签定义了两个大小相同的盒子 box1 和 box2 并进行定位完全重叠。通过 scale( )方法将盒子 box2 的宽度放大 2 倍，高度放大 3 倍。

运行例 9-5，scale( )方法实现缩放效果如图 9-8 所示。

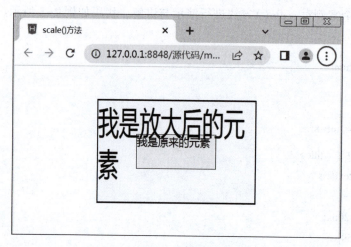

图9-8 scale( )方法实现缩放效果

3. 倾斜

在 CSS3 中，使用 skew( )方法可以实现元素倾斜效果，其基本语法格式如下：

transform:skew(x-value,y-value);

在上述语法中，参数 x-value 和 y-value 分别用于定义垂直（*X* 轴）和水平（*Y* 轴）的倾斜角度。参数值为角度数值，单位为 deg，取值可以为正值或者负值，表示不同的倾斜方向，如果省略了第二个参数，则取默认值 0。skew( )方法倾斜示意图如图 9-9 所示。

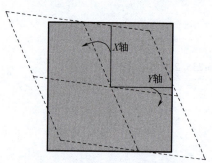

图9-9 skew( )方法倾斜示意图

在图 9-9 中，实线表示倾斜前的元素，虚线表示倾斜后的元素。

下面通过一个案例对 skew( )方法进行演示与讲解，代码如例 9-6 所示。

例 9-6：

```
<!DOCTYPE html>
<html>
<head>
<meta charset="utf-8">
<title>skew()方法</title>
<style type="text/css">
    div{
```

```
        width:120px;
        height:50px;
    }
    . father{
        margin: 50px auto;
        position: relative;
    }
    . box1,. box2{
        background-color:#ff0;
        border: 1px solid black;
        position: absolute;
    }
    . box2{
        background-color:#aaffff;
        transform:skew(0deg,30deg);
    }
</style>
</head>
<body>
    <div class="father">
        <div class="box1">我是倾斜前的元素</div>
        <div class="box2">我是倾斜后的元素</div>
    </div>
</body>
</html>
```

在例9-6中，使用<div>标签定义了两个大小相同的盒子box1和box2并进行定位完全重叠。通过skew( )方法将盒子box2沿 Y 轴倾斜30deg。

运行例9-6，skew( )方法实现倾斜的效果如图9-10所示。

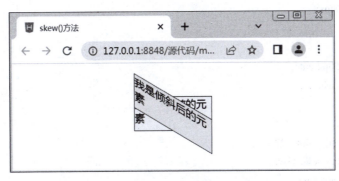

图9-10　skew( )方法实现倾斜的效果

4. 旋转

在 CSS3 中，使用rotate( )方法可以旋转指定的元素对象，其基本语法格式如下：

```
transform:rotate(angle);
```

在上述语法中，参数 angle 表示要旋转的角度值，单位为 deg。如果角度为正数，则按照顺时针方向进行旋转，否则按照逆时针方向旋转，rotate（）方法旋转示意图如图 9-11 所示。

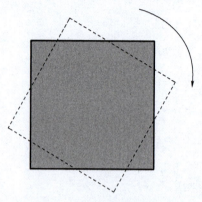

图 9-11　rotate（）方法旋转示意图

在图 9-11 中，实线表示旋转前的元素，虚线表示旋转后的元素。

下面通过一个案例对 rotate（）方法进行演示与讲解，代码如例 9-7 所示。

例 9-7：

```html
<!DOCTYPE html>
<html>
<head>
<meta charset="utf-8">
<title>rotate()方法</title>
<style type="text/css">
    div{
        width:200px;
        height:200px;
    }
    . father{
        margin: 50px auto;
        position: relative;
    }
    . box1,. box2{
        background-color:#ff0;
        border: 1px solid black;
        position: absolute;
    }
    . box2{
        background-color:transparent;
        border: 1px dashed black;
```

```
            transform:rotate(30deg);
        }
    </style>
    </head>
    <body>
        <div class="father">
            <div class="box1">我是元素旋转前的位置</div>
            <div class="box2">我是元素旋转后的位置</div>
        </div>
    </body>
    </html>
```

在例 9-7 中，使用<div>标签定义了两个大小相同的盒子 box1 和 box2 并进行定位完全重叠。通过 rotate( )方法将盒子 box2 沿顺时针方向旋转 30°。

运行例 9-7，盒子 box2（虚线框）旋转后的效果如图 9-12 所示。

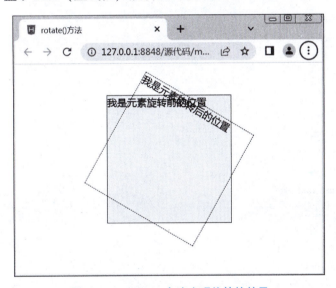

图 9-12　rotate( )方法实现旋转的效果

注意：如果一个元素需要设置多种变形效果，可以使用一个空格把多个变形属性值隔开。例如，对某个 div 元素设置顺时针方向旋转 30°，同时使其宽、高放大 2 倍，具体代码如下：

```
div{transform:rotate(30deg) scale(2,2);}
```

5. 更改变换的中心点

通过 transform 属性可以实现元素的平移、缩放、倾斜及旋转效果，这些变形操作都是以元素的中心点为参照。默认情况下，元素的中心点在 X 轴和 Y 轴的 50%位置。如果需要改变这个中心点，可以使用 transform-origin 属性，其基本语法格式如下：

```
transform-origin: x-axis y-axis z-axis;
```

在上述语法中，transform-origin 属性包含三个参数，其默认值分别为 50%，50%，0（取值为 0 时，百分号可以省略）。transform-origin 参数说明如表 9-4 所示。

表 9-4 transform-origin 属性的参数说明

参数	描述
x-axis	定义视图被置于 X 轴的何处。属性值可以是百分比（%）、em、px 等具体的值，也可以是 left、center 和 right 关键词
y-axis	定义视图被置于 Y 轴的何处。属性值可以是百分比（%）、em、px 等具体的值，也可以是 top、center 和 bottom 关键词
z-axis	定义视图被置于 Z 轴的何处。需要注意的是，该值不能是一个百分比值，否则将会视为无效值，一般为像素单位

下面通过一个案例对 transform-origin 属性进行演示与讲解，代码如例 9-8 所示。

例 9-8：

```html
<!DOCTYPE html>
<html>
<head>
<meta charset="utf-8">
<title>transform-origin 属性</title>
<style>
    .father{
        position:relative;
        width: 200px;
        height: 200px;
        margin: 50px auto;
        padding:10px;
        border: 1px solid black;
    }
    .box1,. box2{
        padding:20px;
        position:absolute;
        border:1px solid black;
    }
    .box1{
        background-color: red;
        transform:rotate(45deg);        /*旋转 45°*/
    }
    .box2{
        background-color:#FF0;
        transform:rotate(45deg);        /*旋转 45°*/
        transform-origin: 0px 0px;      /*更改中心点坐标的位置*/
    }
</style>
</head>
<body>
```

```
<div class="father">
    <div class="box1">未更改基点位置</div>
    <div class="box2">更改基点位置后</div>
</div>
</body>
</html>
```

在例 9-8 中，通过 transform-origin 属性更改 box2 盒子中心点坐标的位置为元素的左上角顶点位置（0px 0px），然后通过 transform 的 rotate() 方法将 box1、box2 盒子分别旋转 45°。运行例 9-8，效果如图 9-13 所示。

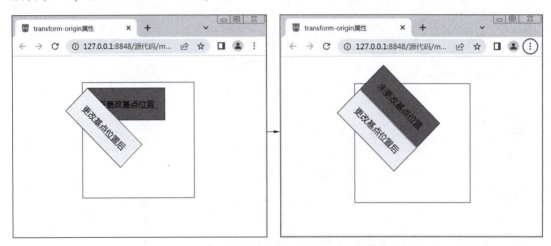

图 9-13　transform-origin 属性的使用效果

通过图 9-13 可以看出，box1、box2 盒子的位置产生了错位。2 个盒子的初始位置相同，旋转角度相同，发生错位的原因是 transform-origin 属性改变了 box2 盒子的旋转中心点。

9.2.3　3D 变形

2D 变形是元素在 X 轴和 Y 轴上的变化，而 3D 变形是元素围绕 X 轴、Y 轴、Z 轴的变化。相比于平面化 2D 变形，3D 变形更注重于空间位置的变化。

1. rotateX()

在 CSS3 中，rotateX() 可以让指定元素围绕 X 轴旋转，其基本语法格式如下：

```
transform:rotateX(a);
```

在上述语法格式中，参数 a 用于定义旋转的角度值，单位为 deg，取值可以是正数也可以是负数。如果值为正，元素将围绕 X 轴顺时针旋转；如果值为负，元素围绕 X 轴逆时针旋转。

下面通过一个案例对 rotateX() 方法进行演示与讲解，代码如例 9-9 所示。

例 9-9：

```
<!DOCTYPE html>
<html>
<head>
```

```
<meta charset="utf-8">
<title>rotateX()方法</title>
<style type="text/css">
    div{
        width:250px;
        height:50px;
        background-color:#FF0;
        border:1px solid black;
    }
    div:hover{
        transition: all 1s ease 2s;
        transform:rotateX(60deg);
        cursor:pointer;
    }
</style>
</head>
<body>
    <div>元素围绕 X 轴顺时针旋转</div>
</body>
</html>
```

在例 9-9 中，设置 div 元素绕 X 轴旋转 60°的过渡效果。

运行例 9-9，div 元素围绕 X 轴顺时针旋转效果如图 9-14 所示。

图 9-14　rotateX()方法的使用效果

2. rotateY()

在 CSS3 中，rotateY()可以让指定元素围绕 Y 轴旋转，其基本语法格式如下：

```
transform:rotateY(a);
```

在上述语法中，参数 a 用于定义旋转的角度，如果值为正，元素围绕 Y 轴顺时针旋转；如果值为负，元素围绕 Y 轴逆时针旋转。

在例 9-9 的基础上修改 div 元素围绕 Y 轴旋转的效果，将代码修改为：

```
transform:rotateY(60deg);          /*元素围绕 Y 轴旋转*/
```

此时，刷新浏览器页面，元素将围绕 Y 轴顺时针旋转 60°，效果如图 9-15 所示。

图 9-15 rotateY( )方法的使用效果

注意：rotateZ( )方法和 rotateX( )方法、rotateY( )方法功能一样，区别在于 rotateZ( )方法用于指定一个元素围绕 Z 轴旋转。如果仅从视觉角度上看，rotateZ( )方法让元素顺时针或逆时针旋转，与 2D 中的 rotate( )方法效果等同，但 rotateZ( )方法不是在 2D 平面上的旋转，而是在 3D 平面上旋转。

3. rotate3d( )

rotate3d( )是通过 rotateX( )、rotateY( )和 rotateZ( )演变的综合属性，用于设置多个轴的 3D 旋转，例如要同时设置 X 轴和 Y 轴的旋转，就可以使用 rotate3d( )方法，其基本语法格式如下：

```
rotate3d(x,y,z,angle);
```

在上述语法格式中，x、y、z 可以取值 0 或 1，当要沿着某一轴转动，就将该轴的值设置为 1，否则设置为 0；angle 为要旋转的角度。例如，设置元素在 X 轴和 Y 轴均旋转 45°，可以书写下面的示例代码。

```
transform:rotate3d(1,1,0,45deg);
```

4. perspective 属性

perspective 属性可以简单地理解为视距，主要用于呈现良好的 3D 透视效果。该属性必须加在父元素中，子元素的透视效果才能生效。例如，我们前面设置的 3D 旋转效果并不明显，就是因为没有设置 perspective 属性。perspective 属性的基本语法格式如下：

```
perspective:参数值;
```

在上面的语法格式中，perspective 属性参数值可以为 none 或者数值（一般为像素），其透视效果由参数值决定，参数值越小，透视效果越突出。

下面通过一个案例对 perspective 属性进行演示与讲解，代码如例 9-10 所示。

例 9-10：

```
<!DOCTYPE html>
<html>
<head>
<meta charset="utf-8">
<title>perspective 属性</title>
<style type="text/css">
.father{
    width:250px;
    height:50px;
```

```
        border:1px solid #666;
        perspective: 250px;          /*设置透视效果 */
        margin: 20px auto;
    }
    . box1{
        width: 250px;
        height: 50px;
        background-color: #ffaa00;
    }
    . box1:hover{
        transition: all 1s ease 2s;
        transform: rotateX(45deg);
        cursor: pointer;
    }
    </style>
    </head>
    <body>
        <div class="father">
            <div class="box1">元素透视效果</div>
        </div>
    </body>
    </html>
```

在例 9-10 中定义一个大的 div 内部嵌套一个小的 div 子盒子，同时设置父元素 div 的 perspective 属性。

运行例 9-10，效果如图 9-16 所示，当鼠标悬浮在盒子上时，子 div 元素绕 X 轴旋转，并出现透视效果，如图 9-17 所示。

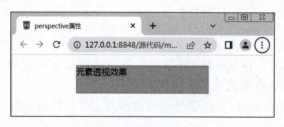

图 9-16　默认效果

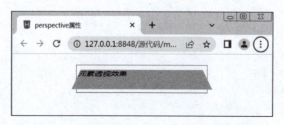

图 9-17　鼠标悬浮时 perspective 属性效果

在 CSS3 中还包含很多转换的属性，通过这些属性可以设置不同的转换效果。如表 9-5 所示。

表 9-5　常见的转换属性

属性名称	描述	属性值
transform-style	用于保存元素的 3D 空间	flat：子元素将不保留其 3D 位置（默认属性）
		preserve-3d：子元素将保留其 3D 位置
backface-visibility	定义元素在不面对屏幕时是否可见	visible：背面是可见的
		hidden：背面是不可见的

除了前面提到的旋转，3D 变形还包括移动和缩放，运用这些方法可以实现不同转换效果。3D 变形的转换方法如表 9-6 所示。

表 9-6　3D 变形的转换方法

方法名称	描述
tanslate3d(x,y,z)	定义 3D 位移
translateX(x)	定义 3D 位移，仅用于 X 轴的值
translateY(y)	定义 3D 位移，仅用于 Y 轴的值
translateZ(z)	定义 3D 位移，仅用于 Z 轴的值
scale3d(x,y,z)	定义 3D 缩放
scaleX(x)	定义 3D 缩放，通过给定一个 X 轴的值
scaleY(y)	定义 3D 缩放，通过给定一个 Y 轴的值
scaleZ(z)	定义 3D 缩放，通过给定一个 Z 轴的值

下面通过一个案例对 3D 变形属性进行演示与讲解，代码如例 9-11 所示。

例 9-11：

```
<!DOCTYPE html>
<html>
<head>
<meta charset="utf-8">
<title>translate3D()方法</title>
<style type="text/css">
    . father{
        width: 200px;
        height: 200px;
        margin: 50px auto;
        border: 2px solid #000;
        position: relative;
```

```
            perspective:50000px;                    /*规定 3D 元素的透视效果*/
            transform-style:preserve-3d;            /*保存嵌套元素的 3D 空间*/
            transition:all 1s ease 0s;              /*设置过渡效果*/
            cursor: pointer;
        }
        . no1,. no2{
            width: 200px;
            height: 200px;
            text-align: center;
            line-height: 200px;
            color: #FFF;
            font-size: 80px;
            font-weight: bold;
            position: absolute;
            top: 0;
            left: 0;
        }
        . no1{
            background-color: #990033;
            transform:translateZ(100px);
        }
        . no2{
            background-color: #006600;
            transform:rotateX(90deg) translateZ(100px);    /*设置旋转轴及旋转角度,位移轴及位移距离*/
        }
        . father:hover{
            transform:rotateX(-90deg);                      /*设置旋转轴及旋转角度*/
        }
    </style>
</head>
<body>
    <div class="father">
        <div class="no1">1</div>
        <div class="no2">2</div>
    </div>
</body>
</html>
```

在例 9-11 所示中，通过 perspective 属性设定 3D 元素的透视效果，通过 transform-style 属性设定元素在 3D 空间中的显示方式，同时在整个案例中分别对父<div>标签和子<div>标签设置不同的旋转轴和旋转角度。

运行例 9-11，光标移上和移出时的动画效果如图 9-18 所示。

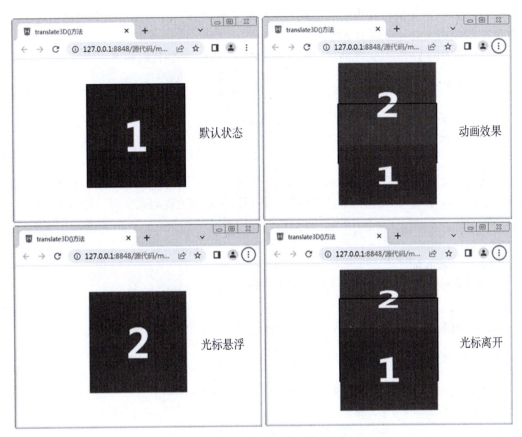

图 9-18　光标移上和移出时的动画效果

9.3　动　　画

在 CSS3 中，过渡和变形只能设置元素的变换过程，并不能对过程中的某一环节进行精确控制，例如过渡和变形实现的动态效果不能重复播放。为了实现更加丰富的动画效果，CSS3 提供了 animation 属性，使用 animation 属性可以定义复杂的动画效果。

9.3.1　@keyframes 规则

@keyframes 规则用于创建动画，animation 属性只有配合@ keyframes 规则才能实现动画效果，@ keyframes 规则语法格式如下：

```
@keyframes animationname{
        keyframes-selector{css-styles;}
            }
```

在上面的语法格式中，@ keyframes 规则包含的参数具体含义如下：

animationname：表示当前动画的名称，它将作为引用时的唯一标识，因此不能为空。

keyframes-selector：关键帧选择器，即指定当前关键帧要应用到整个动画过程中的位置，值可以是一个百分比、from 或者 to。其中，from 和 0%效果相同，表示动画的开始；to 和100%效果相同，表示动画的结束。

css-styles：定义执行到当前关键帧时对应的动画状态，由 CSS 样式属性进行定义，多个属性之间用英文分号分隔，不能为空。

例如，使用@keyframes 规则可以定义一个淡入动画，示例代码如下：

```
@keyframes appear
{
    0% {opacity:0;}          /*动画开始时的状态,完全透明 */
    100% {opacity:1;}        /*动画结束时的状态,完全不透明 */
}
```

上述代码创建了一个名为 appear 的动画，该动画在开始时，opacity 为 0（透明），动画结束时，opacity 为 1（不透明）。该动画效果还可以使用等效代码来实现，具体如下：

```
@keyframes appear
{
    from{opacity:0;}         /*动画开始时的状态,完全透明 */
    to{opacity:1;}           /*动画结束时的状态,完全不透明 */
}
```

另外，如果需要创建一个淡入淡出的动画效果，可以通过如下代码实现：

```
@keyframes appear
{
    from,to{opacity:0;}      /*动画开始时和结束时的状态,完全透明 */
    20%,80% {opacity:1;}     /*动画的中间状态,完全不透明 */
}
```

在上述代码中，为了实现淡入淡出的效果，需要定义动画开始和结束时元素不可见，然后渐渐淡出，在动画的 20%处变得可见，然后动画效果持续到 80%处，再慢慢淡出。

9.3.2 animation-name 属性

animation-name 属性用于定义要应用的动画名称，该动画名称会被@keyframes 规则引用。其基本语法格式如下：

```
animation-name:keyframename | none;
```

在上述语法中，animation-name 属性初始值为 none，适用于所有块元素和行内元素。keyframename 参数用于规定需要绑定到@keyframes 属性的名称，如果值为 none，则表示不应用任何动画。

9.3.3 animation-duration 属性

animation-duration 属性用于定义整个动画效果完成所需要的时间，其基本语法格式如下：

```
animation-duration:time;
```

在上述语法中，animation-duration 属性初始值为 0。time 参数是以秒（s）或者毫秒（ms）为单位的时间。当设置为 0 时，表示没有任何动画效果；当取值为负数时，会被视为 0。

结合 animation-name 属性与 animation-duration 属性制作小车行驶案例，代码如例 9-12所示。

例 9-12：

```
<!DOCTYPE html>
<html>
<head>
<meta charset="utf-8">
<title>animation-duration 属性</title>
    <style type="text/css">
    img{
        width:210px;
        animation-name:carsmove;          /*定义动画名称*/
        animation-duration:10s;           /*定义动画时间*/
        }
    @keyframes carsmove{
        from{transform:translate(0) rotateY(0deg);}
        50%  {transform:translate(1050px) rotateY(0deg);}
        51%  {transform:translate(1050px) rotateY(180deg);}
        to  {transform:translate(0) rotateY(180deg);}
        }
    </style>
</head>
<body>
    <img src="images/cars. gif" >
</body>
</html>
```

在例 9-12 中，使用 animation-name 属性定义要应用的动画名称，使用 animation-duration 属性定义整个动画效果完成所需要的时间。同时使用 from、to 和百分比指定当前关键帧要应用的动画效果。

运行例 9-12，小车会从左到右进行一次折返行驶，动画效果如图 9-19 所示。

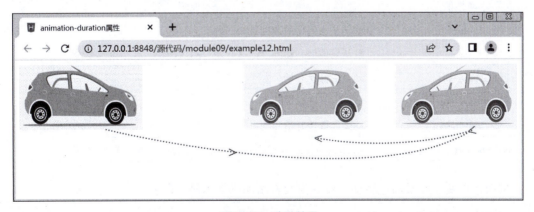

图 9-19　动画效果

值得一提的是，我们还可以通过定位属性设置元素位置的移动，使效果和变形中的平移效果一致。CSS 样式代码如下所示：

```
img{
        width:210px;
        animation-name:carsmove;              /*定义动画名称*/
        animation-duration:10s;               /*定义动画时间*/
        position: fixed;                      /*设置固定定位 */
        }
@keyframes carsmove{
        from{
            left:0px; transform:rotateY(0deg);
            }
        50%  {
            left:1050px; transform:rotateY(0deg);}
        51%  {
            left:1050px; transform:rotateY(180deg);}
        to  {
            left:0px; transform:rotateY(180deg);}
        }
```

9.3.4　animation-timing-function 属性

animation-timing-function 属性用来规定动画的速度曲线，可以定义使用哪种方式来执行动画速率。animation-timing-function 属性的语法格式为：

animation-timing-function:value;

在上述语法中，animation-timing-function 的默认属性值为 ease。另外，animation-timing-function 还包括 linear、ease-in、ease-out、ease-in-out、cubic-bezier(n, n, n, n) 等常用属性值，具体如表 9-7 所示。

表 9-7　animation-timing-function 的常用属性值

属性值	说明
linear	动画从头到尾的速度是相同的
ease	默认属性值。动画以低速开始，然后加快，在结束前变慢
ease-in	动画以低速开始
ease-out	动画以低速结束
ease-in-out	动画以低速开始和结束
cubic-bezier(n,n,n,n)	在 cubic-bezier 函数中自己的值。可能的值是从 0 到 1 的数值

例如，想要让元素匀速运动，可以为元素添加以下示例代码：

animation-timing-function: linear;   /*定义匀速运动*/

9.3.5　animation-delay 属性

animation-delay 属性用于定义执行动画效果延迟的时间，也就是规定动画什么时候开始，其基本语法格式如下：

```
animation-delay:time;
```

在上述语法中，参数 time 用于定义动画开始前等待的时间，其单位是秒（s）或者毫秒（ms），默认属性值为 0。animation-delay 属性适用于所有的块元素和行内元素。

例如，想要让添加动画的元素在 2 秒后播放动画效果，可以在该元素中添加如下代码：

```
animation-delay:2s;
```

此时，刷新浏览器页面，动画开始前将会延迟 2 秒的时间，然后才开始执行动画。值得一提的是，animation-delay 属性也可以设置负值，当设置为负值后，动画会跳过该时间播放，之前的动作被截断。

9.3.6　animation-iteration-count 属性

animation-iteration-count 属性用于定义动画的播放次数，其基本语法如下：

```
animation-iteration-count:number | infinite;
```

在上述语法格式中，animation-iteration-count 属性初始值为 1。适用于所有的块元素和行内元素。如果属性值为 number，则用于定义播放动画的次数；如果是 infinite，则指定动画循环播放。例如下面的示例代码：

```
animation-iteration-count:3;
```

在上面的代码中，使用 animation-iteration-count 属性定义动画效果需要播放三次，动画效果将连续播放三次后停止。

9.3.7　animation-direction 属性

animation-direction 属性定义当前动画播放的方向，即动画播放完成后是否逆向交替循环。其基本语法如下：

```
animation-direction:normal | alternate;
```

在上述语法格式中，animation-direction 属性包括 normal 和 alternate 两个属性值。其中，normal 为默认属性值，动画会正常播放，alternate 属性值会使动画在奇数次数（1、3、5 等）正常播放，而在偶数次数（2、4、6 等）逆向播放。因此，要想使 animation-direction 属性生效，首先要定义 animation-iteration-count 属性（播放次数），只有动画播放次数大于或等于两次时，animation-direction 属性才会生效。

下面通过一个案例对 animation-direction 属性进行演示与讲解，代码如例 9-13 所示。

例 9-13：

```
<!DOCTYPE html>
<html>
<head>
<meta charset="utf-8">
<title>animation-direction 属性</title>
<style type="text/css">
```

```
    . ball{
        width:100px;
        height:100px;
        border-radius:50%;
        animation-name:ballrotate;          /*定义动画名称*/
        animation-duration:10s;             /*定义动画时间*/
        animation-iteration-count:2;        /*定义动画播放次数*/
        animation-direction:alternate;      /*动画逆向播放*/
        background-image: radial-gradient(circle at 10% 50%,#0f0,#030);
        }
    @keyframes ballrotate{
        from {transform:translate(0) rotateZ(0deg);}
        to {transform:translate(1100px) rotateZ(1800deg);}
        }
</style>
</head>
<body>
    <div class="ball"></div>
</body>
</html>
```

在例 9-13 中，第 13、14 行代码设置了动画的播放次数和逆向播放，此时球第二次动画效果就会逆向播放。

运行例 9-13，逆向动画效果如图 9-20 所示。

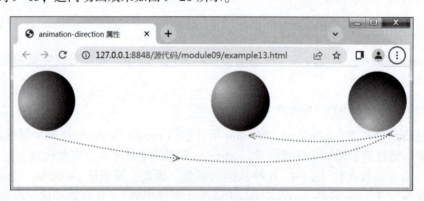

图 9-20　逆向动画效果

9.3.8　animation 属性

与 transition 属性一样，animation 属性也是一个复合属性，用于在一个属性中设置 animation-name、animation-duration、animation-timing-function、animation-delay、animation-iteration-count 和 animation-direction 六个动画属性。其基本语法格式如下：

animation:animation-name animation-duration animation-timing-function animation-delay animation-iteration-count animation-direction;

在上述语法中，使用 animation 属性时必须指定 animation-name 和 animation-duration 属性，否则动画效果将不会播放。下面的示例代码是一个简写后的动画效果代码：

```
animation: ballrotate 4s linear 3s 3 alternate;
```

上述代码也可以拆解为：

```
animation-name: ballrotate;          /*定义动画名称 */
animation-direction: 4s;             /*定义动画时间 */
animation-timing-function: linear;   /*定义动画速率 */
animation-delay: 3s;                 /*定义动画延迟时间 */
animation-iteration-count: 3;        /*定义动画播放次数 */
animation-direction: alternate;      /*定义动画逆向播放 */
```

【操作准备】

1. 启动 HBuilderX。

通过 Windows 的"开始"菜单或桌面快捷方式启动 HBuilderX。

2. 创建本地站点。

在 HBuilderX 中创建一个名为"module09"的本地站点，站点定位到 module09 文件夹中。

3. 把相应的图片素材放在文件夹 module09 子文件夹 people 中。

4. 在本地站点下新建 people.html 页面，放在文件夹 module09 根目录下；新建 people.css 样式文件，放在文件夹 module09 子文件夹 style 中。

5. 在 people.html 页面中，通过<link href="style/people.css" type="text/css" rel="stylesheet">将 people.css 样式文件进行链接。

【任务介绍】

本任务运用 CSS3 中的过渡、变形及动画属性制作"网站图文展示页面"，即"红色主题教育网"中的"时代先锋"页面，以实现元素的过渡、平移、缩放、倾斜、旋转及动画特效。其制作好的效果如图 9-21 所示。

图 9-21　"时代先锋"页面效果图

当鼠标指针移动到网页"时代先锋"头像图标上时，此图标会变亮，效果如图 9-22 所示。

图 9-22　鼠标指针移上时头像变亮

当鼠标单击网页"时代先锋"头像图标时，网页中的"时代先锋"介绍图像将发生改变，且切换"时代先锋"介绍图像时会产生不同的动画效果。图 9-23 所示即为单击"中国焊接专家艾爱国"头像图标时的网页效果。

图 9-23　单击头像图标时"时代先锋"介绍图像发生改变

【引导训练】

【任务 9-1】分析效果图

【任务 9-1-1】代码结构分析

从效果图 9-21 可以看出，整个页面可以分为"时代先锋"介绍图像和"时代先锋"头像图标两部分，这两部分内容均嵌套在<section>标签内部，其中"时代先锋"介绍图像模块由<img>标签定义。"时代先锋"头像图标模块整体上由无序列表<ul>布局，并由<li>标签嵌套<a>标签构成，每个<a>标签代表"时代先锋"头像图标中的圆角矩形模块。效果图 9-21 对应的代码结构如图 9-24 所示。

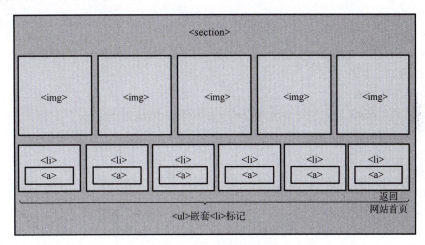

图 9-24　代码结构

【任务 9-1-2】静态样式分析

控制代码结构图 9-24 的样式主要分为以下几个部分：

（1）整体设置"时代先锋"介绍图像的样式，需要对其设置宽为 100%，高为自动显示，固定定位、层叠性最低。

（2）整体设置 ul 元素，需要设置宽度为 100%，绝对定位、文字居中及层叠性最高。

（3）设置每个 li 元素的样式，需要转化为行内块元素，并设置宽、高、外边距样式。

（4）设置每个 a 元素的样式，需要设置文本及边框样式，并设置为相对定位。另外，需要单独控制每个 a 元素的背景色。

（5）通过：after 伪元素选择器在<a>标签之后插入五张不同的"时代先锋"头像，并设置为图标，第六张插入网站 Logo 图像，在页面中设置链接返回至网站首页。同时，使用绝对定位方式控制其位置、层叠性。

（6）通过：before 伪元素选择器为图标添加不透明度并设置鼠标指针移上时的不透明度为 0。

【任务 9-1-3】动画效果分析

第 1 张"时代先锋"介绍图像的切换效果为从左向右移动；第 2 张"时代先锋"介绍图像的切换效果为从下向上移动；第 3 张"时代先锋"介绍图像的切换效果为由小变大展

开；第 4 张"时代先锋"介绍图像的切换效果为由大变小缩放；第 5 张"时代先锋"介绍图像的切换效果为由小变大旋转。具体实现步骤如下。

（1）通过@ keyframes 属性分别设置每一张"时代先锋"介绍图像切换时的动画效果，并分别设置元素在 0% 和 100% 处的动画状态。

（2）通过使用：target 选择器控制 animation 属性来定义"时代先锋"介绍图像切换动画播放的时间和次数。

【任务 9-2】制作页面结构

根据任务 9-1 的分析，使用相应的 HTML 标签搭建网页结构，people. html 网页结构代码如下所示。

```html
<!DOCTYPE html>
<html>
<head>
<meta charset="utf-8">
<title>时代先锋</title>
<linkhref="style/people. css" type="text/css" rel="stylesheet"></link>
</head>
<body>
<section>
    <img src="people/bg1. jpg" alt="张桂梅" class="bg slideLeft" id="bg1" />
    <img src="people/bg2. jpg" alt="吴天一" class="bg slideBottom" id="bg2" />
    <img src="people/bg3. jpg" alt="孙景坤" class="bg zoomIn" id="bg3" />
    <img src="people/bg4. jpg" alt="艾爱国" class="bg zoomOut" id="bg4" />
    <img src="people/bg5. jpg" alt="陆元九" class="bg rotate" id="bg5" />
    <ul class="slider">
        <li><a href="#bg1">云南省丽江华坪女子高级中学党支部书记、校长张桂梅</a></li>
        <li><a href="#bg2">高原医学事业的开拓者<br>吴天一</a></li>
        <li><a href="#bg3">中国人民志愿军老战士<br>孙景坤</a></li>
        <li><a href="#bg4">中国焊接专家<br>艾爱国</a></li>
        <li><a href="#bg5">我国自动化科学技术开拓者之一陆元九</a></li>
        <li><a href="#">返回<br>网站首页</a></li>
    </ul>
</section>
</body>
</html>
```

在 people. html 网页结构代码中，最外层使用<section>标签对页面进行整体控制。首先添加 5 个<img>标签来搭建"时代先锋"介绍图像的结构。其次定义 class 为 slider 的<ul>标签来搭建"时代先锋"头像图标模块的结构。同时，通过<li>标签来控制每一个具体的"时代先锋"头像图标，并嵌套<a>标签来制作"时代先锋"头像图标中的圆角矩形模块。运行 people. html 网页，效果如图 9-25 所示。

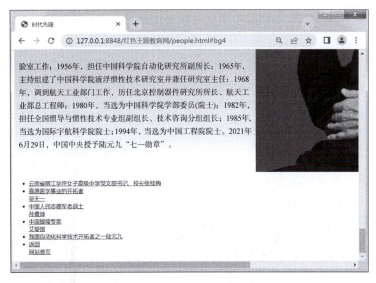

图 9-25　HTML 页面结构效果

【任务 9-3】定义 CSS 样式

搭建完页面的结构后，接下来为页面添加 CSS 样式，样式写在 people.css 样式文件中，并将 people.css 样式文件链接到 people.html 页面中。本模块采用从整体到局部的方式实现图 9-21 所示的效果，具体如下。

【任务 9-3-1】定义公共样式

定义页面的全局样式，具体 CSS 代码如下：

```
/*重置浏览器的默认样式*/
body, ul, li, p, h1, h2, h3,img {margin:0; padding:0; border:0; list-style:none;}
/*全局控制*/
body{font-family:' 微软雅黑 ';}
a:link,a:visited{text-decoration:none;}
```

【任务 9-3-2】设置"时代先锋"介绍图像的样式

制作页面结构时，我们将 5 个<img>标签定义为同一个类名 bg 来实现对"时代先锋"介绍图像的统一控制。通过 CSS 样式设置其宽度 100% 显示，高度自动显示，并设置 min-width 为 1 024 像素。另外，设置"时代先锋"介绍图像依据浏览器窗口来定义自己的显示位置，同时定义层叠性为 1。具体 CSS 代码如下：

```
img. bg {
    width: 100%;
    height: auto !important;
    min-width: 1024px;
    position: fixed;        /*固定定位*/
    z-index:1;              /*设置 z-index 层叠等级为 1;*/
}
```

【任务 9-3-3】整体设置"时代先锋"头像图标的大盒子模型

在制作"时代先锋"头像图标之前，首先要整体控制"时代先锋"头像图标的大盒子模型，对大盒子模型进行绝对定位使其固定在效果图的位置。具体 CSS 代码如下：

```
. slider {
    position: absolute;
    bottom: 0px;
    width: 100%;
    text-align: center;
    z-index:9999;          /*设置 z-index 层叠等级为 9999;*/
}
```

【任务 9-3-4】整体设置每个"时代先锋"头像图标的样式

观察效果图 9-21 可以看出，页面上包含 6 个样式相同的"时代先锋"头像图标，分别由 6 个<li>标签搭建结构。由于 6 个"时代先锋"头像图标在一行内并列显示，需要将 li 元素转为行内块元素并设置宽、高属性。另外，为了使各个"时代先锋"头像图标间拉开一定的距离，需要设置合适的外边距。具体的 CSS 代码如下：

```
. slider li {
    display: inline-block;      /*将块元素转为行内块元素*/
    width: 170px;
    height: 130px;
    margin-right: 15px;
}
```

【任务 9-3-5】设置"时代先锋"头像图标的圆角矩形

每个"时代先锋"头像图标由一个圆形图标和一个圆角矩形组成。对于圆角矩形模块，可以将 a 元素转为行内块元素来设置宽度和不同的背景色，并且通过边框属性设置圆角效果。另外，由于每个圆角矩形模块中都包含说明性的文字，需要设置文本样式，并通过 text-shadow 属性设置文字阴影效果。此外，圆形图标需要依据圆角矩形进行定位，所以将圆角矩形设置为相对定位。具体 CSS 代码如下：

```
. slider a {
    width: 170px;
    height: 40px;
    font-size:14px;
    color:#fff;
    display:inline-block;
    padding-top:50px;
    padding-bottom:10px;
    border:2px solid #fff;
    border-radius:5px;
    position:relative;       /*相对定位*/
    cursor:pointer;          /*光标呈现为指示链接的手形指针*/
    text-shadow:-1px -1px 1px rgba(0, 0, 0, 0.8),-2px -2px 1px rgba(0, 0, 0, 0.3),-3px -3px 1px rgba(0, 0, 0, 0.3);
}
/*分别控制每个"时代先锋"头像图标圆角矩形的背景色*/
. slider li:nth-of-type(1) a {background-color:#9d907f;}
```

```
. slider li:nth-of-type(2) a {background-color:#19425e;}
. slider li:nth-of-type(3) a {background-color:#58a180;}
. slider li:nth-of-type(4) a {background-color:#a1c64a;}
. slider li:nth-of-type(5) a {background-color: #ffc103;}
. slider li:nth-of-type(6) a {background-color: #DF3031;} /*设置返回网站首页图标圆角矩形的背景色*/
```

【任务 9-3-6】设置 "时代先锋" 头像图标的圆形图标

　　"时代先锋" 头像图标中的圆形图标，是将 "时代先锋" 头像设置为圆角效果形成的，所以需要在结构中插入 "时代先锋" 头像。首先，使用：after 伪元素在<a>标签后插入 "时代先锋" 头像；其次，通过 CSS3 中的边框属性设置 "时代先锋" 头像显示为圆形；最后，设置圆形 "时代先锋" 头像图标相对于圆角矩形模块绝对定位。

```
/*设置 after 伪元素选择器的样式*/
. slider a::after {
  content:"";
  display: block;
  height: 120px;
  width: 120px;
  border: 5px solid #fff;
  border-radius: 50%;
  position: absolute;   /*相对于<a>绝对定位*/
  left: 50%;
  top: -80px;
  z-index: 9999;        /*设置 z-index 层叠等级为 9999;*/
  margin-left: -60px;
}
  /*使用 after 伪元素在<a>标签之后插入内容*/
. slider li:nth-of-type(1) a::after {
  background:url(. . /people/sbg1. jpg) no-repeat center;
}
. slider li:nth-of-type(2) a::after {
  background:url(. . /people/sbg2. jpg) no-repeat center;
}
. slider li:nth-of-type(3) a::after {
  background:url(. . /people/sbg3. jpg) no-repeat center;
}
. slider li:nth-of-type(4) a::after {
  background:url(. . /people/sbg4. jpg) no-repeat center;
}
. slider li:nth-of-type(5) a::after {
  background:url(. . /people/sbg5. jpg) no-repeat center;
}
. slider li:nth-of-type(6) a::after {
  background:url(. . /people/slogo. jpg) no-repeat center;
}
```

【任务 9-3-7】设置"时代先锋"头像图标的鼠标指针移上状态

当鼠标指针移上网页中的"时代先锋"头像图标时,"时代先锋"头像图标中的图像将会变亮,需要使用: before 伪元素在<a>标签之前插入一个和"时代先锋"头像图标大小、位置相同的盒子,并且设置其背景的不透明度为 0.3。当鼠标指针移上时,将其不透明度设置为 0,以实现图像变亮的效果。具体 CSS 代码如下:

```
/*设置 before 伪元素选择器的样式*/
.slider a::before {
    content:"";
    display: block;
    height: 120px;
    width: 120px;
    border: 5px solid #fff;
    border-radius: 50%;
    position: absolute;        /*相对于<a>绝对定位*/
    left: 50%;
    top: -80px;
    margin-left: -60px;
    z-index: 99999;            /*设置 z-index 层叠等级为 99999;*/
    background: rgba(0,0,0,0.3);
}
.slider a:hover::before {opacity:0;}
```

至此,我们完成了效果图 9-21 所示的"时代先锋"页面的 CSS 样式部分制作,将该样式应用到网页后,效果如图 9-26 所示。当鼠标指针移上网页中的"时代先锋"头像图标时,"时代先锋"头像图标中的图像就会变亮。

图 9-26　CSS 样式设置完成效果

【任务 9-4】制作 CSS3 动画

【任务 9-4-1】设置第 1 个"时代先锋"介绍图像切换的动画效果

第 1 个"时代先锋"介绍图像切换效果为从左向右移动,可以通过@keyframes 规则设置元素在 0%和 100%处的 left 属性值,指定当前关键帧在应用动画过程中的位置。另外,使用:target 选择器控制 animation 属性定义单击链接时执行 1s 播放完成 1 次切换动画。同时,设置 z-index 层叠性为 100。具体代码如下:

```
/*控制第一个"时代先锋"介绍图像切换的动画效果*/
@keyframes slideLeft {
    0% { left:-1000px; }
    100% { left: 0; }
}
. slideLeft:target {        /*当单击链接时,为所链接的内容指定样式*/
    z-index: 100;
    animation: slideLeft 1s 1;
}
```

【任务 9-4-2】设置第 2 个"时代先锋"介绍图像切换的动画效果

第 2 个"时代先锋"介绍图像切换效果为从下向上移动,可以通过@keyframes 规则设置元素在 0%和 100%处的 top 属性值,指定当前关键帧在应用动画过程中的位置。另外,使用:target 选择器控制 animation 属性来定义单击链接时切换动画播放的时间和次数。具体代码如下:

```
@keyframes slideBottom {
    0% { top: 800px; }
    100% { top: 0; }
}
. slideBottom:target {              /*当单击链接时,为所链接的内容指定样式*/
    z-index: 100;                   /*设置 z-index 层叠等级 100;*/
    animation: slideBottom 1s 1;    /*定义动画播放时间和次数*/
}
```

【任务 9-4-3】设置第 3 个"时代先锋"介绍图像切换的动画效果

第 3 个"时代先锋"介绍图像切换效果为由小变大展开,需要通过@keyframes 规则设置元素在 0%处的动画状态为元素缩小 10%,100%处的动画状态为元素正常显示。并且使用 animation 属性来定义单击链接时切换动画播放的时间和次数。具体代码如下:

```
@keyframes zoomIn {
    0% { transform: scale(0. 1); }
    100% { transform: none; }
}
. zoomIn:target {                /*当单击链接时,为所链接的内容指定样式*/
    z-index: 100;                /*设置 z-index 层叠等级为 100;*/
    animation: zoomIn 1s 1;
}
```

【任务 9-4-4】设置第 4 个"时代先锋"介绍图像切换的动画效果

第 4 个"时代先锋"介绍图像切换效果为由大变小缩放，需要通过@keyframes 规则设置元素在 0%处的动画状态为元素放大 2 倍，100%处的动画状态为元素正常显示。具体代码如下：

```
@keyframes zoomOut {
    0% { transform: scale(2); }
    100% { transform: none; }
}
. zoomOut:target {    /*当单击链接时,为所链接的内容指定样式*/
    z-index: 100;       /*设置 z-index 层叠等级 100;*/
    animation: zoomOut 1s 1;
}
```

【任务 9-4-5】设置第 5 个"时代先锋"介绍图像切换的动画效果

第 5 个"时代先锋"介绍图像切换效果为由小变大旋转。通过@keyframes 规则设置元素在 0%处的动画状态为逆时针旋转 360°，元素缩小为 10%，100%处的动画状态为元素正常显示。并且使用 animation 属性定义单击链接时 1 s 播放完成 1 次切换动画。具体代码如下：

```
@keyframes rotate {
    0% { transform: rotate(-360deg) scale(0. 1); }
    100% { transform: none; }
}
. rotate:target {            /*当单击链接时,为所链接的内容指定样式*/
    z-index: 100;           /*设置 z-index 层叠等级为 100;*/
    animation: rotate 1s 1;
}
```

【任务 9-4-6】实现"时代先锋"介绍图像交互性切换效果

为了使"时代先锋"介绍图像可以有序地切换，需要排除当前单击链接时的元素，并为其他元素执行 1s 播放完成 1 次的"时代先锋"介绍图像切换动画。另外@keyframes 属性定义元素在 0%和 100%处的层叠性，设置单击链接后的"时代先锋"介绍图像处于当前"时代先锋"介绍图像的下一层，实现"时代先锋"介绍图像交互性切换效果。具体代码如下：

```
@keyframes notTarget {
    0% { z-index: 85; }        /*动画开始时的状态,z-index 的值小于 100 即可*/
    100% { z-index: 85; }      /*动画结束时的状态,z-index 的值小于 100 即可*/
}
/*排除当前单击链接时的:target 元素,为其他:target 元素指定动画样式 */
. bg:not(:target) {
    animation: notTarget 1s 1;
}
```

保存 CSS 样式文件，刷新 people. html 页面，单击"时代先锋"头像图标时，"时代先锋"介绍图像发生改变，效果如图 9-27 所示。

图 9-27　动画制作完成静帧效果

至此，时代先锋模块页面的 HTML 结构、CSS 样式以及动画特效全部制作完成。

【引导训练考核评价】

网站图文展示页面制作"引导训练"考核评价表

	考核内容	标准分	计分
考核要点	（1）会通过分析效果图搭建页面结构	2	
	（2）会通过定位控制"时代先锋"介绍图像和"时代先锋"头像图标的在网页中的位置	4	
	（3）会通过：after 伪元素选择器在<a>标签之后插入"时代先锋"头像并设置为图标	4	
	（4）会通过：before 伪元素选择器为图标添加不同的不透明度效果	3	
	（5）会为网页中的"时代先锋"头像图标制作圆角矩形和圆形图标	2	
	（6）会为"时代先锋"介绍图像制作切换动画效果	4	
	（7）认真完成本页面任务，态度端正、操作规范、时间观念强、有协作精神、学习效果较好	1	
	小计	20	
评价方式	自我评价	小组评价	教师评价
考核得分			
存在的主要问题			

【单元总结】

本单元首先在知识梳理环节中介绍了 CSS3 过渡和变形效果，重点介绍了过渡属性、2D 变形和 3D 变形。其次，介绍了 CSS3 中的动画特效，主要包括 animation 的相关属性。最后，通过 CSS3 中的过渡、变形和动画属性，在引导训练环节中制作了红色主题教育网站图文展示页面——"时代先锋"介绍页面。

通过本单元的学习，学习者应该掌握 CSS3 中的过渡、转换和动画属性应用，并能够熟练地使用相关属性实现元素的过渡、平移、缩放、倾斜、旋转及动画等特效。

同步训练及考核评价　　　　　　同步习题

单元 10

实践开发——红色教育主题网站

学习目标

了解站点在网页设计与制作过程中的作用。

能够建立规范的本地站点并完成初始化设置。

掌握网站项目的制作流程和技巧。

综合运用前面 9 单元所学和所做页面，能够分步骤完成红色教育主题网站的制作。

【知识梳理】

本单元的任务是制作一个红色教育主题网站——一个将专业技能培养与爱国主义教育深度融合的项目。希望通过本项目的制作，不仅能提升学习者的网页设计与制作专业能力，还能深刻体会到红色文化的魅力，增强民族自豪感和爱国热情。

红色教育主题网站与前面 9 个单元内容之间的逻辑关系，如图 10-1 所示。

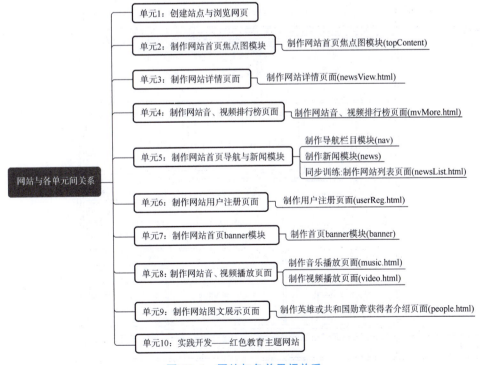

图 10-1 网站与各单元间关系

红色教育主题网站导航如图 10-2 所示。

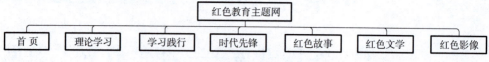

图 10-2　红色教育主题网站导航

新闻类网站一般包含网站首页、列表页和详情页 3 张页面，红色教育主题网站中共含有 7 张页面，与文件夹、CSS 样式文件的关系如图 10-3 所示。

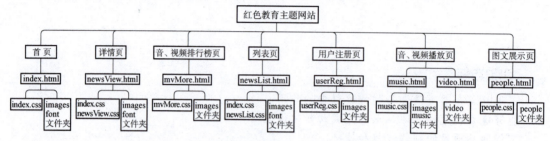

图 10-3　网站中网页与文件夹、CSS 样式文件的关系

网站首页结构与各单元模块和子页面链接关系如图 10-4 所示。

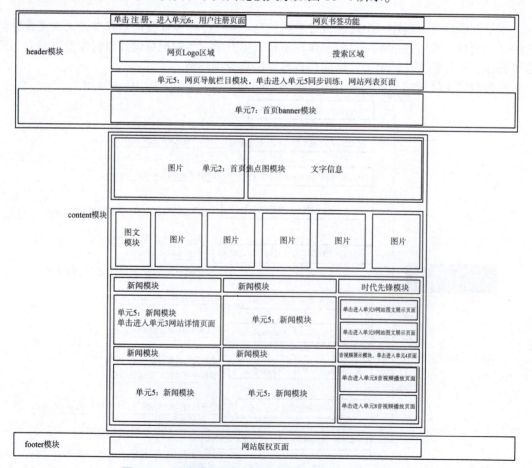

图 10-4　网站首页结构与各单元模块和子页面链接关系

【操作准备】

作为一个专业的网站设计与制作人员，当拿到一个页面效果图时，不是直接开始搭建页面，而是做一些准备工作。准备工作主要包括建立站点、效果图分析等。

1. 建立本地站点

站点对于制作维护一个网站很重要，它能够帮助用户系统地管理网站文件。一个网站通常由 HTML 结构文件、CSS 样式表文件、图片等构成。建立站点就是设置一个存放网站中零散文件的文件夹。这样，网页的各个文件可以形成清晰的站点组织结构图，方便站内文件夹及文档的增删查改，对网站本身的上传维护、内容的扩充和移植也非常重要。

（1）创建网站根目录。

在计算机的本地磁盘任意盘符下创建网站根目录。本教材在 E 盘"源代码"文件夹下，新建一个名为"红色教育主题网"的文件夹作为网站根目录。

（2）在根目录下新建文件夹。

打开网站根目录红色教育主题网，在根目录下新建 style、images、font、music、people、video 文件夹，分别用于存放网站所需的 CSS 样式表和图像文件等素材，后期也可以根据制作网页的需要再新建文件夹用于保存网页素材。

（3）新建本地站点。

打开 HBuilderX 工具，选择"文件"→"导入"→"从本地目录导入"，定位到"红色教育主题网"文件夹中，单击"选择文件夹"按钮，如图 10-5 所示。

或是打开 HBuilderX 工具，直接将"红色教育主题网"文件夹拖动到左侧的"项目管理器"窗口中。

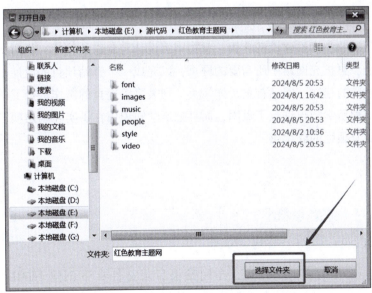

图 10-5　"打开目录"对话框

（4）站点建立完成。

完成"新建站点"步骤后，这时，在 HBuilderX 工具中可查看到站点信息，表示站点创建成功，如图 10-6 所示。

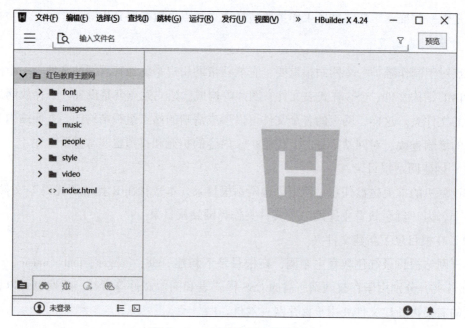

图 10-6　本地站点创建成功界面

2. 准备素材

将已制作好的图片、音乐、视频、字体等素材放到相应的文件夹中，根据图 10-3 所示的网站中网页与文件夹、CSS 样式文件的关系进行相应的调用。

【任务介绍】

为了使学习者熟悉网站建设的流程，掌握网页设计与制作的技巧，将前 9 个单元所完成的任务进行整合，再扩充网站中所需要的网页，以完成一个整站项目的设计与制作。

本任务对站点的建立、网站首页、详情页、列表页等网页的制作进行了详细的讲解，不仅使学习者对前期所学知识进行了巩固，而且把所学知识用在了实际网站项目的设计与制作上，使学习者具有很强的获得感。

【引导训练】

【任务 10-1】网站首页制作

【任务 10-1-1】创建页面和样式文件

开始设计与制作网页时，首先，在网站根目录文件夹下创建 HTML 文件，命名为 index.html。然后，在 style 文件夹内创建对应的样式表文件，命名为 index.css。通过 <link href="style/index.css" type="text/css" rel="stylesheet"> 代码，将样式文件 index.css 链接到

使用 HTML+CSS
布局网页-准备工作

index. html 文件中。

页面创建完成后，站点根目录文件夹结构如图 10-7 所示。

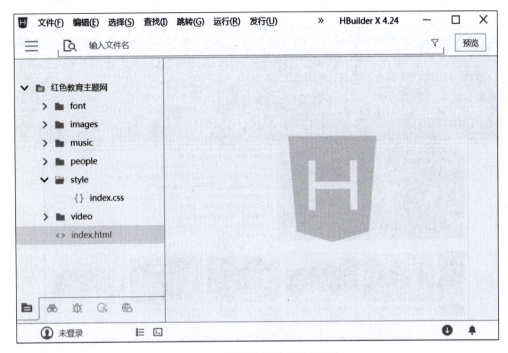

【任务 10-1-2】首页整体分析

只有熟悉页面的结构和样式，才能更加高效地完成网页的制作，接下来对网站首页效果图的 HTML 结构和 CSS 样式进行分析。

1. HTML 结构分析

根据图 10-8 所示的网站首页的结构图，可以将登录注册、网站 Logo、导航、banner 四个部分嵌套在一个盒子里作为网页头部模块；焦点图、红色教育基地、新闻模块（文本新闻和图片新闻）三个部分嵌套在一个盒子里作为网页内容模块；网页底部模块由一个大盒子构成。整个页面可以为分三个模块。

2. CSS 样式分析

在首页效果图中，网页头部模块和底部模块通栏显示，因此头部模块和底部模块的宽度都要设置为 100%。页面中大部分字体大小为 14px，字体为微软雅黑，这些文本效果可以通过公共样式进行定义。公共样式的定义，可以减少代码冗余。

3. 首页页面布局

页面的整体布局可以使网站页面结构更加清晰、有条理。红色教育主题网首页整体布局 HTML 代码如下。

图 10-8 网站首页的结构图

```
<!DOCTYPE html>
<html>
    <head>
        <meta charset="utf-8">
```

```
        <title>红色教育主题网-首页</title>
    </head>
    <body>
        <!-- 网页头部模块开始 -->
        <header>
        </header>
        <!-- 网页头部模块结束 -->
        <!-- 网页内容模块开始 -->
        <div class=" content" >
        </div>
        <!-- 网页内容模块结束 -->
        <! —网页底部模块开始 -->
        <footer>
        </footer>
        <! —网页底部模块结束 -->
    </body>
</html>
```

4. 定义公共样式

为了清除各浏览器的默认样式，使得网页在各浏览器中显示的效果一致，在完成页面布局后，首先要做的就是对 CSS 样式进行初始化并声明一些通用的样式。打开样式文件index. css，编写通用样式，具体如下。

```
/*重置浏览器的默认样式 */
*{
    margin: 0;
    padding: 0;
}
/*全局控制 */
body{
    font-size: 14px;
    font-family: "微软雅黑",Arial, Helvetica, sans-serif;
}
/*清除无序列表项目符号 */
ul{
    list-style: none;
}
/*未单击和单击后的样式 */
a:link,a:visited{
    text-decoration: none;
}
```

【任务 10-1-3】首页头部模块制作

1. 分析效果图

在效果图中，网页头部模块通栏显示，存放其内容的大盒子包含顶部模块、Logo 模块、导航模块、banner 模块四部分内容。其中网页顶部模块为左（登录注册）、右（网页书签）两部分；Logo 模块包含左（网页 Logo）、右（搜索区域）两部分。基本结构如图 10-9 所示。

使用 HTML+CSS 布局网页—头部 的制作

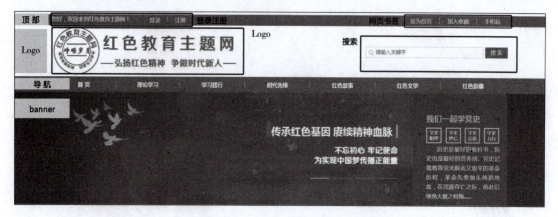

图 10-9　首页头部模块结构图

2. 准备图片和文本素材

准备各个模块所需的图片，包括网站 Logo、搜索背景小图、banner 背景图片、banner 中的小图片等。

3. 搭建结构

准备工作完成后，接下来在网页中搭建头部模块的结构。打开 index.html 文件，在 index.html 文件内编写顶部、Logo、导航及 banner 四个模块结构代码。具体代码如下。

```
<!DOCTYPE html>
<html>
    <head>
        <meta charset="utf-8">
        <title>红色主题教育网-首页</title>
        <link href="style/index.css" type="text/css" rel="stylesheet">
    </head>
    <body>
        <!--网页头部模块开始 -->
        <header>
            <!-- 网页顶部模块开始 -->
            <div class="owebTop">
                <div class="iwebTop">
                    <p>您好,欢迎来到红色教育主题网！</p>
                    <ul class="login">
```

```
                <li class="first"><a href="#">登录</a></li>
                <li><a href="userReg. html">注册</a></li>
            </ul>
            <ul class="bookMark">
                <li class="first"><a href="#">设为首页</a></li>
                <li><a href="#">加入收藏</a></li>
                <li><a href="#">手机站</a></li>
            </ul>
        </div>
    </div>
    <!-- 网页顶部模块结束 -->
    <!-- Logo 模块开始 -->
    <div class="topHeader">
        <img src="images/logo. jpg" class="logo">
        <form action="#" name="form1" method="post">
            <input type="text" name="search" class="keywords" placeholder="请输入关键字">
            <input type="submit" value="搜 索" class="search">
        </form>
    </div>
    <!-- Logo 模块结束 -->
    <!-- 导航模块开始 -->
    <nav>
        <ul>
            <li class="first"><a href="index. html">首 页</a></li>
            <li><a href="#">理论学习</a></li>
            <li><a href="#">学习践行</a></li>
            <li><a href="people. html">时代先锋</a></li>
            <li><a href="#">红色故事</a></li>
            <li><a href="newList. html">红色文学</a></li>
            <li><a href="#">红色影像</a></li>
        </ul>
    </nav>
    <!-- 导航模块结束 -->
    <!-- banner 模块开始 -->
    <div class="bg_banner">
        <div class="banner">
            <!--left begin-->
            <div class="left">
                <div class="leftContent">
                    <p class="big_title">传承红色基因 赓续精神血脉</p>
                    <p class="small_title">不忘初心 牢记使命<br />为实现中国梦传播正能
量</p>
                    <ul class="button">
```

```
                                    <li></li>
                                    <li></li>
                                    <li></li>
                                    <li class="btnlast"></li>
                                </ul>
                            </div>
                        </div>
                        <!--left end-->
                        <!--right begin-->
                        <div class="right">
                            <div class="rightContent">
                                <h4 class="right_title">我们一起学党史</h4>
                                <ul class="icon">
                                    <li><a href="#"><img src="images/icon1.png"></a></li>
                                    <li><a href="#"><img src="images/icon2.png"></a></li>
                                    <li><a href="#"><img src="images/icon3.png"></a></li>
                                    <li class="imglast"><a href="#"><img src="images/icon4.png"></a>
</li>
                                </ul>

                                <p class="study_content">历史是最好的教科书,历史也是最好的营养
剂。党史记载着我党光辉而又艰辛的革命历程,革命先辈抛头颅洒热血,在民族存亡之际,前赴后继挽大
厦之将倾……
                                </p>
                            </div>
                        </div>
                        <!--right end-->
                    </div>
                </div>
                <!-- banner 模块结束 -->
            </header>
            <!-- 网页头部模块结束 -->
        </body>
    </html>
```

在上面的代码中,具体解释如下。

(1)网页头部模块:通过 header 元素定义网页头部模块,通栏显示。

(2)顶部模块:.owebTop 定义顶部模块;.login 定义登录注册模块;.bookMark 定义网页书签模块。

(3)Logo 模块:.topHeader 定义 Logo 模块;.logo 定义网站 Logo;form 元素定义搜索模块。

(4)导航模块:元素 nav 定义导航模块,通栏显示;利用无序列表 ul 定义导航,宽度为 1 200px,水平居中显示。

（5）banner 模块：.bg_ banner 定义整个 banner 模块，通栏显示，里面包含 .banner，.banner 宽度为 1 200px，水平居中显示；.left 定义 banner 模块左侧部分，.right 定义 banner 模块右侧部分。

运行代码，网页头部模块 HTML 结构如图 10-10 所示。

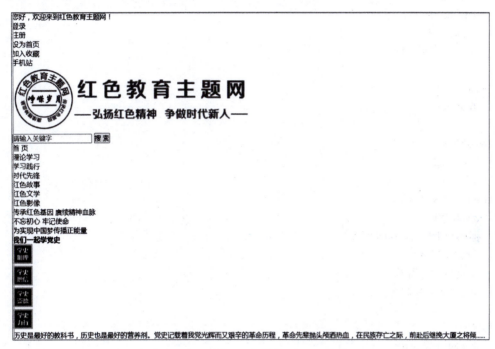

图 10-10　首页头部模块 HTML 结构

4. 设置样式

网页头部模块的结构已搭建完成，接下来在样式表文件 index.css 中编写对应的 CSS 样式代码，具体如下。

（1）网页头部模块代码。

```
header{
    width: 100%;
}
```

上述 CSS 代码设置元素 header 通栏显示，宽度为 100%。

（2）顶部模块样式代码。

```
/*网页顶部模块开始 */
.owebTop{
    height: 30px;
    width: 100%;
    background-color: #DF3031;
}
.iwebTop{
    width:1200px;
```

```
        margin: 0px auto;
    }
    . iwebTop p{
        float: left;
        line-height: 30px;
        color: #fff;
        margin-right: 30px;
    }
    . login{
        float: left;
    }
    . bookMark{
        float: right;
    }
    . login li,. bookMark li{
        float: left;
        border-left: 1px solid #fff;
        height: 17px;
        margin-top: 7px;
        padding: 0px 20px;
    }
    li. first{
        border-left: none;
    }
    . owebTop a:link,. owebTop a:visited{
        color: #fff;
    }
    . owebTop a:hover{
        text-decoration: underline;
    }
    /*网页顶部模块结束 */
```

上述 CSS 样式代码中，. owebTop 设置宽度为 100%，定义顶部模块通栏显示，并设置其背景颜色为#DF3031；. iwebTop 设置宽度为 1 200px，并设置其水平居中显示；元素 p 和 . login 向左浮动，. bookMark 向右浮动；设置 . login 和 . bookMark 中 li 元素左浮动，并设置其高度、内外边距和左边框线属性，同时设置第 1 个 li 元素无左框线；最后设置超链接标签 a 的伪类属性。

（3）Logo 模块样式代码。

```
    /*Logo 模块开始 * /。
    . topHeader{
        width: 1200px;
        height: 130px;
        margin: 0px auto;
    }
```

```
. logo  {
    float: left;
}
form  {
    float: right;
    margin-top: 52px;
}
. keywords  {
    float: left;
    width: 280px;
    height: 26px;
    border:  1px solid #dfdfdf;
    background-image: url ( . . /images/search. png ) ;
    background-repeat: no-repeat;
    margin-right: 5px;
    padding-left: 25px;
    color: #b8b8b8;
}
. search  {
    float: left;
    background-color: #DF3031;
    border: none;
    color: #fff;
    width: 60px;
    height: 28px;
    line-height: 28px;
    cursor: pointer;
}
/*Logo 模块结束 */
```

上述 CSS 样式代码中，. topHeader 设置宽度为 1200px，高度与 Logo 图片高度一致，为 130px，并水平居中显示；Logo 图片（. logo）向左浮动；表单元素 form 向右浮动；设置搜索框关键字的类名为 keywords，设置其在表单元素 form 中左浮动，同时设置宽、高、边框线、背景图片等属性；设置搜索按钮的类名为 search，设置其在表单元素 form 中左浮动，同时设置宽、高、背景颜色等属性。

（4）导航模块样式代码。

```
/*导航模块开始 */
nav{
    width: 100%;
    height: 40px;
    background-color: #DF3031;
    z-index: 1;
}
```

```
nav ul{
    width: 1200px;
    margin: 0px auto;
}
nav ul li{
    float:left;
    width: 170px;
    height: 18px;
    text-align: center;
    border-left: 1px solid #fff;
    margin-top: 11px;
}
nav ul li a:link,nav ul li a:visited{
    color: #fff;
    font-weight: bold;
}
nav ul li a:hover{
    color: #FFDD7F;
}
/*导航模块结束 */
```

上述 CSS 样式代码中，设置 nav 元素通栏显示，宽度为 100%，高度为 40px，背景颜色为#DF3031，设置层叠等级属性为 1；设置无序列表 ul 的宽度为 1200px，水平居中显示；设置无序列表中 li 元素（导航项）向左浮动，并设置其宽度、高度、文本对齐、边框线、外边距等属性，同时设置第 1 个 li 元素无左边框线；最后设置超链接标签 a 的伪类属性。

注：导航模块利用了 jQuery 程序控制特殊效果，当导航菜单距离网页顶部为 0 像素时，其一直显示在网页顶部，否则恢复到原来的位置。如学习者对本部分内容感兴趣，可查阅相关资料进行学习。

（5）banner 模块样式代码。

```
/*banner 模块开始 */
@font-face{
    font-family:dn;              /*服务器字体名称*/
    src:url(. . /font/zzhjt. TTF);   /*服务器字体名称*/
}
. bg_banner{
    width: 100%;
    background:#A60000;
}
. banner{
    width: 1200px;
    height: 285px;
    margin: 0px auto;            /*设置版心水平居中显示 */
}
```

```css
. left{
    width: 954px;
    height: 285px;
    background-image: url(. . /images/bannerleft. jpg);
    float: left;          /*设置左边部分左浮动 */
}
. leftContent{
    float: right;
    margin-top: 80px;
    margin-right: 40px;
}
. big_title{                   /*设置大主题文本样式 */
    font-size:26px;
    color: #fff;
    font-weight: bold;
    text-align: right;    /*设置段落中的文本内容右对齐 */
    border-right: 5px solid #ffaa00;
    padding-right: 10px;
}
. small_title{                  /*设置小主题文本样式 */
    font-family: dn;
    font-size:20px;
    color: #fff;
    font-weight: bold;
    text-align:right;        /*设置段落中的文本内容右对齐 */
    line-height: 26px;
    margin: 20px 0px 30px 0px;
}
. button   li{             /*设置按钮样式 */
    float: right;          /*设置按钮右浮动 */
    width: 50px;
    height: 2px;
    background-color: rgba(255,255,255,0. 5);
    margin-left: 10px;
    cursor: pointer          /*设置鼠标指针在元素上的样式为手型 */
}
. button . btnlast{
    background-color: rgba(255,255,255,1);        /*设置第一个切换图标样式*/
}
. right{
    width: 246px;
    height: 285px;
    background-color:rgba(255,255,255,0. 2);
    float: left;          /*设置右边部分左浮动 */
}
```

```
. rightContent {
    margin-left: 34px;
    margin-right: 20px;
}
. right_ title {
    color: #FFBF00;
    font-size: 20px;
    margin: 50px 0px 10px 0px;
}
. icon {
    width: 192px;
    overflow: hidden;     /*清除子元素浮动对父元素的影响，即显示父元素的高度 */
    margin: 0px auto;     /*设置放置四张图片的大盒子水平居中显示 */
}
. icon li {
    float: left;          /*设置按钮左浮动 */
    margin-right: 10px;
}
. icon li. imglast {
    margin-right: 0px;    /*设置最后一张图片没有右外边距*/
}
. study_ content {
    color: #fff;
    width: 192px;
    margin: 0px auto;     /*设置段落水平居中显示 */
    line-height: 24px;
    text-align: justify;  /*设置段落中的内容水平两端对齐 */
    text-indent: 2em;
}
/*banner 模块结束 */
```

上述 CSS 样式代码在单元 7 中进行了详细介绍，在这里就不再赘述。

保存 index. css 样式文件，保存 index. html 网页文件，刷新页面，效果如图 10-11 所示。

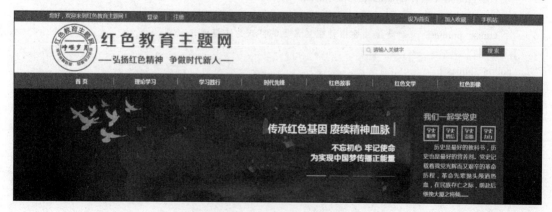

图 10-11　首页头部模块效果图

【任务 10-1-4】 首页内容模块制作

1. 分析效果图

在效果图中，网页内容模块在网页中水平居中显示，存放其内容的大盒子包含焦点图模块、红色教育基地模块、新闻模块三个部分内容。其中焦点图模块分为左（图片）、右（文本）两部分；红色教育基地模块显示五个红色教育基地缩略图；新闻模块分为左（文本新闻）、右（图片新闻）两部分。基本结构如图 10-12 所示。

图 10-12　首页内容模块结构图

2. 准备图片和文本素材

准备各个模块所需的图片，包括焦点图片、五张红色教育基地图、新闻标题图、每条新闻前的小图、图片新闻上的大图等。

使用 HTML+CSS 布局网页—主体的制作

3. 搭建结构

准备工作完成后，接下来在网页中搭建内容模块的结构。打开 index.html 文件，在 index.html 文件内编写焦点图、红色教育基地、新闻模块（文本新闻和图片新闻）结构代码。具体代码如下。

```
<!-- 网页内容模块开始 -->
    <div class="content">
        <!-- 首页焦点图模块开始 -->
        <div class="topContent">
            <img src="images/jdt.jpg" alt="同心共筑中国梦" align="left" hspace="30"/>
            <div class="righttopContent">
                <h2><font face="微软雅黑" size="4" color="#DF3031">我国成功发射卫星互联网低轨
卫星</font></h2>
                <p>
                    <font size="2" color="#515151">
                        <font color="#DF3031">12 月 16 日 18 时 00 分,</font>我国在文昌航天发射场使
用长征五号乙运载火箭/远征二号上面级,成功将卫星互联网低轨 01 组卫星发射升空,卫星顺利进入预定
轨道,发射任务获得圆满成功……<a href="#">详细>></a>
                    </font>
                </p>
                <h2><font face="微软雅黑" size="4" color="#DF3031">杭州湾跨海铁路大桥首个航道
桥主塔承台完工</font></h2>
                <p>
                    <font size="2" color="#515151">
                        <font color="#DF3031">2024 年 12 月 22 日凌晨 3 时</font>经过 77 个小时的作
业,杭州湾跨海铁路大桥北航道桥 9 号主塔承台完成浇筑,标志着大桥首个航道桥主塔承台全部完工……
<a href="#">详细>></a>
                    </font>
                </p>
                <h2><font face="微软雅黑" size="4" color="#DF3031">"中国天眼"拓展人类观天极限
</font></h2>
                <p>
                    <font size="2" color="#515151">
                        <font color="#DF3031">"中国天眼"</font>位于贵州省平塘县克度镇大窝凼,
崇山峻岭之间,"中国天眼"仰望苍穹,将人类"视界"延伸到百亿光年之外……<a href="#">详细>></a>
                    </font>
                </p>
            </div>
        </div>
        <!-- 首页焦点图模块结束 -->
        <!-- 江西红色教育基地模块开始 -->
        <ul class="redEducation">
```

```
        <li><span>江西红色教育基地</span></li>
        <li><img src="images/rededu01.jpg"><p><a href="#">瑞金革命遗址——沙洲坝红井</a>
</p></li>
        <li><img src="images/rededu02.jpg"><p><a href="#">寻乌调查会议旧址</a></p></li>
        <li><img src="images/rededu03.jpg"><p><a href="#">安源路矿工人运动俱乐部旧址</a>
</p></li>
        <li><img src="images/rededu04.jpg"><p><a href="#">湖坊闽赣省军区旧址</a></p></li>
        <li><img src="images/rededu05.jpg"><p><a href="#">湘赣省委机关旧址</a></p></li>
    </ul>
    <!-- 江西红色教育基地模块结束 -->
    <img src="images/newstitle.png" class="newsimg">
    <!-- 文本新闻模块开始 -->
    <div class="centerContent">
        <div class="leftCentercontent">
            <dl class="news" id="rightMargin">

                <dt class="newstitle">理论学习<span><a href="#">更多>></a></span></dt>
                <p>
                    <img src="images/newspic01.jpg">
                    <span><a href="#">专题 | 学习理论篇</a></span>
                </p>
                <dd><a href="#">文化篇|中华文化和中国精神的时代精华</a></dd>
                <dd><a href="#">科技篇|完善科技创新体系</a></dd>
                <dd><a href="#">科技篇|实施创新驱动发展战略,实现高水平科技自立自强</a>
</dd>
                <dd><a href="#">人才篇|实施人才强国战略</a></dd>
            </dl>
            <dl class="news">
                <dt class="newstitle">学习践行<span><a href="#">更多>></a></span></dt>
                <p>
                    <img src="images/newspic02.jpg">
                    <span><a href="#">专题 | 学习践行篇</a></span>
                </p>

                <dd><a href="newsView.html">良种济世 粮丰民安——"共和国勋章"获得
者袁隆平</a></dd>
                <dd><a href="#">挑战极限 情系祖国蓝天——"英雄试飞员"李中华
</a></dd>
                <dd><a href="#">把自己的一切交给祖国——"共和国勋章"获得者李延年
</a></dd>
                <dd><a href="#">一生守护一座岛——"人民楷模"国家荣誉称号获得者王
继才</a></dd>
            </dl>
```

```html
        <dl class="news" id="rightMargin">
        <dt class="newstitle">红色故事<span><a href="#">更多>></a></span></dt>
            <p>
                <img src="images/newspic03.jpg">
                <span><a href="#">专题 | 红色文物故事篇</a></span>
            </p>
            <dd><a href="#">文物里的党史故事 | 南昌起义期间的收条和回信</a></dd>
            <dd><a href="#">党史故事 | 江西南昌新四军军部旧址：一支来历不凡的钢笔
</a></dd>
            <dd><a href="#">红色印记 | 方志敏的棉大衣</a></dd>
            <dd><a href="#">英雄城 · 红色印记：一封家书 铮铮铁骨里的家国柔情</a>
</dd>
        </dl>
        <dl class="news">
            <dt class="newstitle">红色文学<span><a href="#">更多>></a></span></dt>
            <p>
                <img src="images/newspic04.jpg">
                <span><a href="#">专题 | 红色文学篇</a></span>
                </p>
            <dd><a href="#">《可爱的中国》——作者：方志敏</a></dd>
            <dd><a href="#">《青春之歌》——作者：杨沫</a></dd>
            <dd><a href="#">《铁道游击队》——作者：刘知侠</a></dd>
            <dd><a href="#">《林海雪原》——作者：曲波</a></dd>
        </dl>
        </div>
            <!-- 文本新闻模块结束 -->
            <!-- 图片新闻模块开始 -->
    <div class="rightCentercontent">
        <dl class="news">
            <dt class="newstitle">时代先锋<span><a href="people.html">更多>></a></span>
</dt>
            <p>
            <a href="people.html"><img src="images/zhangguimei.jpg"></a>
            <span><a href="#">张桂梅：照亮大山女孩的梦想</a></span>
            </p>
            <p>
            <a href="people.html"><img src="images/sunjigkun.jpg"></a>
            <span><a href="#">孙景坤：一生践行铮铮誓言</a></span>
            </p>
        </dl>
        <dl class="news">
```

```
        <dt class="newstitle">红色影像<span><a href="mvMore. html">更多>></a></span></
dt>
                <p>
                    <a href="video. html"><img src="images/redmovie01. jpg"></a>
                    <span><a href="video. html">视频：焦裕禄——人民的公仆</a></span>
                </p>
                <p>
                    <a href="music. html"><img src="images/redmovie02. jpg"></a>
                    <span><a href="music. html">音频：团结就是力量</a></span>
                </p>
            </dl>
        </div>
        <!-- 图片新闻模块结束 -->
        </div>
        </div>
    </div>
    <!-- 网页内容模块结束 -->
```

在上面的代码中，具体解释如下。

（1）网页内容模块：通过 . content 定义网页头部模块，水平居中显示。

（2）焦点图模块：. topContent 定义焦点图模块，左边放置一张图片，右边通过 . righttopContent 来包裹文本内容。

（3）红色教育基地模块：. redEducation 定义红色教育基地模块。

（4）新闻模块（文本新闻和图片新闻）模块：. centerContent 定义新闻模块，. leftCentercontent 定义左边文本新闻模块，其中第 1 和第 3 个新闻模块需要添加属性 id，使右边距为 10 像素，. rightCentercontent 定义右边图片新闻模块。

运行代码，网页内容模块的 HTML 结构效果如图 10-13 所示（只展示部分图）。

图 10-13　首页内容模块 HTML 结构（只展示部分图）

4. 设置样式

（1）网页内容模块。

```
. content{
    width: 1200px;
    margin: 10px auto;
}
```

上述 CSS 代码设置 . content 宽度为 1200px，上下外边距为 10px，水平居中显示。

（2）焦点图模块。

```
/*首页焦点图模块开始 */
. topContent img{
    width: 545px;
    height: 251px;
    margin-right: 10px;
}
. righttopContent p{
    text-indent: 2em;
    line-height: 28px;
    text-align: justify;
}
. righttopContent a:link,. righttopContent a:visited{
    color:#515151;
}
. righttopContent a:hover{
    color: #DF3031;
    text-decoration: underline;
}
/*首页焦点图模块结束 */
```

为了让学习者熟悉使用 HTML 标签属性设置文本属性，焦点图模块使用了部分 HTML 标签属性设置了文本字体、大小、颜色等属性，学习者可以使用 CSS 样式代替设置字体属性。

上述 CSS 样式代码中，设置焦点图片大小和右外边距；设置右边段落文本首行缩进 2 个字符，并设置其行高和水平对齐方式；最后设置超链接标签 a 的伪类属性。

（3）红色教育基地模块。

```
/*红色教育基地模块开始 */
. redEducation{
    margin-top: 30px;
    width:1200px;
    height: 180px;
```

```
        background-color: #eee;
}
. redEducation span{
    display: block;
    margin: 37px auto;
    width:56px;
    text-align: center;
    color: #fff;
    font-size: 20px;
    font-weight: bold;
    background:#DF3031;
}
. redEducation li{
    float: left;
    width: 224px;
    height: 180px;
}
. redEducation li:nth-child(1){
    width: 80px;
    background:#DF3031;
    cursor: pointer;
}
. redEducation li img{
    display: block;
    margin: 10px auto;
    width: 208px;
    height: 130px;
    cursor: pointer;
}
. redEducation li img:hover{
    opacity: 0. 8;
}
. redEducation li p{
    text-align: center;
}
. redEducation li p a{
    color: #666;
}
. redEducation li p a:hover{
```

```
        text-decoration: underline;
        color: red;
    }
    /*红色教育基地模块结束 */
```

上述 CSS 样式代码中，为 .redEducation 定义宽度、高度等属性；定义 .redEducation 中列表项 li 浮动、宽高属性，并通过结构化伪类选择器：nth-child（n）单独控制第 1 个 li 元素宽、背景等属性；将 li 元素中的 span 元素转换成块元素后，再在 li 元素中水平居中显示；同样将 li 元素中的 img 元素转换成块元素后，再在 li 元素中水平居中显示，再在 img 元素上添加伪类：hover，使鼠标悬浮于图片上时，其透明度变为 0.8；最后再设置段落文本中超链接标签 a 的伪类属性。

（4）新闻模块（文本新闻和图片新闻）模块。

```
    .newsimg{
        display: block;
        margin: 30px auto;
    }
    /* 新闻模块开始 */
    .centerContent{
        overflow: hidden;      /*清除子元素浮动对父元素的影响,将其高自动显示 */
    }
    .leftCentercontent{
        width: 870px;
        margin-right: 10px;
        float: left;
    }
    .news{
        background:#fff5ee;
        width: 430px;
        float: left;
        padding-bottom: 8px;
    }
    #rightMargin{
        margin-right: 10px;
    }
    .newstitle{
        font-size:14px;
        font-weight: bold;
        color:#fff;
        height:36px;
```

```
        line-height:36px;
        border-bottom:2px solid #cc5200;        /*单独定义下边框*/
        background:#DF3031 url(. . /images/title_bg. png) no-repeat 11px 11px;
        padding-left:34px;
}
. newstitle span{
        float: right;
        font-weight: normal;
        padding: 0px 10px;
}
. news p{
        width: 410px;
        background-color: #EFEFEF;
        margin: 0px auto;
}
. news p img{
        width: 410px;
        height: 150px;
        display: block;
        margin: 10px auto 0px auto;
        cursor: pointer;
}
. news p img:hover{
        opacity: 0. 8;
}
. news p span{
        display: block;
        text-align: center;
        color: #666;
        padding: 5px 0px;
}
. news dd{
        height:30px;
        line-height: 30px;
        background:url(. . /images/li_bg. png) no-repeat 3px 13px;
        padding-left:15px;
        margin-left: 10px;
}
. news a:link, . news a:visited{        /*未单击和单击后的样式*/
```

```
        color:#515151;
        text-decoration:none;
    }
    . news a:hover{                          /*鼠标移上时的样式*/
        color:#DF3031;
    }
    . newstitle span a:link,. newstitle span a:visited{
        color: #fff;
    }
    . newstitle span a:hover{
        text-decoration: underline;
    }
/*新闻模块结束 */
/*图文模块开始 */
    . rightCentercontent{
        width: 320px;
        height: 400px;
        background-color: aqua;
        float: left;
    }
    . rightCentercontent . news,. rightCentercontent . news p{
        width: 320px;
    }
    . rightCentercontent . news p img{
        width: 320px;
        height: 116px;
        display: block;
        margin: 10px auto 0px auto;
        cursor: pointer;
    }
/*图文模块结束 */
```

上述 CSS 样式代码中，通过 overflow 属性将新闻模块 centerContent 高自动显示；左边文本新闻模块宽度为 870px，右边为 320px，两个模块之间空 10px；左边新闻模块中每一个新闻板块宽为 430px，利用 id 名为 rightMargin 设置中间空 10px（如果设置为类的话，可以同时使用两个类名，中间用空格隔开，即 class = " news rightMargin ")；再按照每个模块的需要进行相应属性的设置。

保存 index. css 样式文件，保存 index. html 网页文件，刷新页面，效果如图 10-14 所示。

图 10-14　首页内容模块效果图

【任务 10-1-5】首页底部模块制作

1. 分析效果图

在效果图中，网页底部模块在网页中通栏显示，存放其内容的盒子包含三个文本段落。基本结构如图 10-15 所示。

版权所有©红色教育主题网
声明：本网站资源来自网络，仅供学习交流使用，如有侵权，请联系编者删除
建议使用IE9.0以上版本或Chrome等浏览器进行浏览

图 10-15　首页底部模块结构图

使用 HTML+CSS 布局网页—底部的制作

2. 搭建结构

准备工作完成后，接下来在网页中搭建底部模块的结构。打开 index. html 文件，在 index. html 文件内编写底部模块结构代码。具体代码如下。

```html
<!-- 底部模块开始 -->
<footer>
    <p>版权所有 &copy;红色教育主题网</p>
    <p>声明:本网站资源来自网络,仅供学习交流使用,如有侵权,请联系编者删除</p>
    <p>建议使用 IE9.0 以上版本或 Chrome 等浏览器进行浏览</p>
</footer>
<!-- 底部模块结束 -->
```

运行代码，网页底部模块的 HTML 结构效果如图 10-16 所示。

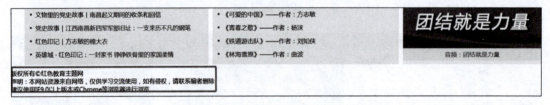

图 10-16 网页底部模块的 HTML 结构效果

3. 设置样式

网页底部模块的结构已搭建完成，接下来在样式表文件 index. css 中编写对应的 CSS 样式代码，具体如下。

```css
/*底部模块开始 */
footer{
    width: 100%;
    height: 80px;
    background-color: #DF3031;
    margin-top: 20px;
    padding-top: 20px;
}
footer p{
    width: 1200px;
    margin: 0px auto;
    text-align:center;
    color:#fff;
    padding: 2px;
}
/*底部模块结束 */
```

上述 CSS 样式代码中，设置底部模块宽度为 100%，设置段落宽度为 1200px，并设置段落水平居中显示，同时设置段落中的文本也水平居中显示。

保存 index. css 样式文件，保存 index. html 网页文件，刷新页面，效果如图 10-17 所示，即网站首页制作完成。

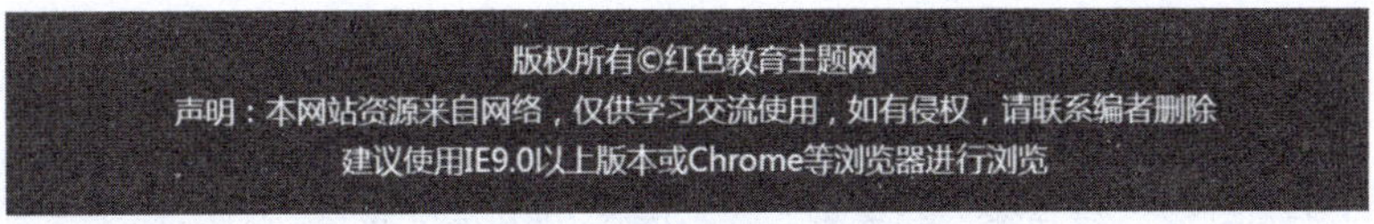

图 10-17   首页底部模块效果图

【任务 10-2】网站详情页面制作

【任务 10-2-1】创建页面和样式文件

在网站首页 index. html 制作完成的基础上，打开 index. html 文件，将其另存为 news-View. html 文件，删除网页内容模块，留下网页头部模块和底部模块。然后，在 style 文件夹内创建 newsView. css 样式表文件，通过<link href = " style/newsView. css" type = " text/css" rel = " stylesheet">代码，将样式文件 newsView. css 链接到 newsView. html 文件中。

【任务 10-2-2】详情页整体分析

根据图 10-18 所示的网站详情页效果图，可以将整个页面分为网页头部模块、网页内容模块及网页底部模块三个部分。其中网页头部模块和底部模块已在首页制作过程中完成，只需要重新制作网页内容模块（新闻浏览模块）即可完成网站详情页的制作。

【任务 10-2-3】新闻浏览模块制作

网页内容模块（新闻浏览模块）的制作，可参考单元 3 中任务引导训练完成。

【任务 10-3】网站音、视频排行榜页面制作

【任务 10-3-1】创建页面和样式文件

在网站根目录文件夹下创建 HTML 文件，命名为 mvMore. html。然后，在 style 文件夹内创建 mvMore. css 样式表文件。通过<link href = " style/mvMore. css" type = " text/css" rel = " stylesheet">代码，将样式文件 mvMore. css 链接到 mvMore. html 文件中。

【任务 10-3-2】音、视频排行榜页面制作

音、视频排行榜页面制作，可参考单元 4 中任务引导训练完成。

【任务 10-4】网站列表页面制作

【任务 10-4-1】创建页面和样式文件

在网站首页 index. html 或网站详情页 newsView. html 制作完成的基础上，打开两者中任一文件，将其另存为 newsList. html 文件，删除网页内容模块，留下网页头部模块和底部模块。然后，在 style 文件夹内创建 newsList. css 样式表文件，通过 < link href = " style/newsList. css" type = " text/css" rel = " stylesheet" >代码，将样式文件 newsList. css 链接到 ne-wsList. html 文件中。

【任务 10-4-2】列表页整体分析

根据图 10-19 所示的网站列表页效果图，可以将整个页面分为网页头部模块、网页内容模块及网页底部模块三个部分。其中网页头部模块和底部模块已在首页制作过程中完成，只需要重新制作网页内容模块（新闻列表模块）即可完成网站列表页的制作。

图 10-18　网站详情页（新闻页）的效果图

图 10-19　网站列表页的效果图

【任务 10-4-3】新闻列表模块制作

1. 分析效果图

在效果图中，新闻列表模块包含当前位置模块和新闻条目模块两个部分。基本结构如图 10-20 所示。

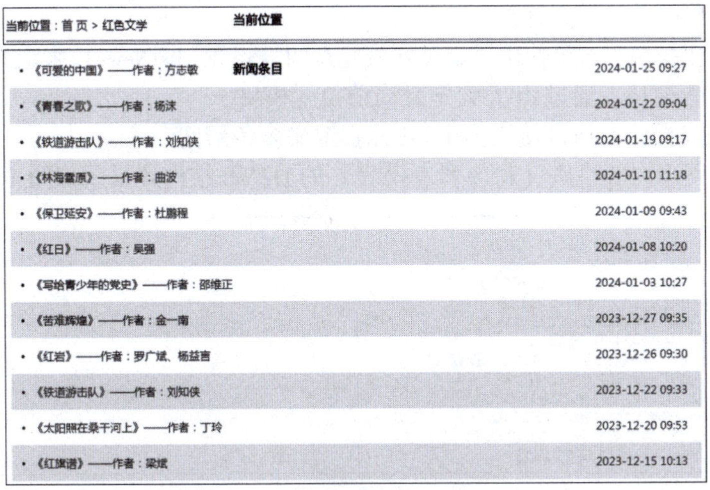

图 10-20　新闻列表模块的结构图

2. 搭建结构

打开 newsList. html 文件，在 newsList. html 文件的 . content 中编写新闻列表模块代码。具体代码如下。

```
<div class="content">
    <! --新闻列表模块开始 -->
    <dl class="listNews">
        <dt>当前位置:<a href="index.html">首 页</a> > 红色文学</dt>
        <dd><a href="#">《可爱的中国》——作者:方志敏</a><time>2024- 01- 25 09:27</time></dd>
        <dd class="bgcolor"><a href="#">《青春之歌》——作者:杨沫</a><time>2024- 01- 22 09:04</time></dd>
        <dd><a href="#">《铁道游击队》——作者:刘知侠</a><time>2024- 01- 19 09:17</time></dd>
        <dd class="bgcolor"><a href="#">《林海雪原》——作者:曲波</a><time>2024- 01- 10 11:18</time></dd>
        <dd><a href="#">《保卫延安》——作者:杜鹏程</a><time>2024- 01- 09 09:43</time></dd>
        <dd class="bgcolor"><a href="#">《红日》——作者:吴强</a><time>2024- 01- 08 10:20</time></dd>
        <dd><a href="#">《写给青少年的党史》——作者:邵维正</a><time>2024- 01- 03 10:27</time></dd>
        <dd class="bgcolor"><a href="#">《苦难辉煌》——作者:金一南</a><time>2023- 12- 27 09:35</time></dd>
        <dd><a href="#">《红岩》——作者:罗广斌、杨益言</a><time>2023- 12- 26 09:30</time></dd>
        <dd class="bgcolor"><a href="#">《铁道游击队》——作者:刘知侠</a><time>2023- 12- 22 09:33</time></dd>
        <dd><a href="#">《太阳照在桑干河上》——作者:丁玲</a><time>2023- 12- 20 09:53</time></dd>
        <dd class="bgcolor"><a href="#">《红旗谱》——作者:梁斌</a><time>2023- 12- 15 10:13</time></dd>
    </dl>
    <!-- 新闻列表模块结束 -->
</div>
```

在上面的代码中，具体解释如下。

（1）新闻列表模块：这里使用了定义列表元素 dl（设置 . listNews）来定义新闻列表模块。

（2）当前位置模块：通过 dt 元素定义当前位置模块。

（3）新闻条目模块：通过使用多个 dd 元素定义多条新闻。

运行代码，网页内容模块（新闻列表模块）的 HTML 结构效果图如图 10-21 所示。

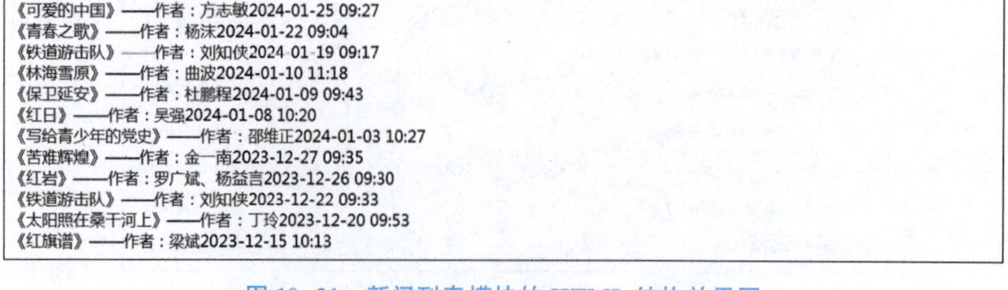

图 10-21　新闻列表模块的 HTML 结构效果图

3. 设置样式

（1）新闻列表模块。

```
. listNews {
    font-size: 16px;
    width: 1000px;
    margin: 20px auto;
    margin-bottom: 40px;
}
```

上述 CSS 样式代码中，设置 . listNews 宽度为 1 000px，上外边距为 20px，下外边距为 40px，水平居中显示。

（2）当前位置模块。

```
. listNews dt{
    color: #565656;
    border-bottom: 2px solid #bdbdbd;
    padding-bottom: 10px;
    margin-bottom:20px;
}
```

上述 CSS 样式代码中，设置了元素 dt 文本颜色、下边框线、下内外边距属性。

（3）新闻条目模块。

```
. listNews dd{
    height: 50px;
    line-height: 50px;
    padding: 0px 20px 0px 30px;
    background:url(. . /images/li_bg. png) no-repeat 15px 24px;
}
. listNews dd. bgcolor{
    background-color: #f0f0f0;
}
time{
    float: right;
    color: #717171;
}
a:link,a:visited{
    color: #717171;
    text-decoration: none;
}
a:hover{
    color: red;
    text-decoration: underline;
}
```

上述 CSS 样式代码中，设置了元素 dd 的高度、行高、背景图片等属性；同时还设置了时间文本颜色和右浮动属性；最后设置超链接标签 a 的伪类属性。

保存 newsList. css 样式文件，保存 newsList. html 网页文件，刷新页面，效果如图 10-22 所示。

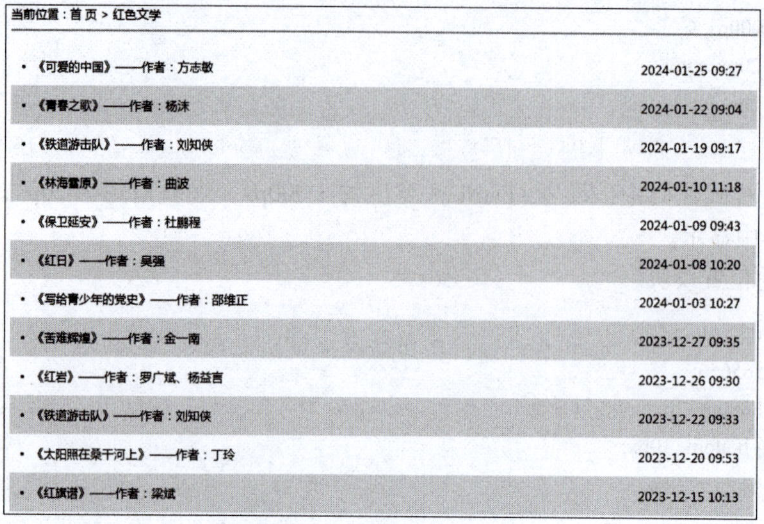

当前位置：首页 > 红色文学

- 《可爱的中国》——作者：方志敏 2024-01-25 09:27
- 《青春之歌》——作者：杨沫 2024-01-22 09:04
- 《铁道游击队》——作者：刘知侠 2024-01-19 09:17
- 《林海雪原》——作者：曲波 2024-01-10 11:18
- 《保卫延安》——作者：杜鹏程 2024-01-09 09:43
- 《红日》——作者：吴强 2024-01-08 10:20
- 《写给青少年的党史》——作者：邵维正 2024-01-03 10:27
- 《苦难辉煌》——作者：金一南 2023-12-27 09:35
- 《红岩》——作者：罗广斌、杨益言 2023-12-26 09:30
- 《铁道游击队》——作者：刘知侠 2023-12-22 09:33
- 《太阳照在桑干河上》——作者：丁玲 2023-12-20 09:53
- 《红旗谱》——作者：梁斌 2023-12-15 10:13

图 10-22 新闻列表模块效果图

【任务 10-5】网站用户注册页面制作

【任务 10-5-1】创建页面和样式文件

在网站根目录文件夹下创建 HTML 文件，命名为 userReg. html。然后，在 style 文件夹内创建 userReg. css 样式表文件。通过<link href = " style/userReg. css" type = " text/css" rel = " stylesheet">代码，将样式文件 userReg. css 链接到 userReg. html 文件中。

【任务 10-5-2】用户注册页面制作

用户注册页面制作，可参考单元 6 中任务引导训练完成。

【任务 10-6】网站音乐播放页面制作

【任务 10-6-1】创建页面和样式文件

在网站根目录文件夹下创建 HTML 文件，命名为 music. html。然后，在 style 文件夹内创建 music. css 样式表文件。通过<link href = " style/music. css" type = " text/css" rel = " stylesheet">代码，将样式文件 music. css 链接到 music. html 文件中。

【任务 10-6-2】素材准备

将图片放在 images 文件夹下，将音频文件放在 music 文件夹下。

【任务 10-6-3】音乐播放页面制作

音乐播放页面制作，可参考单元 8 中任务引导训练完成。

【任务 10-7】网站视频播放页面制作

【任务 10-7-1】创建页面和样式文件

在网站根目录文件夹下创建 HTML 文件，命名为 video. html，不需要创建样式表文件。

【任务 10-7-2】素材准备

将视频文件放在 video 文件夹下。

【任务 10-7-3】视频播放页面制作

视频播放页面制作，可参考单元 8 中任务引导训练完成。

【任务 10-8】网站图文展示页面制作

【任务 10-8-1】创建页面和样式文件

在网站根目录文件夹下创建 HTML 文件，命名为 people. html。然后，在 style 文件夹内创建 people. css 样式表文件。通过 < link　href = " style/people. css"　type = " text/css"　rel = " stylesheet" >代码，将样式文件 people. css 链接到 people. html 文件中。

【任务 10-8-2】素材准备

将图片素材文件放在 people 文件夹下。

【任务 10-8-3】图文展示页面（时代先锋页面）制作

图文展示页面（时代先锋页面）制作，可参考单元 9 中任务引导训练完成。

【引导训练考核评价】

红色教育主题网站制作"引导训练"考核评价表

	考核内容	标准分	计分
考核要点	（1）会规划网站首页与其他子页面之间的关系	2	
	（2）能正确建立本地站点	1	
	（3）会设计与制作网站首页面	4	
	（1）会设计与制作网站详情页面	2	
	（2）会设计与制作音、视频排行榜页面	1	
	（3）会设计与制作网站列表页面	2	
	（4）会设计与制作用户注册页面	1	
	（5）会设计与制作音乐播放页面	1	
	（6）会设计与制作视频播放页面	1	
	（7）会设计与制作图文展示页面	2	
	（8）认真完成本页面任务，态度端正、操作规范、时间观念强、有协作精神、学习效果较好	1	
	小计	18	
评价方式	自我评价	小组评价	教师评价
考核得分			
存在的主要问题			

【单元总结】

本单元首先介绍了红色教育主题网站与前面九个单元间的逻辑关系、网站导航以及网站中网页与文件夹、CSS 样式文件关系，然后为网站建设做好操作准备，重点介绍网站首页以及前期没有做过的网站列表页的制作，最后介绍如何将前面制作好的网页引用到网站中，以形成一个完整的网站。

通过本单元的学习，学习者能够进一步熟悉 HTML 和 CSS 的相关知识，了解一个完整的网站应包含的基本页面；熟悉网站的制作流程，能够运用 HTML 与 CSS 制作网页以及网页动画特殊效果。

同步训练及考核评价　　　　　　同步习题　　　　　　　　参考答案

参 考 文 献

［1］ 杨艳. 网页设计与制作——Web 前端开发［M］. 北京：清华大学出版社，2021.

［2］ 黑马程序员. 网页设计与制作（HTML+CSS）（第 2 版）［M］. 北京：中国铁道出版社，2021.

［3］ 陈承欢. 网页设计与制作任务驱动教程（第 4 版）［M］. 北京：高等教育出版社，2022.

［4］ 黑马程序员. HTML5+CSS3 网站设计基础教程（第 2 版）［M］. 北京：人民邮电出版社，2021.